ALDO LEOPOLD

Ein Jahr im Sand County

Aus dem Englischen
übersetzt, kommentiert
und mit einem Nachwort
von Jürgen Brôcan

Mit Illustrationen von
Charles W. Schwartz

NATURKUNDEN

Für meine Estella

NATURKUNDEN № 58
herausgegeben von Judith Schalansky
bei Matthes & Seitz Berlin

VORWORT

Manche können ohne wilde Dinge leben und manche können es nicht. Diese Essays sind die Freuden und Verzweiflungen von einem, der es nicht kann.

Wilde Dinge nahm man, wie den Wind und den Sonnenuntergang, als selbstverständlich, bis sie der Fortschritt zu beseitigen anfing. Nun stehen wir vor der Frage, ob ein noch höherer ›Lebensstandard‹ den Preis der natürlichen, wilden, freien Dinge wert ist. Für uns, die Minderheit, ist die Möglichkeit, Gänse zu sehen, wichtiger als das Fernsehen und die Chance, eine Kuhschelle zu finden, ein ebenso unveräußerliches Recht wie die Redefreiheit.

Ich gestehe, diese wilden Dinge waren den Menschen kaum etwas wert, bevor uns die Technisierung ein gutes Frühstück sicherte und die Wissenschaft das Drama enthüllte, woher sie stammen und wie sie leben. Der ganze Konflikt läuft deshalb auf eine Frage des Maßstabs hinaus. Wir, die Minderheit, erkennen im Fortschritt das Gesetz vom abnehmenden Ertragszuwachs; unsere Gegner erkennen es darin nicht.

* * *

Man muss die Dinge nehmen wie sie sind. Diese Essays sind meine Auswege. Sie gliedern sich in drei Teile.

Der erste Teil berichtet davon, was meine Familie in ihrer Wochenendzuflucht vor allzu viel Modernität, ›der Hütte‹, sieht und tut. Auf dieser sandigen Farm in Wisconsin, die von unserer Immer-größer-und-immer-besser-Gesellschaft zuerst ausgelaugt und dann aufgegeben wurde, versuchen wir mit Schaufel und Axt wieder aufzubauen, was wir anderswo verlieren. Hier suchen – und finden – wir unsere Speise von Gott.

Diese Hüttenskizzen folgen als »Ein Jahr im Sand County« den Jahreszeiten.

Der zweite Teil, »Skizzen hier und dort«, erzählt einige Episoden aus meinem Leben, die mich sukzessive und zuweilen schmerzhaft gelehrt haben, dass die Truppe nicht mehr im Takt läuft. Diese über den Kontinent verstreuten Episoden aus vierzig Jahren stellen gute Beispiele für die unter dem Begriff ›Naturschutz‹ gesammelten Probleme dar.

Der dritte Teil, »Das Ende vom Lied«, entwickelt konsequent ein paar Ideen weiter, mit denen wir Abtrünnigen unseren Dissens vernünftig begründen. Nur der einfühlsamste Leser möchte mit den philosophischen Fragen des dritten Teils ringen. Man könnte wohl sagen, diese Essays verraten der Truppe, wie sie wieder im Takt laufen kann.

* * *

Der Naturschutz führt zu nichts, weil er unvereinbar ist mit unserem abrahamitischen Konzept vom Land. Wir missbrauchen das Land, weil wir es als Handelsware betrachten, die uns gehört. Sähen wir es als Gemeinschaft, der wir angehören, könnten wir beginnen, es mit Liebe und Respekt zu nutzen. Sonst überlebt das Land den Einfluss des technisierten Menschen nicht; sonst bringen wir mithilfe der Wissenschaft die ästhetische Ernte, zu der es imstande ist, nicht ein – nämlich zur Kultur beizutragen.

Das grundlegende Konzept der Ökologie besteht darin, dass das Land eine Gemeinschaft ist; dass man aber das Land lieben und respektieren sollte, ist eine ethische Erweiterung. In letzter Zeit wurde die längst bekannte Tatsache oft vergessen, dass das Land eine kulturelle Ernte abwirft. Die vorliegenden Essays versuchen, diese drei Konzepte zusammenzuschweißen.

Ein solcher Blick auf das Land und die Bevölkerung ist natürlich den Unschärfen und Verzerrungen der persönlichen Erfahrung und persönlichen Neigung unterworfen. Wo auch immer die Wahrheit liegen mag, so viel ist sonnenklar: Unsere Gesellschaft des Immer-größer-und-immer-besser ist heute derart hypochondrisch besessen vom eigenen wirtschaftlichen Wohlergehen, dass sie die Fähigkeit, gesund zu bleiben, verloren hat. Die ganze Welt giert dermaßen nach mehr Badewannen, dass sie die für deren Bau notwendige Stabilität verloren hat und sogar den Hahn nicht mehr zudrehen kann. Nichts wäre in diesem Zustand heilsamer als ein bisschen gesunde Verachtung für die Fülle materieller Segnungen.

Vielleicht kann ein solcher Wertewandel durch Neubewertung der unnatürlichen, gezähmten Dinge erreicht und in Begriffen von natürlichen, wilden, freien Dingen eingeschlossen werden.

Aldo Leopold

Madison, Wisconsin
4. März 1948

INHALT

Erster Teil: Ein Jahr im Sand County

* Dieser Abschnitt ist nicht Teil der Ausgabe von 1949, er wurde vom Übersetzer ergänzt, zu den Gründen hierfür und zu den Textquellen siehe im Nachwort.

ERSTER TEIL

Ein Jahr im Sand County

JANUAR

Tauwetter im Januar

Nach den Schneestürmen des Mittwinters kommt jedes Jahr eine Nacht mit Tauwetter, in der man das Geklimper tröpfelnden Wassers im Lande hört. Sie bringt eine seltsame Unrast nicht nur für die Geschöpfe, die nachts im Bett liegen, sondern auch für manche, die den Winter verschlafen haben. Der Skunk, der in seiner tiefen Höhle aufgerollt im Winterschlaf lag, entrollt sich und wagt sich hinaus, um durch die feuchte Welt zu streunen, wobei sein Bauch im Schnee schleift. Seine Spuren markieren eines der ersten datierbaren Ereignisse im Kreislauf von Anfängen und Enden, den wir ein Jahr nennen.

Die Spur zeugt anscheinend von einer Gleichgültigkeit gegenüber weltlichen Angelegenheiten, die zu anderen Jahreszeiten ungewöhnlich wäre; sie führt schnurstracks querfeldein, als hätte ihr Verursacher seinen Karren an einen Stern gespannt und die Zügel fallengelassen. Ich folge ihr, neugierig, ob man daraus etwas über seinen Gemütszustand und Hunger sowie sein Reiseziel, falls er eins hat, ableiten kann.

* * *

Die Monate von Januar bis Juni sind eine geometrische Folge von Zerstreuungen. Im Januar kann man einer Skunkspur folgen, die Beringung der Meisen suchen, nachsehen, welche jungen Kiefern vom Hirschwild verbissen wurden oder welche Bisamrattenbauten der Nerz ausgegraben hat; nur gelegentlich gibt es leichte Abschweifungen zu anderen Tätigkeiten. Die Januarbeobachtungen können beinahe so einfach und friedlich wie der Schnee und beinahe so anhaltend wie der Frost sein. Man hat Zeit, nicht nur zu sehen, wer was getan hat, sondern auch darüber zu spekulieren, warum.

* * *

Eine Wiesenwühlmaus, die mein Kommen aufgestört hat, flitzt klamm über die Skunkspur. Warum ist sie draußen im Tageslicht? Wahrscheinlich bekümmert sie das Tauwetter. Jetzt besteht ihr Labyrinth, das mühsam durchs verfilzte Gras unterm Schnee genagt wurde, nicht mehr aus Geheimgängen, sondern bloß noch aus Pfaden, die den Blicken der Öffentlichkeit ausgesetzt und lächerlich sind. Die auftauende Sonne hat die Grundbedingungen dieses microtinen Ökosystems buchstäblich verhöhnt!

Die Maus ist ein schlichter Bewohner, der weiß, dass das Gras wächst, damit es die Mäuse in unterirdischen Heuhaufen lagern können, und dass der Schnee fällt, damit die Mäuse Tunnel von Haufen zu Haufen bauen können: Vorrat, Bedarf und Transport sind straff organisiert. Schnee bedeutet für die Maus: Freiheit von Mangel und Furcht.

* * *

Ein Raufußbussard segelt über die Wiese vor mir herein. Er hält jetzt inne, schwebt wie ein Eisvogel und stürzt dann wie eine gefiederte Bombe in die Marsch. Weil er nicht wieder aufsteigt, bin ich sicher, dass er einen Mäusetechniker, der nicht bis zur Nacht warten konnte, um den Schaden an seiner wohlgeordneten Welt zu begutachten, gefangen hat und nun verspeist.

Der Raufuß hat keine Ahnung, warum das Gras wächst, er weiß jedoch genau, dass der Schnee schmilzt, damit die Bussarde wieder Mäuse fangen

können. In der Hoffnung auf Tauwetter ist er aus der Arktis gekommen, denn für ihn bedeutet es: Freiheit von Mangel und Furcht.

* * *

Die Skunkspur führt in den Wald und kreuzt eine Lichtung, auf der die Kaninchen den Schnee durch ihre Spuren plattgedrückt und mit blassrosa Urin besprenkelt haben. Frisch bloßgelegte Eichenschösslinge haben für das Tauwetter mit ihren frisch berindeten Stämmen bezahlt. Kaninchenfellbüschel zeugen von den ersten Kämpfen unter den verliebten Böcken in diesem Jahr. Außerdem entdecke ich einen Blutfleck, den ein weitgeschwungener Bogen aus Eulenflügeln einfasst. Diesem Kaninchen brachte das Tauwetter die Freiheit von Mangel, aber auch den leichtsinnigen Verzicht auf Furcht. Es wurde von der Eule daran erinnert, dass Frühlingsgefühle kein Ersatz für Vorsicht sind.

* * *

Die Skunkspur führt weiter, sie zeigt keinerlei Interesse an möglicher Nahrung und keine Besorgnis über die Rempeleien und Rachegelüste der Nachbarn. Ich frage mich, was in seinem Kopf vorgeht; was den Skunk aus dem Bett geworfen hat? Darf man diesem feisten Burschen, der seinen breiten Bauch durch den Schneematsch zieht, romantische Motive unterstellen? Schließlich mündet die Spur in einen Treibholzstapel und taucht nicht wieder auf. Ich höre das Geklimper tröpfelnden Wassers zwischen den Stämmen und stelle mir vor, dass es der Skunk auch hört. Dann schlage ich den Heimweg ein, noch immer verwundert.

Gute Eiche

Besitzt man keine Farm, bestehen zwei Gefahren für den Geist. Die eine besteht darin, dass man annimmt, das Frühstück käme aus dem Lebensmittelladen, die andere, die Wärme käme aus dem Ofen.

Zur Vermeidung der ersten Gefahr lege man einen Garten an, bevorzugt dort, wo es keinen Lebensmittelladen gibt, der von der Sache ablenkt.

Zur Vermeidung der zweiten sollte man einen Scheit von guter Eiche auf den Kaminbock legen, bevorzugt dort, wo es keinen Ofen gibt, und sich daran die Schienbeine wärmen, während ein Februarschneesturm die Bäume draußen herumwirft. Hat man die eigene gute Eiche gefällt, gespalten, herangeschleppt und gestapelt und denkt unterdessen ein wenig nach, wird man sich genau daran erinnern, woher die Wärme kommt, und zwar in allen Einzelheiten, die jenen versagt sind, die das Wochenende in der Stadt rittlings auf der Heizung sitzend verbringen.

* * *

Die Eiche, die nun auf meinem Kaminbock glüht, wuchs am Rande der alten Auswandererstraße, dort wo sie den Sandhügel erklimmt. Der Stumpf, den ich beim Fällen maß, hatte einen Durchmesser von dreißig Zoll. Er wies achtzig Wachstumsringe auf, also muss der ursprüngliche Sämling den ersten Ring 1865, am Ende des Bürgerkriegs, gebildet haben. Aus der Geschichte heutiger Sämlinge weiß ich jedoch, dass keine Eiche über die Reichweite von Kaninchen hinauswächst, ohne dass sie ein Jahrzehnt oder länger in jedem Winter entrindet wird und in jedem folgenden Sommer neu austreibt. Es ist tatsächlich ziemlich klar, dass jede Eiche, die überlebt, das Ergebnis einer Nachlässigkeit der Kaninchen oder eines Mangels an Kaninchen ist. Irgendwann wird ein geduldiger Botaniker die Geburtsjahre von

Eichen in einer Häufigkeitskurve verzeichnen und zeigen, dass sich die Kurve alle zehn Jahre wölbt und jeder Buckel von einem Tiefpunkt im Zehnjahreszyklus der Kaninchen herrührt. (Durch diesen Prozess eines ewigen Kampfes innerhalb und zwischen den Arten erlangen Fauna und Flora kollektive Unsterblichkeit.)

Wahrscheinlich trat Mitte der 1860er Jahre ein Tiefstand bei der Kaninchenpopulation auf, als meine Eiche Jahresringe zu bilden anfing, die Eichel jedoch, aus der sie entstanden war, fiel im Jahrzehnt zuvor, als die Planwagen auf meiner Straße noch immer nach dem Großen Nordwesten fuhren. Vielleicht hat der Auswandererverkehr den Straßenrand blankgescheuert und es genau dieser Eichel ermöglicht, ihre ersten Blätter in die Sonne zu strecken. Nur eine Eichel unter tausend wird groß genug, um gegen Kaninchen zu kämpfen; die anderen ertrinken schon bei der Geburt im Präriemeer.

Die Vorstellung wärmt, dass diese eine nicht ertrank und lebte, um achtzig Jahre Sonne einzusammeln. Dieses Sonnenlicht wird nun mittels meiner Axt und Säge befreit, damit es meine Hütte und meinen Geist achtzig Schneestürme lang erwärmt. Und mit jeder Böe bezeugt – wem auch immer – eine Rauchfahne aus meinem Schornstein, dass die Sonne nicht vergebens schien.

Meinem Hund ist es egal, woher die Wärme kommt, ihn kümmert nur, *dass* sie kommt, und zwar schnell. Er hält meine Fähigkeit, sie erscheinen zu lassen, wohl für Zauberei, denn wenn ich in der kalten schwarzen Vordämmerung aufstehe und zitternd am Kamin knie, um das Feuer anzuzünden, drängt er sich sanft zwischen mich und die Anmachspäne, die ich auf die Asche gelegt habe, sodass ich das Streichholz an sie halten muss, indem ich durch seine Beine greife. Vermutlich ist es dieses Vertrauen, das Berge versetzen kann.

Ein Blitz machte der Holzproduktion dieser Eiche ein Ende. Im Juli erwachten wir eines Nachts von einem krachenden Donner; wir bemerkten, dass der Blitz in der Nähe eingeschlagen haben musste, aber da er uns nicht getroffen hatte, legten wir uns wieder ins Bett. Der Mensch bemisst alles an sich selbst, das gilt auch für Blitze.

Am nächsten Morgen, als wir über den Sandhügel spazierten und uns gemeinsam mit den Kegelblumen und dem Prärieklee über den frisch erlangten Regen freuten, stießen wir auf eine große Rindenschwarte, die vom Eichenstamm am Straßenrand abgerissen war. Der Stamm wies eine lange gewundene Narbe aus borkenlosem Splintholz auf, einen Fuß breit und noch nicht von der Sonne vergilbt. Am nächsten Tag waren die Blätter verwelkt, und wir wussten, dass uns der Blitz drei Klafter zukünftigen Feuerholzes vererbt hatte.

Wir beklagten den Verlust des alten Baums, wussten jedoch, dass bereits ein Dutzend seiner Nachkommen, die stark und stramm im Sand standen, die Arbeit der Holzproduktion von ihm übernommen hatten.

Wir ließen den toten Veteranen ein Jahr lang in der Sonne trocknen, die er nicht mehr nutzen konnte, und eines knackigen Wintertags legten wir eine frisch gefeilte Säge an die Bastion seines Fußes. Duftende kleine Geschichtssplitter wurden aus dem Sägeschnitt gespuckt und sammelten sich vor den knienden Holzsägern. Wir spürten, dass diese beiden Sägespanhaufen mehr waren als nur Holz: nämlich das zusammenhängende Transekt eines Jahrhunderts; dass sich unsere Säge mit jedem Zug Jahrzehnt um Jahrzehnt durch die Chronologie eines Lebens fraß, geschrieben in konzentrischen Jahresringen aus guter Eiche.

* * *

Es bedurfte nur eines Dutzends Züge mit der Säge, um die wenigen Jahre unserer Eigentümerschaft zu durchschneiden, in denen wir diese Farm lieben und schätzen gelernt hatten. Sofort schnitten wir die Jahre unseres Vorgängers an, des Schwarzhändlers, der die Farm gehasst, ihr die restliche Fruchtbarkeit entzogen, das Farmhaus niedergebrannt und sie (um säumige Steuern zu sparen) in den Schoß des Landes zurückgestoßen hatte, bloß um dann in der bodenlosen Anonymität der Weltwirtschaftskrise zu verschwinden. Die Eiche indessen hat ihm gutes Holz gegeben; seine Sägespäne dufteten und waren so gesund und rosa wie die unseren. Eine Eiche schert sich nicht um die Person.

Die Herrschaft des Schwarzhändlers endete irgendwann während der staubtrockenen Dürrejahre von 1936, 1934, 1933 und 1930. In jenen Jahren muss Eichenrauch aus seiner Brennerei und Torf von brennendem Marschland die Sonne verfinstert haben und buchstäblicher Naturschutz dem Land fremd gewesen sein, aber das Sägemehl zeigt keine Unterschiede.

Pause!, ruft der Chefsäger, und wir verschnaufen.

* * *

Jetzt frisst sich unsere Säge in die 1920er Jahre, das Jahrzehnt Babbitts, als alles voller Unachtsamkeit und Arroganz größer und besser wurde – bis 1929, als die Aktienmärkte zusammenbrachen. Falls die Eiche sie hatte einstürzen sehen, dann gibt das Holz keinen Hinweis darauf. Es beachtete auch die verschiedenen Liebesbekundungen des Gesetzgebers für Bäume nicht: ein Staatsforst- und ein Holzschlag-Gesetz 1927, ein großes Schutzgebiet im Tiefland des Oberen Mississippi 1924 und ein neues Forstprogramm 1921. Ebenso nahm es Notiz weder vom Ableben des letzten Marders im Staat 1925 noch von der Ankunft des ersten Stars 1923.

Im März 1922 riss der ›Große Eisregen‹ einen Ast nach dem andern von den benachbarten Ulmen, aber unser Baum zeigte keinerlei Anzeichen von Beschädigung. Was bedeutet schon eine Tonne Eis für eine gute Eiche?

Pause!, ruft der Chefsäger, und wir verschnaufen.

* * *

Jetzt frisst sich die Säge in die Jahre von 1910 bis 1920, ein Jahrzehnt der Entwässerungsträume, als Dampfbagger die Marschen in Mittelwisconsin trockenlegten, damit Farmen entstehen konnten, doch stattdessen Aschehaufen produzierten. Unsere Marsch floh, nicht weil die Ingenieure sie warnten oder Nachsicht übten, sondern weil die Hochwasser des Flusses sie in jedem April der Jahre 1913–16 überfluteten, und zwar mit voller Wucht – vielleicht zu ihrer Verteidigung. Die Eiche legte trotzdem an Holz zu, sogar 1915, als der Oberste Gerichtshof die staatlichen Wälder abschaffte und Gouverneur Phillip verkündete, dass »Staatsforste kein gutes Geschäftsmodell« sind. (Es kam dem Gouverneur nicht in den Sinn, dass es mehr als *eine* Definition dessen, was gut ist, und sogar, was ein Geschäft ist, geben könnte. Es kam ihm nicht in den Sinn, dass die Feuer dem Land eine ganz andere Definition dessen, was gut ist, ins Antlitz brannten, während die Gerichte ihre Definition in die Gesetzbücher schrieben. Wahrscheinlich muss man im Gouverneursamt frei von solchen Zweifeln sein.)

Während das Forstwesen in diesem Jahrzehnt allmählich wich, machte der Schutz des Jagdwilds Fortschritte. 1916 wurden Fasane im Waukesha County erfolgreich angesiedelt; 1915 verbot ein Bundesgesetz die Frühjahrsjagd; 1913 wurde eine staatliche Wildfarm eröffnet; 1912 schützte ein »Bocksgesetz« die weiblichen Weißwedelhirsche; 1911 überzog eine Welle von Schutzgebieten den Staat, ›Schutzgebiet‹ wurde ein heiliges Wort, aber die Eiche schenkte dem keine Beachtung.

Pause!, ruft der Chefsäger, und wir verschnaufen.

* * *

Jetzt schneiden wir ins Jahr 1910, als ein bedeutender Universitätspräsident ein Buch über Naturschutz veröffentlichte, eine große Sägewespenepidemie Millionen von Tamaracklärchen vernichtete, eine große Dürre die Kiefernwälder versengte und ein großer Schwimmbagger die Horicon-Marsch trockenlegte.

Wir schneiden ins Jahr 1909, als der Stint erstmals in den Great Lakes angesiedelt wurde und ein nasser Sommer den Gesetzgeber veranlasste, die Mittel zur Waldbrandbekämpfung zu kürzen.

Wir schneiden ins Jahr 1908, ein trockenes Jahr, in dem die Wälder lichterloh brannten und Wisconsin sich von seinem letzten Puma trennte.

Wir schneiden ins Jahr 1907, als ein streunender Luchs in die falsche Richtung nach dem verheißenen Land Ausschau hielt und seine Laufbahn zwischen den Farmen des Dane County beendete.

Wir schneiden ins Jahr 1906, als der erste staatliche Förster sein Amt antrat und 17 000 Morgen in diesen Sand Counties verbrannten; wir schneiden ins Jahr 1905, als ein riesiger Habichtschwarm aus dem Norden kam und die Kragenhühner vertilgte (zweifellos saßen sie in diesem Baum, um einige von meinen zu fressen). Wir schneiden in die Jahre 1902–3, ein bitterkalter Winter; 1901 brachte die stärkste Dürre seit den Wetteraufzeichnungen (nur 17 Zoll Regen); 1900 war ein Jahrhundertjahr der Hoffnung, des Gebets und des üblichen Eichenjahresrings.

Pause!, ruft der Chefsäger, und wir verschnaufen.

* * *

Jetzt frisst sich unsere Säge in die 1890er Jahre, die jene heiter nennen, deren Blicke sich eher stadteinwärts als landauswärts wenden. Wir schneiden ins Jahr 1899, die letzte Wandertaube kollidiert mit einer Schrotladung in der Nähe von Babcock, zwei Bezirke weiter nördlich; wir schneiden ins Jahr 1898, ein trockener Herbst, gefolgt von einem schneelosen Winter, lässt den Boden sieben Fuß tief gefrieren und vernichtet die Apfelbäume; 1897 ist ein weiteres Dürrejahr, in dem noch eine Forstkommission ins Leben gerufen wird; 1896 werden allein aus dem Städtchen Spooner 25 000 Präriehühner auf den Markt gebracht; 1895, ein weiteres Jahr mit Bränden; 1894, noch ein Dürrejahr; 1893, das Jahr des ›Hüttensänger-Sturms‹, als ein Schneesturm im März die Zahl der wandernden Hüttensänger auf beinahe null reduzierte. (Die ersten Hüttensänger landeten stets in dieser Eiche, doch Mitte der Neunziger musste sie darauf verzichtet haben.) Wir schneiden ins

Jahr 1892, wiederum ein Jahr der Brände; 1891, ein Tiefpunkt im Kragenhuhnzyklus; 1890, das Jahr von Babcocks Milchtest, der es Gouverneur Heil ein halbes Jahrhundert später erlaubte, Wisconsin als Amerikas Molkereiland zu rühmen. Dass auf den Nummernschildern nun dieser Stolz prangt, konnte niemand voraussehen, nicht einmal Professor Babcock.

Im Jahre 1890 glitten auch die größten Kiefernholzflöße der Geschichte vor den Augen meiner Eiche den Wisconsin River hinab, um ein Reich der roten Scheunen für das Vieh der Präriestaaten zu errichten. Deshalb steht die gute Kiefer heute zwischen dem Vieh und dem Schneesturm, so wie die gute Eiche zwischen dem Schneesturm und mir steht.

Pause!, ruft der Chefsäger, und wir verschnaufen.

* * *

Jetzt frisst sich unsere Säge in die 1880er Jahre; in das Dürrejahr 1889, in welchem der ›Tag des Baumes‹ erstmals ausgerufen wurde; in 1887, als Wisconsin die ersten Jagdaufseher ernannte; in 1886, als die Fakultät für Landwirtschaft die ersten Kurse für Farmer gab; ins Jahr 1885, dem ein »beispiellos langer und strenger« Winter vorausging; in 1883, als Dekan W. H. Henry berichtete, dass die Frühlingblüte in Madison dreizehn Tage später als gewöhnlich stattfand; in 1882, das Jahr, in dem der Lake Mendota nach dem historischen ›Großen Schnee‹ und der Eiseskälte von 1881-82 mit einem Monat Verspätung aufbrach.

1881 war auch das Jahr, in dem die Landwirtschaftsgesellschaft von Wisconsin über die Frage stritt: »Wie erklären Sie sich den Sekundärwald der Färbereiche, der in den letzten dreißig Jahren überall im Land entsprungen ist?« Meine Eiche gehörte dazu. Ein Disputant behauptete durch spontane Genese, ein anderer durch Tauben, die auf dem Weg nach Süden die Eicheln wieder hochwürgten.

Pause!, ruft der Chefsäger, und wir verschnaufen.

* * *

Jetzt frisst sich unsere Säge in die 1870er Jahre, das Jahrzehnt, in dem Wisconsin in Weizen schwelgte. Das böse Erwachen kam 1879, als Getreidewanzen, Raupen, Rostpilz und Bodenerschöpfung die Farmer Wisconsins schließlich überzeugten, dass sie beim Plan, das Land mit Weizenanbau in den Tod zu treiben, nicht mit den unberührten, westlicher gelegenen Prärien wetteifern konnten. Ich vermute, diese Farm spielte dabei mit, und der Sand, der nördlich meiner Eiche weht, hat seinen Ursprung in der Überweizung.

In diesem Jahr, 1879, wurden die ersten Karpfen in Wisconsin angesiedelt, und die Quecke traf als blinder Passagier aus Europa erstmals hier ein. Am 27. Oktober 1879 saßen sechs wandernde Präriehühner auf der Firstpfette der Deutschen Methodistenkirche in Madison und betrachteten die wachsende Stadt. Am 8. Oktober sollen die Märkte in Madison einem Bericht zufolge mit Enten zu zehn Cent pro Stück überschwemmt gewesen sein.

1878 bemerkte ein Hirschjäger aus Sauk Rapids prophetisch: »Die Jäger verheißen zahlreicher zu werden als das Wild.«

Am 10. September 1877 brachten zwei Brüder, die am Muskego Lake schossen, 210 Blauflügelenten zur Strecke.

1876 war das nasseste Jahr seit Beginn der Aufzeichnungen; der Regen erreichte eine Marke von 50 Zoll. Die Zahl der Präriehühner ging zurück, wahrscheinlich wegen des Starkregens.

1875 erlegten vier Jäger 153 Präriehühner in York Prairie, einen Bezirk weiter östlich. In demselben Jahr siedelte die US-Fischereikommission atlantischen Lachs im Devil's Lake an, zehn Meilen südlich von meiner Eiche.

1874 wurde der erste industriell gefertigte Stacheldraht an Eichen befestigt; ich hoffe, dass keine solchen Kunstprodukte in der Eiche unter unserer Säge verborgen sind.

1873 erhielt und vermarktete ein gewisses Unternehmen aus Chicago 25 000 Präriehühner. Insgesamt kaufte der Chicagoer Handel 600 000 Hühner zu 3,25 Dollar für das Dutzend.

1872 wurde der letzte wilde Truthahn in Wisconsin getötet, zwei Bezirke nach Südwesten.

Das Jahrzehnt, welches das Schwelgen der Pioniere in Weizen beendete, beendete passenderweise auch ihr Schwelgen im Blut der Wandertauben. In einem 50-Meilen-Dreieck in nordwestlicher Richtung von meiner Eiche aus nisteten 1871 geschätzte 136 Millionen Tauben, einige davon haben sicherlich in ihr genistet, die damals ein blühender, zwanzig Fuß hoher Schössling war. Taubenjäger gingen scharenweise mit Netz und Flinte, Keule und Salzlecke ihrem Geschäft nach, und Wagenladungen künftiger Taubenpastete fuhren in die Städte des Südens und Ostens. Es war das letzte große Nisten in Wisconsin und beinahe das letzte in den Staaten.

Dasselbe Jahr, 1871, brachte ein weiteres Anzeichen für den Vormarsch der Zivilisation: das Peshtigo-Feuer, das einige Bezirke von Bäumen und Ackerboden befreite, und das Feuer von Chicago, das angeblich durch den protestierenden Tritt einer Kuh ausgelöst wurde.

1870 hatten die Wiesenwühlmäuse ihren Vormarsch bereits durchgeführt; sie fraßen die jungen Obstgärten des jungen Staats auf und starben dann. Meine Eiche fraßen sie nicht, ihre Rinde war zu hart und dick für Mäusezähne.

Ebenfalls 1870 prahlte ein gewerblicher Schütze in der *American Sportsman*, dass er 6000 Enten in der Nähe von Chicago in nur einer einzigen Saison geschossen habe.

Pause!, ruft der Chefsäger, und wir verschnaufen.

* * *

Unsere Säge schneidet jetzt in die 1860er Jahre, Tausende starben damals, um die Frage zu klären: Lässt sich die Mensch-Mensch-Gemeinschaft leicht zerstückeln? Das hat man geklärt; aber man erkannte nicht, ebenso wenig wie wir heute, dass sich dieselbe Frage für die Mensch-Land-Gemeinschaft stellt.

Dieses Jahrzehnt befand sich auf der tastenden Suche nach größeren Fragestellungen. 1867 brachte Increase A. Lapham die Landesgartenbau-Gesellschaft dazu, Preise für Forstanpflanzungen zu stiften. 1866 wurde der letzte in Wisconsin geborene Wapiti getötet. Die Säge durchtrennt nun das Jahr 1865, das Mark unserer Eiche. In jenem Jahr wollte John Muir seinem Bruder, der damals die elterliche Farm dreißig Meilen östlich von meiner Eiche besaß, ein Schutzgebiet für die Wildblumen abkaufen, die ihn in der Jugend erfreut hatten. Der Bruder lehnte es ab, sich von dem Land zu trennen, aber die Idee konnte er nicht aufhalten: Das Jahr 1865 steht in der Geschichte Wisconsins noch immer für das Geburtsjahr der Gnade für die wilden und freien Dinge der Natur.

Wir haben das Kernholz durchtrennt, unsere Säge kehrt nun die historische Reihenfolge um; wir schneiden rückwärts durch die Jahre, zur Außenseite des Stumpfs. Schließlich zittert der große Stamm; der Sägeschnitt verbreitert sich plötzlich; die Säge wird rasch herausgezogen, als die Säger in Sicherheit springen; alle Arbeiter rufen »Timber!«; meine Eiche neigt sich, ächzt und kracht mit einem erderschütternden Knall quer über die Auswandererstraße, der sie ihre Geburt verdankt.

* * *

Nun folgt die Arbeit des Holzmachens. Der Hammer dröhnt auf die Stahlkeile, sobald die Teile des Stammes einer nach dem anderen hochkant gestellt werden, damit sie in aromatische Scheiben auseinanderfallen, die wir dann am Wegrand verschnüren.

Für Historiker sind die verschiedenen Funktionen von Säge, Keil und Axt ein Gleichnis.

Die Säge funktioniert nur im Querschnitt der Jahre, eines nach dem anderen. Von jedem Jahr erfassen die Zähne des Sägeblatts nur kleine Faktensplitter, die sich zu Häufchen sammeln, ›Sägemehl‹ von den Waldarbeitern und ›Archive‹ von den Historikern genannt. Sie beurteilen beide das innere Gepräge anhand der Exempel des sichtbar gewordenen äußeren Gepräges. Ehe der Schnitt nicht vollständig hindurchgeht, fällt der Baum nicht und bietet der Stumpf keine Gesamtschau des Jahrhunderts. Indem der Baum fällt, bezeugt er die Einheit eines Kuddelmuddels namens Geschichte.

Der Keil wiederum funktioniert nur in radiären Spalten; ein solcher Spalt bietet eine Gesamtschau aller Jahre oder überhaupt keine, je nachdem, mit welchem Geschick die Spaltebene gewählt wurde. (Im Zweifelsfall lasse man den Teil ein Jahr lang trocknen, bis ein Riss entsteht. Viele hastig eingetriebene Keile rosten im Holz, eingebettet in unzersplitterbarem Hirnholz.)

Die Axt funktioniert nur in einem zu den Jahren diagonalen Winkel, und dies auch bloß bei den äußeren Ringen der jüngsten Vergangenheit. Ihre spezielle Aufgabe ist das Abhacken des Geästs, wofür sowohl Säge als auch Keile nutzlos sind.

Diese drei Werkzeuge sind sowohl für eine gute Eiche als auch für eine gute Geschichtsschreibung erforderlich.

* * *

Über diese Dinge denke ich nach, während der Kessel singt und die gute Eiche zu roter Kohle auf weißer Asche verbrennt. Im Frühling werde ich die Asche in den Obsthain am Fuße der Sandhügel zurückbringen. Sie wird sich mir dann vielleicht als rote Äpfel zeigen oder als Unternehmungsgeist im fetten Oktober-Eichhörnchen, das wild entschlossen ist, Eicheln zu pflanzen aus Gründen, die es selbst nicht kennt.

Rückkehr der Gänse

Eine Schwalbe macht noch keinen Sommer, aber ein Gänseschwarm, der das Dunkel des Märztauwetters zerteilt, ist der Frühling.

Pfeift ein Kardinal dem Tauwetter den Frühling zu, stellt später aber fest, dass er sich geirrt hat, kann er den Fehler beheben, indem er sich wieder in Winterstille begibt. Erscheint ein Streifenhörnchen zum Sonnenbad, findet aber einen Schneesturm vor, muss es bloß wieder zurück ins Bett gehen. Eine Wandergans jedoch, die zweihundert Meilen finsterer Nacht riskiert für die Chance, ein Loch im See zu finden, hat so leicht nicht die Möglichkeit zum Rückzug. Ihre Ankunft besitzt die feste Überzeugung eines Propheten, der alle Brücken hinter sich abgebrochen hat.

Ein Märzmorgen ist nur so trist wie einer, der ihn durchwandert, ohne kurz zum Himmel zu blicken, das Ohr für die Gänse zu spitzen. Ich kannte früher eine gebildete Dame, Mitglied von Phi Beta Kappa, die mir erzählte, sie habe noch nie die Gänse gehört oder gesehen, die zweimal im Jahr auf ihrem bestens isolierten Dach den Wechsel der Jahreszeiten verkünden. Ist Bildung womöglich ein Vorgang, bei dem man Aufmerksamkeit gegen Dinge von geringerem Wert eintauscht? Die Gans, die ihre Aufmerksamkeit eintauscht, ist rasch ein Haufen Federn.

Die Gänse, die unserer Farm die Jahreszeiten verkünden, sind vieler Dinge gewahr, einschließlich des Jagdrechts von Wisconsin. Die nach Süden ziehenden Novemberschwärme fliegen hoch und stolz über uns hinweg, fast ohne einen Schrei des Wiedererkennens ihrer Lieblingssandbänke und -tümpel. ›Schnurgerade‹ ist krumm im Vergleich zu ihrem unbeirrten Anpeilen des nächsten großen Sees zwanzig Meilen südlich, wo sie tagsüber auf dem weiten Gewässer herumtrödeln und nachts Getreide von den frisch gemähten Stoppelfeldern klauen. Novembergänse wissen genau, dass jede

Marsch und jeder Teich von morgens bis abends von hoffnungsvollen Flinten nur so strotzt.

Märzgänse sind eine andere Sache. Obwohl zumeist im Winter auf sie geschossen wurde – wie ihre schrotdurchlöcherten Schwingen beweisen –, wissen sie, dass nun der Frühlingsfriede gilt. Sie kreisen über den Altwasserarmen des Flusses, flitzen über die jetzt flintenleeren Landzungen und Inseln dahin und schnattern jeder Sandbank zu wie einem lang vermissten Freund. Sie wogen niedrig über die Marschen und Wiesen, grüßen alle frisch geschmolzenen Teiche und Tümpel. Schließlich drehen sie *pro forma* ein paar Runden über unserer Marsch, setzen ihre Flügel und gleiten leise auf den Teich, das schwarze Fahrwerk ausgefahren und die Rümpfe weiß gegen den fernen Hügel. Sobald die neu eingetroffenen Gäste das Wasser berührt haben, beginnen sie zu schreien und zu spritzen, dass der letzte Gedanke an den Winter aus den spröden Rohrkolben geschüttelt wird. Unsere Gänse sind wieder daheim!

Jedes Jahr wünsche ich mir in diesem Augenblick, ich wäre eine Bisamratte, bis zu den Augen tief in der Marsch.

Sobald die ersten Gänse da sind, rufen sie jedem vorbeiziehenden Schwarm eine lärmende Einladung zu, sodass die Marsch nach einigen Tagen voll ist. Auf unserer Farm messen wir die Frühjahrsweite mit zwei Richtschnüren: die Anzahl der gepflanzten Kiefern und die Anzahl der Halt machenden Gänse. Unser Rekord beträgt 642 Gänse, gezählt am 11. April 1946.

Unsere Frühjahrsgänse unternehmen tägliche Ausflüge ins Getreide wie im Herbst, doch handelt es sich nicht um ein heimliches Hinausschleichen bei Nacht; lärmend schwärmen sie am Tage zu den Stoppeln und wieder zurück. Jedem Abflug geht eine laute Geschmacksdebatte voraus und jeder Rückkehr eine noch lautere. Sobald die zurückkehrenden Schwärme voll und ganz daheim sind, verzichten sie auf ihre *Pro-forma*-Runden über der Marsch; sie purzeln vom Himmel wie Ahornblätter, driften nach rechts und nach links, damit sie an Höhe verlieren, die Füße den Willkommensrufen dort unten entgegengespreizt. Vermutlich dreht sich das anschließende Geschwätz um die Vorzüge des Tagesmenüs. Sie fressen nun Maisabfall, den die Schneedecke den Winter über vor körnersuchenden Krähen, Baumwollschwanzkaninchen, Wiesenwühlmäusen und Fasanen geschützt hat.

Auffallend ist die Tatsache, dass die Getreidestoppeln, die die Gänse zum Fressen auswählen, in der Regel jene sind, die auf den einstigen Prärien wuchsen. Niemand weiß, ob diese Vorliebe für Präriegetreide einen höheren Nährwert widerspiegelt oder eine Tradition, die seit den Tagen in der Prärie von Generation zu Generation überliefert wurde. Vielleicht spiegelt sie auch nur den schlichten Umstand wider, dass die Getreidefelder der Prärie oft größer sind. Könnte ich die krachenden Debatten verstehen, die den täglichen Ausflügen ins Getreide vorangehen oder folgen, würde ich schon bald den Grund für die Vorliebe für die Prärie begreifen. Doch ich kann es nicht und bin zufrieden damit, dass er ein Geheimnis bleibt. Wie langweilig wäre die Welt, wenn wir alles über Gänse wüssten!

Beobachtet man die tägliche Routine einer Frühlingsgänse-Versammlung, fällt einem auf, dass Junggesellen sehr häufig sind – Einzelgänse, die viel umherfliegen und viel schwatzen. Man neigt leicht dazu, ihrem Getröte einen traurigen Unterton zuzuschreiben und rasch den Schluss zu ziehen, dass sie Witwer mit gebrochenem Herzen sind oder Mütter, die ihre verlorenen Kinder suchen. Der erfahrene Ornithologie weiß allerdings, dass eine derart subjektive Interpretation des Verhaltens gefährlich ist. Ich habe lange versucht, dieser Frage unvoreingenommen gegenüberzustehen.

Nachdem ich mit meinen Studenten ein halbes Dutzend Jahre die Anzahl der Vögel in einem Schwarm gezählt habe, fiel ein unerwartetes Licht auf die Bedeutung von Einzelgänsen. Mittels mathematischer Analyse stellte sich heraus, dass Schwärme von sechs oder einer Vielzahl von sechs weit häufiger vorkamen, als es der reine Zufall will. Anders gesagt, Gänseschwärme sind Familien oder Ansammlungen von Familien und die Einzelgänse im Frühjahr wahrscheinlich genau das, was unsere naiven Vorstellungen zunächst nahegelegt hatten. Es sind die trauernden Überlebenden der Winterjagd, die vergebens nach ihren Verwandten suchen. Jetzt kann ich freimütig mit den einsamen Trompetern und um sie klagen.

Es kommt nicht oft vor, dass die strohtrockene Mathematik die gefühlvollen Eingebungen eines Vogelliebhabers bestätigt.

Wenn die Aprilnächte warm genug geworden sind, um draußen zu sitzen, lieben wir es, dem Verlauf der Versammlung in der Marsch zu lauschen. Es gibt lange Phasen der Stille, in denen man nur das ›Meckern‹ der Schnepfe, den Ruf einer entfernten Eule oder das nasale Glucksen eines Blesshuhns hört. Dann ertönt plötzlich ein schrilles Tröten, worauf sofort pandämonische Echos antworten. Flügel klatschen aufs Wasser, dunkle Buge rauschen, angetrieben von aufrührenden Paddeln, und ein allgemeines Geschrei der Zuschauer dieser heftigen Kontroverse erhebt sich. Schließlich hat irgendeiner, der mit tiefer Stimme trompetet, das letzte Wort, und der Lärm verebbt zu einem kaum hörbaren Geplauder, das bei Gänsen selten ganz aufhört. Wieder einmal möchte ich eine Bisamratte sein!

Wenn die Kuhschellen in voller Blüte stehen, löst sich unsere Gänseversammlung allmählich auf, und noch vor dem Mai ist die Marsch wieder nichts als eine gräserne Nässe, belebt nur von den Rotflügelstärlingen und Rallen.

* * *

Es ist eine Ironie der Geschichte, dass die Großmächte erst 1943 in Kairo die Einheit der Nationen entdecken sollten. Die Gänse der Welt haben es schon viel länger gewusst, und jeden März setzen sie ihr Leben für diese essenzielle Wahrheit aufs Spiel.

Am Anfang gab es nur die Einheit des Eisschilds. Darauf folgten die Märzschmelze und die Hedschra der internationalen Gänse Richtung Norden. Seit dem Pleistozän haben die Gänse in jedem März ihre Einheit hinausposaunt, vom Chinesischen Meer bis zur sibirischen Steppe, vom Euphrat bis zur Wolga, vom Nil bis nach Murmansk, von Lincolnshire bis Spitzbergen, von Currituck bis nach Labrador, vom Mattamuskeet bis nach Ungava, vom Horseshoe Lake bis zur Hudson Bay, von Avery Island bis zur Baffininsel, von der Panhandle bis zum Mackenzie, vom Sacramento bis zum Yukon.

Durch diesen internationalen Handel der Gänse wird der Maisabfall aus Illinois durch die Wolken in die arktischen Tundren befördert, um sich dort mit dem übrig gebliebenen Sonnenlicht des nachtlosen Juni zu verbinden, damit in allen Landstrichen dazwischen die Gänseküken aufwachsen können. Und bei diesem jährlichen Tausch von Nahrung gegen Licht und Winterwärme gegen Sommereinsamkeit erhält der gesamte Kontinent als Reingewinn eine wildes Gedicht, das aus den düsteren Himmeln auf den Schlamm der Marsch niederfiel.

CHARLES W
SCHWARTZ

Bei Hochwasser

Dieselbe Logik, die bewirkt, dass große Flüsse stets an Großstädten vorbeifließen, bewirkt auch, dass ärmliche Farmen zuweilen durch Frühjahrsüberflutungen abgeschnitten werden. Unsere Farm ist eine solche ärmliche Farm, und wenn wir sie im April besuchen, sind wir zuweilen von der Außenwelt abgeschnitten.

Natürlich lässt sich aus dem Wetterbericht nicht genau erkennen, aber doch in gewissem Maße erahnen, wann der Schnee im Norden schmelzen wird, und man kann abschätzen, wie viele Tage die Flut braucht, um durch die Gassen der stromauf gelegenen Städte zu laufen. Dann kommt der Sonntagabend und man muss zurück in die Stadt und zur Arbeit, aber es geht nicht. Wie sanft murmelt die Überschwemmung ihr Beileid zum Schiffbruch der Montagmorgentermine! Wie tief und aus voller Brust ertönt das Geschrei der Gänse, wenn sie herumkurven über einem Kornfeld nach dem anderen, das sich gerade in einen See verwandelt. Alle hundert Meter rudert eine andere Gans durch die Lüfte im Bemühen, die Staffel auf ihrer morgendlichen Erkundung dieser neuen wässrigen Welt anzuführen.

Die Begeisterung der Gänse für das Hochwasser ist eine subtile Angelegenheit und kann von denen, die mit dem Gänsegeschwätz nicht vertraut sind, leicht übersehen werden; die Begeisterung der Karpfen ist dagegen offenkundig und unmissverständlich. Kaum hat die steigende Flut die Graswurzeln befeuchtet, kommen sie, wühlen und suhlen sich mit der ungeheuren Lust von Schweinen, die auf die Wiese getrieben werden, lassen rote Schwänze und gelbe Bäuche aufblitzen, schwimmen Wagenspuren und Kuhpfade entlang und schütteln Gräser und Sträucher in ihrer Eile, das sich vor ihnen ausdehnende Universum zu erforschen.

Anders als Gänse und Karpfen akzeptieren die terrestrischen Vögel und

Säugetiere das Hochwasser mit philosophischem Gleichmut. Ein Kardinal pfeift auf einer Schwarzbirke lauthals seinen Anspruch auf ein Territorium, das, von den Bäumen abgesehen, nicht zu existieren scheint. Ein Kragenhuhn trommelt aus dem überfluteten Wald; es muss auf dem oberen Ende des höchsten Trommelstamms sitzen. Wiesenwühlmäuse rudern hügelwärts mit der ruhigen Gewissheit von Miniaturbisamratten. Aus dem Obsthain springt ein Hirsch, der aus seinem üblichen Tagesbett im Weidendickicht vertrieben wurde. Überall sind Kaninchen, die ruhig Quartier beziehen auf unserem Hügel, der in Abwesenheit Noahs als Arche dient.

Die Frühlingsflut bringt uns mehr als ein spannendes Abenteuer; sie bringt auch ein unvorhersehbares Durcheinander schwimmfähiger Dinge, die von den Farmen am Oberlauf stibitzt sind. Ein altes, auf unserer Wiese gestrandetes Brett hat für uns den doppelten Wert desselben Stücks aus einem Holzlager. Jedes alte Brett hat seine individuelle Geschichte, stets unbekannt, immer jedoch bis zu einem gewissen Grad erahnbar auch an der Art des Holzes, seinen Maßen, Nägeln, Schrauben und der Farbe, am Lack oder am Fehlen desselben, am Verschleiß und Verfall. Aufgrund der Abschürfung seiner Ecken und Kanten auf einer Sandbank kann man sogar mutmaßen, wie viele Fluten es in den letzten Jahren davongespült haben.

Unser Holzstapel, der sich ganz aus dem Fluss rekrutiert, ist deshalb nicht bloß eine Ansammlung von Persönlichkeiten, sondern auch eine Anthologie menschlicher Bestrebungen in den stromauf gelegenen Farmen und Wäldern. Die Autobiografie eines alten Brettes stellt eine Literaturgattung dar, die bislang nicht auf dem Campus gelehrt wurde, jede Farm am Flussufer ist hingegen eine Bibliothek, in der jeder Hämmernde und Sägende nach Belieben lesen darf. Bei Hochwasser gibt es immer Neuzugänge an frischen Büchern.

* * *

Einsamkeit hat Abstufungen und verschiedene Formen. Zum Beispiel eine Insel inmitten eines Sees; doch auf den Seen gibt es Boote, und es besteht immer die Möglichkeit, dass jemand anlegt, um dir einen Besuch abzustatten. Oder ein wolkenumhüllter Gipfel; doch auf die meisten Gipfel führen Wege, und auf Wegen gibt es Touristen. Mir ist keine Einsamkeit bekannt, die so sicher ist wie die, die von einer Frühjahrsflut bewacht wird; auch den Gänsen nicht, die mehr Formen und Abstufungen des Alleinseins gesehen haben als ich selbst.

So sitzen wir auf unserem Hügel neben einer frisch erblühten Kuhschelle und beobachten die vorüberziehenden Gänse. Ich sehe, wie unsere Straße sanft ins Wasser eintaucht, und komme (mit innerem Frohlocken und äußerlicher Gefasstheit) zu dem Schluss, dass sich die Frage nach dem Verkehr, hinein oder hinaus, für heute erledigt hat und allenfalls unter den Karpfen strittig ist.

Felsenblümchen

Innerhalb weniger Wochen besprenkelt das Felsenblümchen, die kleinste blühende Blume, jede sandige Stelle mit Blüten. Wer mit aufwärtsgerichtetem Blick auf den Frühling hofft, sieht niemals etwas so Kleines wie das Felsenblümchen. Wer mit niedergeschlagenem Blick die Hoffnung auf den Frühling aufgegeben hat, stolpert nichtsahnend darüber. Wer den Frühling auf Knien im Schlamm sucht, findet es in Hülle und Fülle.

Das Felsenblümchen erbittet und erhält nur eine kärgliche Zuteilung an Wärme und Geborgenheit; es lebt von den Überresten unerwünschter Zeit und unbenötigten Raums. Botanikbücher gönnen ihm zwei, drei Zeilen, aber nie eine Tafel oder Abbildung. Sand, der zu dürftig, und Sonne, die zu schwach ist für größere, schönere Blüten, genügen diesem Hungerblümchen. Letztlich ist es keine Frühlingsblume, sondern nur ein Postskriptum zur Hoffnung.

Das Felsenblümchen rührt nicht an die tiefsten Gefühle. Sein Duft, falls es überhaupt duftet, verliert sich in den Windböen. Seine Farbe ist ein schlichtes Weiß. Seine Blätter tragen einen empfindlichen Wollmantel. Niemand frisst es; es ist zu klein. Keine Dichter besingen es. Irgendein Botaniker gab ihm einmal einen lateinischen Namen und vergaß es dann. Alles in allem hat es keine Bedeutung – es ist nur ein kleines Geschöpf, das seine kleine Arbeit schnell und gut erledigt.

Klettenfrüchtige Eiche

Wenn die Schulkinder über einen Vogel, eine Blume, einen Baum als Staatssymbol abstimmen, treffen sie keine Entscheidung, sie ratifizieren nur die Geschichte. Es ist die Geschichte, die die Klettenfrüchtige Eiche zum charakteristischen Baum des südlichen Wisconsin erklärt hat, als die Präriegräser zum ersten Mal diese Gegend in Besitz genommen haben. Die Klettenfrüchtige Eiche ist der einzige Baum, der einem Präriefeuer standhalten und überleben kann.

Haben Sie sich je gefragt, warum eine dicke korkige Rinde den gesamten Baum bis zum kleinsten Ast bedeckt? Dieser Kork ist eine Rüstung. Klettenfrüchtige Eichen waren der Stoßtrupp, den der vordringende Wald zur Erstürmung der Prärie ausschickte. Sie mussten mit dem Feuer kämpfen. Ehe neue Gräser die Prärie mit unbrennbarem Grün überzogen, liefen Brände jeden April nach Belieben durchs Land und verschonten nur jene Alteichen, deren Rinde zu dick war, um sie zu versengen. Viele Haine aus versprengten Veteranen, die den Pionieren als »Eichenlichtungen« bekannt waren, bestanden aus Klettenfrüchtigen Eichen.

Ingenieure haben die Isolierung nicht erfunden, sie kopierten sie bloß von diesen alten Soldaten aus dem Präriekrieg. Botaniker können die Geschichte des zwanzigtausend Jahre währenden Kriegs lesen. Die Aufzeichnung besteht teils aus in Torf eingebetteten Pollenkörnern, teils aus Pflanzenresten, die in der Nachhut der Schlacht gefangen genommen und dort vergessen wurden. Die Aufzeichnung zeigt auch, dass die Waldfront sich zuweilen fast bis an den Lake Superior zurückzog, zuweilen weit in den Süden vorrückte. Einmal rückte sie so weit nach Süden vor, dass Fichte und andere ›Nachhut‹-Arten an und hinter der südlichen Grenze von Wisconsin wuchsen; Fichtenpollen tauchen in einer bestimmten Schicht in allen Torfsümpfen der Region auf. Doch im Mittel befand sich die Frontlinie zwischen Prärie und Wald ungefähr dort, wo sie sich auch heute befindet, und die Schlacht war unentschieden.

Der Grund dafür waren Verbündete, die sich erst auf die eine, dann auf die andere Seite schlugen. Kaninchen und Mäuse mähten im Sommer die Präriegräser nieder und umzingelten im Winter die Eichenschösslinge, die das Feuer überlebt hatten. Eichhörnchen pflanzten Eicheln im Herbst und fraßen sie im Laufe des restlichen Jahres auf. Junikäfer unterminierten den Prärieboden im Larvenstadium und entlaubten die Eichen im Erwachsenenstadium. Ohne dieses Hin und Her der Verbündeten – weshalb auch kein klarer Sieg zustande kam – besäßen wir heute das reiche Mosaik der Prärie- und Waldböden nicht, das sich auf der Karte so dekorativ ausnimmt.

Jonathan Carver hat uns ein lebhaftes Wortgemälde der Präriegrenze in den Tagen vor ihrer Besiedelung hinterlassen. Am 10. Oktober 1763 besuchte er die Blue Mounds, eine Gruppe von (heute bewaldeten) Anhöhen nahe der südwestlichen Ecke des Dane County. Er schreibt:

> *Ich erklomm einen der höchsten Hügel und hatte einen umfassenden Blick über's Land. Meilenweit war nichts anderes zu sehen als kleinere Berge, die auf die Entfernung, da sie baumkahl waren, den Heuhaufen glichen. Nur ein paar Hickoryhaine und verkümmerte Eichen bedeckten einige der Thäler.*

In den 1840er Jahren mischte sich ein neues Tier, der Siedler, in den Präriekampf ein. Das lag nicht in seiner Absicht, er pflügte nur genügend Felder, aber beraubte damit die Prärie ihres uralten Verbündeten: des Feuers. Fortan tobten Eichenschösslinge legionsweise über das Grasland, und was früher ein Präriegebiet war, wurde zu einem Gebiet der Waldlandfarmen. Wenn Sie diese Geschichte anzweifeln, zählen Sie die Jahresringe der Stümpfe auf irgendeinem Hügelkamm im südwestlichen Wisconsin. Außer den ältesten Veteranen datieren alle Bäume aus den 1850er und 1860er Jahren, zu einer Zeit, als die Präriebrände aufhörten.

John Muir wuchs im Marquette County auf, als die neuen Wälder die alten Prärien überrollten und die Eichenlichtungen in Dickichte voller Schösslinge hüllten. In *Boyhood and Youth* erinnert er sich daran:

> *Der gleichmäßig üppige Boden von Illinois und Wisconsin förderte zugunsten von Feuern ein derart dichtes und hohes Gräserwachstum,*

dass kein Baum darauf leben konnte. Hätte es keine Feuer gegeben, wären diese schönen Prärien, ein überaus markantes Merkmal dieses Landes, mit dem wuchtigsten Wald bedeckt gewesen. Doch sobald die Eichenlichtungen [in unserer Umgebung] besiedelt und die Graslauffeuer von den Farmern verhindert wurden, wuchsen die Wurzeln
zu Bäumen heran und bildeten Gestrüppe, die so dicht waren, dass man nur schwer hindurchgehen konnte und jegliche Spur der Sonnenlichtungen verschwand.

Wer einen Klettenfrüchtigen Eichenveteranen besitzt, der besitzt deshalb mehr als nur einen Baum. Er besitzt eine historische Bibliothek und einen reservierten Platz im Evolutionstheater. Seine Farm trägt für den eingeweihten Blick das Abzeichen und Sinnbild des Präriekriegs.

Himmelstanz

Ich hatte meine Farm zwei Jahre besessen, ehe ich herausfand, dass man den Himmelstanz jeden Abend im April und Mai über meinem Wald sehen kann. Seit wir dies entdeckt haben, versäumen meine Familie und ich ungern auch nur eine einzige Aufführung.

Die Vorstellung beginnt am ersten warmen Aprilabend pünktlich um 18:50 Uhr. Bis zum 1. Juni hebt sich der Vorhang jeden Tag eine Minute später, dann ist es 19:50 Uhr. Diese gleitende Skala wird von der Eitelkeit diktiert, der Tänzer verlangt ein romantisches Licht mit einer Intensität von exakt 0,538 Candela. Man darf nicht zu spät kommen und muss stillsitzen, sonst fliegt er schmollend davon.

Die Requisiten und die Stunde des Beginns zeigen die launischen Forderungen des Künstlers. Die Bühne muss ein offenes Amphitheater im Wald oder Gebüsch sein, in dessen Mitte müssen sich ein bemoostes Fleckchen, ein Streifen reinen Sandes, eine nackte Felsnase oder eine leere Fahrbahn befinden. Zunächst war es mir ein Rätsel, warum es der Waldschnepfen-

CHARLES W
SCHWARTZ

hahn so genau nahm mit dem leeren Tanzboden, doch inzwischen denke ich, dass es der Beine wegen ist. Seine Beine sind kurz, in dichtem Gras oder Unkraut kann er nicht vorteilhaft umherstolzieren, auch kann seine Dame ihn dort nicht sehen. Bei mir sind mehr Waldschnepfen als bei den meisten Farmern, denn ich besitze mehr bemoosten Sand, der für einen Grasbewuchs zu karg ist.

Kennt man Ort und Stunde, setzt man sich unter einen Strauch zur Linken des Tanzbodens, wartet und hält gegen den Sonnenuntergang Ausschau nach der Ankunft des Waldschnepfenhahns. Er fliegt niedrig aus einem der benachbarten Gestrüppe heran, landet auf dem nackten Moos und beginnt sofort mit der Ouvertüre: einer Reihe von seltsam kehligem Quorren, im Abstand von zwei Sekunden, das stark dem Sommerruf des Nachtfalken gleicht.

Plötzlich endet das Quorren und der Vogel fliegt in weiten Spiralen himmelwärts, wobei er ein melodisches Meckern ausstößt. Immer weiter hinauf geht es, in immer steileren und engeren Spiralen, das Meckern lauter und lauter, bis der Sänger bloß noch ein Fleck am Himmel ist. Dann taumelt er ohne Vorwarnung wie ein angeschossenes Flugzeug herab und trällert mit sanft fließender Stimme, um die ihn ein Hüttensänger im März beneiden würde. Ein paar Fuß über dem Boden pendelt er sich wieder ein und kehrt zu seinem Balzplatz zurück, meist exakt zu der Stelle, an der die Aufführung begann, und fängt erneut mit dem Quorren an.

Bald ist es zu dunkel, um den Vogel am Boden zu erkennen, man sieht seine Flüge jedoch für eine Stunde am Himmel, so lange dauert die Show in der Regel. In mondhellen Nächten kann sie sich allerdings mit Unterbrechungen fortsetzen, solange der Mond scheint.

Bei Tagesanbruch wird die gesamte Show wiederholt. Im frühen April fällt der letzte Vorhang um 5:15 Uhr. Bis zum Juni rückt der Termin um zwei Minuten pro Tag vor, dann endet die Aufführung für dieses Jahr um 3:15 Uhr. Warum ein solcher Unterschied in der gleitenden Skala? Nun, ich befürchte, dass sich selbst die Romantik einmal erschöpft, denn es braucht nur ein Fünftel des Lichts, das für den Beginn bei Sonnenuntergang nötig ist, damit der Himmelstanz am Morgen endet.

* * *

Vielleicht ist es eine glückliche Fügung, dass man nie alle hervorstechenden Fakten auch nur über eines der hundert kleinen Dramen in den Wäldern und Wiesen erfahren kann, egal wie aufmerksam man sie studiert. Was ich zum Beispiel über den Himmelstanz bislang nicht weiß: Wo befindet sich die Dame und welche Rolle spielt sie, falls sie eine spielt, in dem Stück? Oft sehe ich zwei Waldschnepfen auf einem Balzplatz, manchmal fliegen sie auch gemeinsam, aber sie quorren nie zusammen. Ist der zweite Vogel eine Henne oder ein rivalisierendes Männchen?

Ebenfalls unbekannt: Wird das Meckern mit den Stimmbändern erzeugt oder ist es mechanisch? Mein Freund Bill Feeney warf einmal ein Netz über einen quorrenden Vogel und entfernte die äußeren Schwanzfedern; danach konnte der Vogel quorren und pfuitzen, aber nicht mehr meckern. Ein solches Experiment ist jedoch kaum beweiskräftig.

Ebenfalls unbekannt: Bis zu welcher Nistphase setzt das Männchen den Himmeltanz fort? Meine Tochter hat einmal gesehen, dass ein Vogel fast zwanzig Meter von einem Nest entfernt quorrte, das ausgebrütete Eierschalen enthielt; doch handelte es sich um das Nest *seiner* Herzensdame? Oder

ist dieser Heimlichtuer vielleicht ein Bigamist, ohne dass wir es je bemerkt haben? Diese und viele weitere Fragen bleiben Geheimnisse im zunehmenden Abenddämmer.

Das Drama des Himmelstanzes wird jede Nacht auf Hunderten Farmen gegeben, deren Eigentümer nach Unterhaltung lechzen, aber die Illusion hegen, dass man sie in Theatern suchen muss. Sie leben auf dem Land, aber nicht mit dem Land.

Die Waldschnepfe ist eine lebende Widerlegung der Theorie, dass der Nutzen des Federwilds darin besteht, als Zielscheibe zu dienen oder anmutig auf einer Scheibe Toast zu posieren. Niemand würde im Oktober lieber auf Schnepfenjagd gehen als ich, doch seit ich von dem Himmelstanz erfahren habe, sage ich mir, dass ein, zwei Vögel ausreichen. Ich muss sichergehen, dass es im kommenden April keinen Mangel an Tänzern vorm Sonnenuntergangshimmel gibt.

Zurück aus Argentinien

Hat der Löwenzahn das Zeichen des Mai in Wisconsins Wiesen gesteckt, ist es an der Zeit, dem letzten Frühlingsbeweis zu lauschen. Setz dich auf ein Grasbüschel, spitz die Ohren gen Himmel, blende den Tumult der Lerchen- und Rotflügelstärlinge aus, dann wirst du ihn bald hören: den Fluggesang des Prärieläufers, der soeben aus Argentinien zurückkommt.

Verfügst du über kräftige Augen, kannst du den Himmel absuchen und ihn sehen, wie er mit bebenden Flügeln zwischen den Wolkenbäuschen kreist. Sind deine Augen schwach, versuch es erst gar nicht; betrachte einfach die Zaunpfähle. Bald wird dir ein silberner Blitz verraten, auf welchem Pfahl der Prärieläufer gelandet ist und die langen Flügel eingefaltet hat. Wer das Wort ›Anmut‹ erfunden hat, muss gesehen haben, wie der Prärieläufer seine Flügel einfaltet.

Da sitzt er nun; mit seinem ganzen Wesen sagt er dir, dass es dein nächster Schritt ist, dich aus seinem Herrschaftsgebiet zu entfernen. Die Grundbücher mögen dich als Eigentümer dieser Wiese ausweisen, doch der Prärieläufer verwirft solche trivialen Gesetze ohne Weiteres. Soeben ist er 4000 Meilen geflogen, um seinen von den Indianern erworbenen Anspruch wieder einzufordern. Und solange die jungen Prärieläufer nicht fliegen können, gehört ihm die Wiese, und niemand darf sie ohne seinen Protest betreten.

Irgendwo in der Nähe bebrütet das Prärieläuferweibchen die vier großen spitzen Eier, aus denen bald vier nestflüchtige Küken schlüpfen werden. Von dem Moment an, in dem ihr Flaum trocken ist, flitzen sie wie Mäuse auf Stelzen durchs Gras, allemal dazu in der Lage, sich deinen plumpen Versuchen, sie zu fangen, zu entziehen. Mit dreißig Tagen sind die Küken ausgewachsen; kein anderer Vogel entwickelt sich mit ähnlicher Geschwindigkeit. Im August haben sie die Flugschule absolviert, und in kühlen Augustnäch-

C.W.Schwartz

ten kann man ihre Pfeifsignale hören, wenn sie sich zur Pampa aufschwingen, um abermals die jahrtausendealte Einheit der beiden Amerikas unter Beweis zu stellen. Die Solidarität der Erdhalbkugeln ist für die Politiker etwas Neues, für die gefiederten Himmelsflotten ist sie es nicht.

Der Prärieläufer passt sich der landwirtschaftlichen Umgebung leicht an. Er folgt den schwarzweißen Büffeln, die heute auf seinen Wiesen weidet, und betrachtet sie als akzeptablen Ersatz für die braunen. Er nistet in Heufeldern genauso wie auf Wiesen, aber verfängt sich, anders als der tollpatschige Fasan, nicht in den Mähdreschern. Ehe das Heu erntebereit ist, sind die jungen Prärieläufer längst in der Luft und fort. Im Farmland hat der Prärieläufer nur zwei echte Feinde: die Kanäle und die Entwässerungsgräben. Vielleicht werden wir eines Tages feststellen, dass sie auch unsere Feinde sind.

Am Beginn des 20. Jahrhunderts, als die Maiwiesen in aller Stille grün wurden und die Augustnächte keine gepfiffene Erinnerung an den bevorstehenden Herbst mitbrachten, hätten die Farmen in Wisconsin beinahe ihre uralten Zeitmesser verloren. Allgegenwärtiges Schießpulver samt der Verlockung von ›Prärieläufer auf Toast‹ bei den postviktorianischen Banketten hatte einen zu hohen Tribut gefordert. Der späte Schutz durch die staatlichen Zugvogel-Gesetze kam gerade noch rechtzeitig.

Alder Fork, die Erlengabelung – Ein Angleridyll

Wir fanden den Hauptstrom so flach vor, dass der Drosseluferläufer in dem herumtrippelte, was noch im letzten Jahr eine Forellen-Stromschnelle war und so warm, dass wir im tiefsten Kolk ohne Aufschrei untertauchen konnten. Selbst nach unserem kühlenden Bad fühlten sich unsere Watstiefel wie heiße Teerpappe in der Sonne an.

Das abendliche Angeln erwies sich als ebenso enttäuschend wie die Vorboten. Wir baten den Fluss um Forellen und bekamen einen Döbel. Nachts saßen wir dann im Qualm gegen Moskitos und besprachen den Plan für morgen. Zweihundert Meilen waren wir auf einer heißen, staubigen Straße gefahren, nur um wieder einmal das ungestüme Zerren einer aus Illusionen erwachten Bach- oder Regenbogenforelle zu fühlen. Aber hier gab es keine Forellen.

Wir erinnerten uns jetzt, dass es sich um einen geteilten Fluss handelte. In der Nähe des Oberlaufs hatten wir damals eine Gabelung gesehen, schmal, tief und gespeist von kalten Quellen, die unter ihren dichtgesäumten Erlenwänden hervorgurgelten. Was würde eine anständige Forelle bei diesem Wetter tun? Dasselbe, das wir taten: hinaufsteigen.

In der Frische des Morgens, als hundert Weißkehlammern vergessen hatten, dass es je auch anders als mild und kühl sein könnte, kletterte ich das taufeuchte Ufer hinab und stieg in den Alder Fork. Eine Forelle sprang gerade stromaufwärts. Ich ließ ein wenig Schnur schießen – wobei ich wünschte, sie möge immer so geschmeidig und trocken bleiben – und platzierte die Trockenfliege, nachdem ich die Entfernung mit ein, zwei Probewürfen gemessen hatte, genau einen Fuß oberhalb ihres letzten Strudels. Sofort waren die heißen Meilen, die Moskitos, der schmähliche Döbel vergessen. Sie schluckte die Fliege mit einem großen Happs, und bald darauf konnte ich sie auf einem Bett aus nassen Erlenblättern in der Tiefe des Fischkorbs zucken hören.

Inzwischen war ein anderer, größerer Fisch im nächsten Kolk aufgetaucht, der am obersten noch ›schiffbaren‹ Punkt lag, den die Erlen in festen Reihen umschlossen. Ein Busch, dessen braunen Stamm die Strömung in der Mitte umspülte, schüttelte sich in fortwährendem stillen Gelächter, als verspotte er jede Fliege, die die Götter oder Menschen nur einen Zoll weit über sein äußerstes Blatt hinauswerfen könnten.

* * *

Für eine Zigarettenlänge sitze ich auf einem Felsen mitten im Fluss und beobachte meine Forelle dabei, wie sie unter ihrem schützenden Busch auftaucht, während meine Rute und Schnur zum Trocknen über den Erlen am sonnigen Ufer hängen. Sitze dann klugerweise noch ein Weilchen länger. Dieser Kolk dort oben ist allzu glatt. Ein Wind kommt auf, der ihn für einen Augenblick kräuseln könnte, wodurch mein perfekter Wurf, der ihn bald mitten ins Herz trifft, noch tödlicher ist.

Er wird kommen – ein Windstoß, stark genug, um einen braunen Augenfalter von der lachenden Erle zu schütteln und ihn auf die Oberfläche des Kolks zu werfen.

Aufgepasst! Roll die trockene Schnur auf und steh mittstroms, die Rute in höchster Bereitschaft. Er kommt – ein kurzes, ahnungsvolles Zittern in der Erle auf dem Hügel, ein halber Wurf, den ich behutsam vor und zurück sausen lasse, bereit für den Hauptwindstoß, wenn er auf den Kolk trifft. Wohlgemerkt nicht mehr als die halbe Schnur! Die Sonne steht nun hoch oben, und jeder flackernde Schatten würde meine Forelle in ihrem Versteck vor dem drohenden Schicksal warnen. Jetzt! Die letzten drei Meter schießen aus, die Fliege fällt anmutig zu Füßen der lachenden Erle nieder – die Forelle beißt an! Ich packe fest zu, um sie aus dem Dschungel dahinter rauszuhalten. Sie flitzt stromabwärts. Nach ein paar Minuten zappelt auch sie im Fischkorb.

Ich sitze in glücklicher Betrachtung auf meinem Felsen, sinniere, während meine Schnur wieder trocknet, über Forellen und Menschen. Wie sehr ähneln wir den Fischen: Immer bereit, nein begierig, alles Neue zu ergreifen, das vom Wind der Umstände auf den Fluss der Zeit heruntergeschüttelt wird. Und wie sehr bereuen wir unsere Eile, wenn wir feststellen, dass im goldenen Bissen ein Haken steckt. Trotzdem glaube ich, dass in dieser Begierde eine gewisse Tugend ist, ganz gleich, ob sich ihr Objekt als richtig oder falsch erweist. Vollkommen langweilig wäre ein vernünftiger Mensch, eine schlaue Forelle, eine umsichtige Welt! Sagte ich nicht vorhin, ich hätte »klugerweise« gewartet? Dem war nicht so. Die einzige Klugheit bei Anglern besteht darin, auf eine weitere, vielleicht größere Chance vorbereitet zu sein.

Zeit, sie zu ergreifen – bald werden die Forellen nicht mehr springen. Ich wate hüfttief zum Ende des schiffbaren Bereichs, stecke meinen Kopf dreist in die sich schüttelnde Erle und blicke hinein. ›Dschungel‹ stimmt! Ein kohlschwarzes Loch über mir, dermaßen von Grün überdacht, dass man mit keinem Farn, geschweige denn einer Rute, über den strömenden Tiefen wedeln kann. Und just dort wälzt sich eine dicke Forelle träge herum, wobei sie mit den Gräten fast am dunklen Ufer entlangscheuert, als sie ein vorbeifliegendes Insekt hinabzieht.

Keine Chance, mich an sie heranzuschleichen, nicht einmal mit einem bescheidenen Wurm. Aber zwanzig Meter flussaufwärts sehe ich helles Sonnenlicht auf dem Wasser – eine weitere Lichtung? Mit einer Trockenfliege stromabwärts angeln? Unmöglich, aber ich muss es versuchen.

Ich mache kehrt und klettere das Ufer hoch. Bis zum Hals in Springkraut und Nesseln schlängle ich mich durchs Erlendickicht zu der Lichtung weiter oben. Um das Bad seiner Majestät nicht zu stören, steige ich mit katzenartiger Vorsicht in den Fluss und stehe fünf Minuten stocksteif, damit sich alles beruhigt. Unterdessen ziehe ich die Schnur aus, öle und trockne sie und wickle dreißig Fuß um meine linke Hand. So weit bin ich vom Eingang zum Dschungel entfernt.

Und nun viel Glück! Ich puste meine Fliege an, um sie ein letztes Mal aufzuplustern, lege sie auf den Fluss vor mir und lasse rasch Schlinge für Schlinge laufen. Als sich die Leine strafft und die Fliege in den Dschungel gesogen wird, gehe ich rasch stromabwärts und starre ins düstere Gewölbe, um ihr Schicksal zu verfolgen. Ein, zwei flüchtige Blicke, als ein Sonnenfleckchen vorbeizieht, zeigen mir, dass sie noch immer ungehindert dahingleitet. Sie umkurvt die Biegung. Im Nu – lange bevor der Aufruhr meiner Schritte die List verraten hat – erreicht sie den dunklen Kolk. Ich höre den Vorstoß des großen Fisches mehr als dass ich ihn sehe; ich reiße die Angel hoch und der Kampf beginnt.

Kein vernünftiger Mensch würde einen Dollar für Fliege und Vorfach riskieren, um eine Forelle gegen den Strom durch die Riesenzahnbürste eines Erlengestrüpps zu ziehen, das diese Flussbiegung einfasst. Aber wie ich schon sagte, der Angler ist kein vernünftiger Mensch. Mit allerhand behutsamem Aufspulen bringe ich sie nach und nach in offenes Gewässer und schließlich in den Fischkorb.

Nun werde ich Ihnen gestehen, dass keine dieser drei Forellen geköpft oder zusammengefaltet werden musste, damit sie in ihren Sarg passt. Groß war nicht die Forelle, sondern das Glück. Gefüllt war nicht der Fischkorb, sondern die Erinnerung. Wie die Weißkehlammern hatte auch ich vergessen, dass es je etwas anderes als früher Morgen an der Erlengabelung sein könnte.

Großartige Güter

Nach Auskunft des Bezirksbeamten erstreckt sich mein weltliches Reich über einhundertzwanzig Morgen. Aber der Bezirksbeamte ist ein verschlafener Bursche, der nie vor neun Uhr in seine Grundbücher schaut. Was sie bei Tagesanbruch zeigen würden, ist die Frage, die hier zur Debatte steht.

Bücher hin oder her, es ist eine für meinen Hund und mich offensichtliche Tatsache, dass ich bei Tagesanbruch der einzige Besitzer all dieser Morgen Landes bin, über die ich laufen darf. Nicht nur die Grenzen verschwinden, auch der Gedanke, dass ich eingegrenzt bin. Gebiete, die Urkunde oder Karte unbekannt sind, kennt jede Morgendämmerung, und die Einsamkeit, die in meinem Land angeblich nicht mehr existiert, erstreckt sich in alle Richtungen, so weit der Tau reicht.

Wie jeder Großgrundbesitzer habe ich Pächter. Sie sind nachlässig mit dem Zins, aber sehr penibel, was das Lehen betrifft. Ja, von April bis Juli verkünden sie einander bei Tagesanbruch ihre Grenzen und bestätigen, zumindest im Umkehrschluss, ihre Lehenspflicht mir gegenüber.

Anders als Sie vielleicht vermuten beginnt diese tägliche Zeremonie nach strengster Etikette. Wer sie ursprünglich protokolliert hat, ist mir nicht bekannt. Um 3:30 Uhr trete ich mit aller Würde, die ich an einem Julimorgen aufbringen kann, vor die Hüttentür, die Insignien meiner Herrschaft – eine Kaffeekanne und ein Notizbuch – in den Händen. Ich setze mich auf eine Bank mit Blick auf die weiße Kielspur des Morgensterns. Die Kanne stelle ich neben mich. Ich ziehe einen Becher aus meinem Hemd in der Hoffnung, dass niemand diese zwanglose Transportmethode bemerkt. Ich hole meine Uhr hervor, gieße Kaffee ein und lege mir das Notizbuch aufs Knie. Das ist das Zeichen, dass die Proklamationen beginnen mögen.

Um 3:35 Uhr erklärt der am nächsten sitzende Klapperammer mit klarem Tenorgesang, dass er ein Bankskiefern-Gehölz nördlich des Flussufers und südlich der alten Planwagenstrecke sein Eigen nennt. Einer nach dem andern verkünden sämtliche Klapperammern in Hörweite ihren Besitzanspruch. Zumindest um diese Uhrzeit gibt es noch keinen Streit, deshalb höre ich nur zu und hoffe insgeheim, dass ihre Weibersleute diesem glücklichen Abkommen über den *Status quo ante* zustimmen.

Noch ehe die Klapperammern ihre Runde gemacht haben, trällert die Wanderdrossel in der großen Ulme ihren Anspruch auf die Astgabel, von der der Eissturm einen Zweig herausgebrochen hat, und auf die zugehörigen Nutzungsrechte laut hinaus (was in diesem Fall bedeutet, alle Regenwürmer in dem darunterliegenden, nicht sehr weitläufigen Grasstück).

Der beharrliche Gesang der Wanderdrossel weckt den Pirol, der nun der Welt der Pirole erzählt, dass der hängende Ulmenast ihm gehöre, mitsamt allen faserhaltigen Wolfsmilch-Stängeln in der näheren Umgebung, allen losen Schnüren im Garten und dem Exklusivrecht, wie ein Feuerstoß vom einen zum andern zu flitzen.

Meine Uhr zeigt 3:50. Der Indigofink auf dem Hügel macht sein Anrecht auf den toten Eichenast geltend, eine Hinterlassenschaft der Dürre von 1936, und verschiedene Käfer und Gebüsche in der Nähe. Er fordert

nicht das Recht, alle blauen Hüttensänger und alle Dreimasterblumen, die ihr Antlitz der Dämmerung zugewandt haben, an Bläue zu übertrumpfen, ich vermute, er setzt es einfach voraus.

Daraufhin bricht der Zaunkönig – der, der in der Dachtraufe der Hütte das Astloch entdeckt hat – in Gesang aus. Ein halbes Dutzend anderer Zaunkönige fällt ein, dann ist alles das reinste Tollhaus. Kernbeißer, Spottdrosseln, Goldwaldsänger, Hüttensänger, Vireos, Rötelgrundammern, Kardinäle – alle machen mit. Meine feierliche Auflistung der Künstler nach Reihenfolge und Zeitpunkt des ersten Liedes wird zögerlich, schwankend und endet hier, denn mein Gehör kann den Rang nicht mehr herausfiltern. Außerdem ist die Kaffeekanne leer und die Sonne geht soeben auf. Ich muss mein Reich inspizieren, bevor mein Besitzanspruch erlischt.

Mein Hund und ich, wir gehen aufs Geratewohl los. Er hat all diesen sanglichen Vorgängen nur wenig Respekt gezollt, denn für ihn besteht das Zeugnis der Pächterschaft nicht im Gesang, sondern im Geruch. Jedes ungebildete Federbündel, sagt er, kann in einem Baum Krach schlagen. Jetzt wird er mir die duftenden Gedichte übersetzen, die irgendwelche schweigsamen Kreaturen in die Sommernacht geschrieben haben. Am Schluss eines jeden Gedichts sitzt der Autor – falls wir ihn finden. Was wir dann tatsächlich finden, war unvorhersehbar: ein Kaninchen, das sich plötzlich danach sehnt, anderswo zu sein; eine Waldschnepfe, die mit einer Verzichtserklärung herumwedelt; ein Fasanenmännchen, das empört ist, weil es seine Federn im Gras nassgemacht hat.

Dann und wann stöbern wir einen Waschbären oder Nerz auf, der spät vom nächtlichen Beutezug heimkehrt. Manchmal stören wir einen Reiher mitten beim Fischen oder überraschen eine Brautentenmutter mit ihrer Kükeneskorte, die mit Volldampf in den Schutz des Herzblättrigen Hechtkrauts rennt. Manchmal sehen wir Weißwedelhirsche, die ins Dickicht zurückzockeln, vollgestopft mit Alfalfablüten, Ehrenpreis und wildem Lattich. Noch öfter sehen wir allerdings nur miteinander verwobene, schwindende Schleifspuren, hinterlassen von trägen Hufen im Seidengewebe des Taus.

Ich kann die Sonne nun spüren. Dem Vogelchor ist die Puste ausgegangen. Das ferne Scheppern der Kuhglocken verrät eine Herde, die zur Weide schlendert. Ein Traktor röhrt die Warnung, dass mein Nachbar schon auf den Beinen ist. Die Welt ist auf jene ärmlichen Dimensionen geschrumpft, die den Bezirksbeamten bekannt sind. Wir gehen nach Hause und zum Frühstück.

Präriegeburtstag

Im Durchschnitt beginnen in jeder Woche von April bis September zehn Wildpflanzen erstmals zu blühen. Im Juni lassen mindestens ein Dutzend Arten an nur einem Tag ihre Knospen aufbrechen. Niemand kann sämtliche dieser Geburtstage beachten; niemand kann sie allesamt ignorieren. Wer blind auf den Mai-Löwenzahn tritt, kann im August von den Ambrosiapollen zur Rechenschaft gezogen werden; wer den rötlichen Schleier der April-Ulmen ignoriert, kann im Juni mit seinem Auto über die Korollen der Trompetenbäume schlittern. Sag mir, welchen Pflanzengeburtstag ein Mensch bemerkt, dann sage ich dir eine Menge über seinen Beruf, seine Hobbys, seinen Heuschnupfen und den allgemeinen Stand seiner ökologischen Bildung.

* * *

In jedem Juli beobachte ich gespannt einen bestimmten Landfriedhof, an dem ich vorüberkomme, wenn ich zu und von meiner Farm fahre. Es ist Zeit für einen Präriegeburtstag, und in einer Ecke des Friedhofs wohnt ein Überlebender, der dieses einst wichtige Ereignis gefeiert hat.

Es handelt sich um einen gewöhnlichen Friedhof, gesäumt von den üblichen Fichten und übersät mit den üblichen Grabsteinen aus rosa Granit oder weißem Marmor, jeder mit dem üblichen Sonntagskranz aus roten oder rosa Geranien. Außergewöhnlich an ihm ist nur, dass er dreieckig statt quadratisch ist und im spitzen Winkel seines Zauns einen winzigen Rest der heimischen Prärie beherbergt, auf der der Friedhof in den 1840er Jahren errichtet wurde. Seitdem bringt dieses quadratmetergroße Relikt des ursprünglichen Wisconsin, unerreichbar für Sense oder Mäher, in jedem Juli einen mannshohen Stängel der Kompasspflanze hervor, des schlitzblättrigen *Silphium*, das untertassenförmige gelbe, der Sonnenblume ähnelnde Blüten schmücken. Sie ist die einzige Überlebende dieser Pflanzenart längs der Schnellstraße und vielleicht die einzige in der Westhälfte unseres Bezirks. Wie tausend Morgen Land voller Silphium aussahen, als sie die Bäuche der Büffel kitzelten, ist eine Frage, die nie wieder beantwortet und wohl nicht einmal gestellt wird.

In diesem Jahr bemerkte ich die erste Blüte des Silphium am 24. Juli, eine Woche später als üblich; in den letzten sechs Jahren fand sie um den 15. Juli herum statt.

Als ich am 3. August wieder an dem Friedhof vorbeifuhr, hatte ein Straßenarbeitertrupp den Zaun entfernt und das Silphium abgeschnitten. Nun ist es leicht, die Zukunft vorauszusagen: ein paar Jahre lang wird das Silphium vergeblich versuchen, über die Mähmaschine hinauszuwachsen, dann wird es absterben. Mit ihm zusammen wird das Präriezeitalter zu Ende gehen.

Die Straßenmeisterei sagt, dass während der drei Sommermonate, in denen das Silphium in Blüte steht, 100 000 Autos jährlich diese Strecke befahren. Darin müssen mindestens 100 000 Menschen sitzen, die Geschichte ›belegt‹ haben, und vielleicht 25 000, die Botanik ›belegt‹ haben. Doch ich bezweifle, dass ein Dutzend das Silphium gesehen haben, und kaum einer von ihnen wird seinen Niedergang bemerken. Würde ich einem Prediger der Kirche nebenan erzählen, dass die Straßenarbeiter Geschichtsbücher auf seinem Friedhof verbrannt haben, wäre er verblüfft und verstünde nichts. Wie kann ein Unkraut ein Buch sein?

Dies ist nur eine kleine Episode beim Begräbnis der einheimischen Flora, die ihrerseits nur eine Episode ist beim Begräbnis der weltweiten Floren. Der technisierte Mensch, der die Pflanzenwelt nicht wahrnimmt, ist stolz auf seinen Fortschritt beim Säubern der Landschaft, in der er wohl oder übel seine Tage zubringen muss. Es mag sich als klug erweisen, sofort jegliche Lehre echter Geschichte und echter Botanik zu verbieten, damit einige künftige Bürger keine Skrupel quälen wegen des floralen Preises, den sie für ihr gutes Leben zahlen.

* * *

Deshalb gelten die Farmen der Umgebung als gut im Verhältnis zur Armut ihrer Flora. Ich habe meine Farm ausgesucht, weil ihr dieses Gütesiegel und weil ihr die Landstraße fehlt; tatsächlich liegt meine gesamte Umgebung in der Rückströmung des großen Flusses Fortschritt. Meine Straße ist noch die alte Wagenspur der Pioniere, frei von Gefälle und Schotter, Kehrmaschinen und Bulldozern. Meine Nachbarn bringen den Landwirtschaftsbeauftragten zum Seufzen. Ihre Zaunstreifen werden jahrelang nicht gemäht. Ihre Marschen werden weder eingedämmt noch entwässert. Vor die Wahl zwischen Angeln gehen und Fortschritt gestellt, ziehen sie allemal das Angeln vor. An Wochenenden ist mein floraler Lebensstandard jener des Hinterlands, an den Werktagen ernähre ich mich so gut wie möglich von der Flora der Universitätsfarmen, des Campus und der angrenzenden Vorstädte. Zum Zeitvertreib habe ich ein Jahrzehnt lang die erste Blüte von Wildpflanzenarten in den folgenden beiden unterschiedlichen Arealen aufgezeichnet:

Arten mit erster Blüte im	Vorstadt und Campus	Farm im Hinterland
APRIL	14	26
MAI	29	59
JUNI	43	70
JULI	25	56
AUGUST	0	14
SEPTEMBER	0	1
	—	—
Summe der visuellen Kost	111	226

Es ist offensichtlich, dass das Auge des Farmers im Hinterland fast doppelt so gut genährt wird wie das Auge des Studenten oder des Geschäftsmanns. Natürlich sehen beide ihre jeweilige Flora noch immer nicht, sodass wir vor den zwei bereits erwähnten Alternativen stehen: entweder die kontinuierliche Blindheit der Bevölkerung absichern oder der Frage nachgehen, ob wir nicht beides, Fortschritt *und* Pflanzen, haben können.

Der Rückgang der Flora beruht auf der Kombination von sauberer Landwirtschaft, Waldbeweidung und guten Straßen. Jede dieser notwendigen Veränderungen erfordert natürlich eine erhebliche Verringerung der für Wildpflanzen zur Verfügung stehenden Fläche, doch keine erfordert die Auslöschung ganzer Arten auf Farmen, in Stadtgemeinden oder Landkreisen oder profitiert dadurch. Es gibt Brachen auf jeder Farm, und jede Schnellstraße begrenzen ungenutzte Streifen der ganzen Länge nach. Haltet Kühe, Pflüge und Mäher von diesen Brachflächen fern, dann kann die volle einheimische Flora samt Dutzenden interessanter blinder Passagiere aus anderen Landesteilen zur normalen Umgebung jedes Bürgers gehören.

Ein bemerkenswerter Beschützer der Prärieflora schert sich ironischerweise wenig um solche Nichtigkeiten und weiß wenig von ihnen: die Eisenbahn mit ihrem abgezäunten Wegerecht. Viele dieser Eisenbahnzäune wurden aufgestellt, ehe man die Prärie umgepflügt hat. Innerhalb solcher geradlinigen Schutzgebiete versprüht die Prärieflora, ungeachtet der Funken, des Rußes und der jährlichen Säuberungsfeuer, noch immer ihren Farbenkalender, von der rosa Götterblume im Mai zur blauen Aster im Oktober. Seit Langem wünsche ich mir, einen dieser abgebrühten Eisenbahn-Vorsitzenden mit dem physischen Beweis seiner Weichherzigkeit zu konfrontieren. Ich habe es nicht getan, weil ich keinem begegnet bin.

Natürlich verwendet die Eisenbahn Flammenwerfer und chemische Spritzmittel, um die Gleise von Unkraut zu befreien, aber die Kosten einer solchen notwendigen Reinigung sind noch immer zu hoch, um sie über die eigentlichen Gleisbetten hinaus auszuweiten. Doch es zeichnen sich wohl bereits Verbesserungen ab.

Die Auslöschung einer Menschenrasse geht großenteils mühelos vonstatten – für uns, sofern wir bloß wenig darüber erfahren. Ein toter Chinese ist uns kaum wichtig, die wir unser Interesse an chinesischen Dingen auf eine gelegentliche Schüssel gebratene Nudeln beschränken. Wir trauern nur um das, was wir kennen. Die Auslöschung des Silphium aus dem westlichen Dane County ist kein Anlass zur Trauer, da man es nur als Name im Botanikbuch kennt.

Silphium wurde für mich erstmals zur Persönlichkeit, als ich eines auszugraben versuchte, um es auf meine Farm zu bringen. Es war so, als würde man einen Eichenschössling ausgraben. Nach einer halben Stunde schweißtreibender schmutziger Arbeit dehnte sich die Wurzel immer weiter aus, wie eine riesige vertikale Süßkartoffel. Meines Wissens verlief diese Silphiumwurzel direkt durchs Grundgestein. Ich bekam mein Silphium nicht, erfuhr aber, mittels welcher ausgeklügelten unterirdischen Tricks es ihm gelingt, die Dürren in der Prärie zu überstehen.

Als Nächstes pflanzte ich Silphium-Samen, die groß und fleischig sind und wie Sonnenblumenkerne schmecken. Sie trieben sofort aus, doch nach fünf Jahren des Wartens sind die Sämlinge noch immer jugendlich und haben noch keinen Blütenstängel hervorgebracht. Vielleicht braucht das Silphium ein Jahrzehnt, um das Blütenalter zu erreichen – wie alt mag also meine Lieblingspflanze auf dem Friedhof gewesen sein? Sie muss wohl älter als der älteste Grabstein sein, der aus dem Jahre 1850 stammt. Vielleicht hat sie gesehen, wie sich Black Hawk auf seiner Flucht von den Madison-Seen an den Wisconsin River zurückzog; sie stand an der Strecke dieses berühmten Marsches. Ganz sicher hat sie die fortwährenden Begräbnisse der hiesigen Pioniere gesehen, die sich einer nach dem anderen zur Ruhe unter dem Bartgras begaben.

Einmal sah ich, wie ein Löffelbagger beim Ausheben eines Straßengrabens die ›Süßkartoffelwurzel‹ einer Silphiumpflanze durchtrennte. Bald danach trieben neue Blätter aus und die Wurzel brachte tatsächlich einen neuen Blütenstängel hervor. Dies erklärt, warum man die Pflanze, die nie in Neuland vordringt, trotzdem manchmal an kürzlich planierten Straßenrändern sieht. Ist sie einmal verwurzelt, übersteht sie fast alle Verstümmelungen, außer ständigem Abweiden, Mähen oder Pflügen.

Warum verschwindet das Silphium aus beweideten Gebieten? Einmal sah ich, wie ein Farmer sein Vieh auf eine unberührte Präriewiese trieb, die zuvor nur sporadisch der Mahd des wilden Heus diente. Die Kühe weideten das Silphium bis zum Boden ab, ehe noch irgendeine andere Pflanze erkennbar angefressen wurde. Man kann sich vorstellen, dass die Büffel früher dieselbe Vorliebe für das Silphium hatten, sie duldeten jedoch keine Zäune, die ihre Knabbereien den ganzen Sommer über auf nur eine Wiese beschränkten. Kurzum, die Büffel grasten nicht kontinuierlich, deshalb war es für das Silphium erträglich.

Eine gütige Vorsehung hat den Tausenden von Pflanzen- und Tierarten, die sich gegenseitig ausgerottet haben, um die gegenwärtige Welt zu errichten, ein Gespür für Geschichte vorenthalten. Dieselbe gütige Vorsehung enthält es nun auch uns vor. Wenige haben getrauert, als der letzte Büffel aus Wisconsin verschwand, und wenige werden trauern, wenn ihm das letzte Silphium zu den saftigen Prärien des Nimmerlands folgt.

Die grüne Wiese

Manche Gemälde erlangen Berühmtheit, weil sie, beständig und dauerhaft, von mehreren nachfolgenden Generationen betrachtet werden, und in jeder gibt es vermutlich ein paar empfängliche Augen.

Ich kenne ein Gemälde, das so flüchtig ist, dass es nur überaus selten betrachtet wird, es sei denn von einigen umherstreifenden Hirschen. Ein Fluss schwingt den Pinsel, und ebendieser Fluss streicht sein Werk wieder für alle Zeiten aus dem menschlichen Blick, ehe ich meine Freunde dorthin führen kann, damit sie es sehen. Danach existiert es nur vor meinem geistigen Auge.

Wie andere Künstler ist auch mein Fluss launisch; man kann nicht vorhersagen, wann ihn die Lust zum Malen überkommt oder wie lange sie andauern wird. Im Mittsommer, wenn die großen weißen Himmelsflotten jeden makellosen Tag dahinsegeln, lohnt es sich jedoch, runter zu den Sandbänken zu schlendern, bloß um zu sehen, ob er bei der Arbeit gewesen ist.

Das Werk beginnt mit einem breiten Schlickstreifen, der dünn auf den Sand eines zurückweichenden Ufers aufgetragen wird. Solange dieser allmählich in der Sonne trocknet, baden Distelfinken in seinen Tümpeln und bedecken ihn Hirsche, Reiher, Keilschwanz-Regenpfeifer, Waschbären und Schildkröten mit dem Spitzenmuster ihrer Spuren. In diesem Stadium lässt sich noch nicht sagen, was als Nächstes geschieht.

Doch sobald ich sehe, dass der Schlickstreifen sich mit Sumpfbinsen begrünt, schaue ich genau hin, denn das ist das Zeichen, dass der Fluss in Mallaune ist. Beinahe über Nacht wird aus den Sumpfbinsen ein dicker Rasen, so saftig und dicht, dass die Wiesenwühlmäuse aus dem angrenzenden Hochland der Versuchung nicht widerstehen können. Sie ziehen *en masse* auf die grüne Weide und verbringen die Nächte offenbar damit, ihre Rippen in die samtene Fülle zu drücken. Ein Labyrinth aus säuberlich angelegten

Mauspfaden verrät ihre Begeisterung. Die Hirsche wandern darin auf und ab, anscheinend nur wegen des Vergnügens, sie unter ihren Schalen zu spüren. Sogar ein stubenhockerischer Maulwurf hat sich seinen Tunnel durch die trockene Sandbank zum Sumpfbinsenstreifen gegraben, wo er die grüne Narbe nach Herzenslust anheben und aufhügeln kann.

In diesem Stadium erwachen die Pflanzenschösslinge, allzu zahlreich, um sie zu zählen, und zu jung, um sie zu bestimmen, aus dem feuchten warmen Sand unter dem Grünstreifen zum Leben.

Man gönne dem Fluss weitere drei Wochen Einsamkeit, bevor man das Gemälde betrachtet, dann besuche man die Sandbank an einem hellen Morgen kurz nachdem die Sonne den Tagesanbruchsnebel verdunstet hat. Jetzt hat der Künstler seine Farben aufgepinselt und mit Tau besprenkelt. Die Sumpfbinsennarbe, grüner als je zuvor, ist nun übersät mit blauer Gauklerblume, rosa Drachenkopf und den milchweißen Blüten des Pfeilkrauts. Hier und da schleudert eine Kardinalslobelie einen roten Speer gen Himmel. Am oberen Ende der Sandbank ragen purpurne Scheinastern und blassrosa Wasserdoste vor einer Weidenwand auf. Und wenn Sie leise und bescheiden auftreten, wie Sie es an jedem Ort sollten, der nur ein einziges Mal schön sein kann, überraschen Sie vielleicht einen fuchsroten Hirsch, der knietief in seinem Lustgarten steht.

Man komme nicht für einen zweiten Blick auf die grüne Weide, denn es gibt keinen. Entweder hat sinkendes Wasser sie ausgetrocknet oder steigendes Wasser die Sandbank in ihre ursprüngliche reine Sandaskese zurückgespült. Im Geist können Sie jedoch ihr Bild aufhängen und hoffen, dass den Fluss in irgendeinem Sommer wieder die Lust zu malen überkommt.

Das Chorgestrüpp

Im September brechen die Tage ohne größere Unterstützung durch Vögel an. Vielleicht gibt ein Singammer ein einzelnes halbherziges Lied von sich, trällert eine Waldschnepfe hoch oben auf dem Weg zu ihrem Tagesdickicht, beendet ein Streifenkauz den nächtlichen Streit mit einem bebenden Abschiedsruf, doch nur wenige andere Vögel haben etwas zu sagen oder zu singen.

An einem – doch längst nicht an allen – dieser nebligen Tagesanbrüche im Herbst kann man den Chor der Wachteln hören. Plötzlich wird die Stille von einem Dutzend Altstimmen durchbrochen, die ihren Lobpreis des kommenden Tages nicht länger zurückhalten können. Nach ein, zwei kurzen Minuten endet die Musik ebenso abrupt, wie sie begann.

Die Musik scheuer Vögel hat eine besondere Wirkung. Singvögel, die auf den obersten Ästen schmettern, sind leicht zu sehen und ebenso leicht wieder vergessen; sie haben das Mittelmaß des Offenkundigen. Doch man erinnert sich an die unsichtbare Einsiedlerdrossel, die silberne Akkorde aus undurchdringlichen Schatten strömen lässt; an den aufsteigenden Kranich, der hinter einer Wolke trompetet; an das Präriehuhn, das aus den Nebeln des Nirgendwo brummt; an das Ave Maria der Wachtel in der Stille der Morgendämmerung. Kein Naturkundler hat je den Chor in Aktion gesehen, weil die Schar noch in ihren unsichtbaren Schlafplätzen im Gras sitzt und jeder Versuch der Annäherung automatisch ein Schweigen auslöst.

Im Juni lässt sich genau vorhersagen, dass die Wanderdrossel zu singen beginnt, wenn die Lichtintensität 0,107 Candela erreicht und der Tumult der andern Sänger in vorherbestimmbarer Reihenfolge abläuft. Im Herbst dagegen schweigt die Wanderdrossel, und es lässt sich absolut nicht vorhersagen, ob die Sängerschar überhaupt auftritt. Die Enttäuschung, die ich an diesen Morgen der Stille verspüre, zeigt vielleicht, dass erhoffte Dinge einen größeren Wert haben als Dinge, die gewiss sind. Für die Hoffnung, eine Wachtel zu hören, lohnt es sich, ein halbes Dutzend Mal im Dunkeln aufzustehen.

Auf meiner Farm befinden sich im Herbst immer einer oder mehrere Schwärme, aber der Tagesanbruchchor ist meist weit entfernt. Vermutlich ziehen die Schwärme es vor, so fern wie möglich vom Hund zu schlafen, der sich noch brennender für die Wachteln interessiert als ich selbst. Nichtsdestotrotz, als ich an einem Oktobermorgen kaffeeschlürfend draußen beim Feuer saß, brach ein Chor kaum einen Steinwurf entfernt in Gesang aus. Er hatte unter einem Weymouthskieferngestrüpp gesessen, wohl um während des heftigen Taus trocken zu bleiben.

Wir fühlten uns geehrt, dass diese Tagesanbruchshymne fast vor unserer Türschwelle gesungen wurde. Irgendwie waren die blauen herbstlichen Nadeln der Kiefern seitdem noch blauer, und der rote Kratzbeerenteppich unter den Kiefern war noch roter.

Rauchgolden

Es gibt zwei Arten der Jagd: die gewöhnliche Jagd und die Jagd auf Kragenhühner.

Es gibt zwei Orte für die Jagd auf Kragenhühner: gewöhnliche Orte und das Adams County.

Es gibt zwei Zeitpunkte für die Jagd im Adams County: gewöhnliche Zeiten und den Moment, in dem die Tamaracklärchen rauchgolden sind. Dies wird für jene Glücklosen geschrieben, die nie mit leerem Gewehr und offenem Mund dagestanden haben, um zu beobachten, wie die goldenen Nadeln niederrieseln, während die gefiederte Rakete, die sie herunterstieß, unversehrt in die Bankskiefern fliegt.

Die Lärchen changieren von Grün zu Gelb, wenn die ersten Fröste die Waldschnepfen, Fuchs- und Winterammern aus dem Norden hergetrieben haben. Ganze Scharen von Wanderdrosseln zupfen die letzten weißen Beeren von den Hartriegelsträuchern, wobei sie die leeren Stiele als rosa Schleier vorm Hügel zurücklassen. Die Erlen am Bach haben ihr Laub abgeworfen, enthüllen hier und dort einen Hülsdorn. Brombeeren leuchten und lenken deine Schritte zu den Kragenhühnern.

Der Hund weiß besser als du, was ›kragenhuhnwärts‹ bedeutet. Du tust gut daran, ihm auf den Fersen zu bleiben und von seinen Ohrspitzen die Geschichte abzulesen, die ihm der Wind erzählt. Wenn er schließlich stocksteif stehenbleibt und mit einem Seitenblick sagt: »Mach dich mal bereit«, dann ist die Frage: Bereit *wofür*? Für eine quorrende Waldschnepfe, das anschwellende Burren eines Kragenhuhns oder vielleicht bloß für ein Kaninchen? In diesem Augenblick der Ungewissheit kommen viele Reize der Kragenhuhnjagd zusammen. Wer wissen muss, wofür er sich bereitmacht, der sollte auf Fasanenjagd gehen.

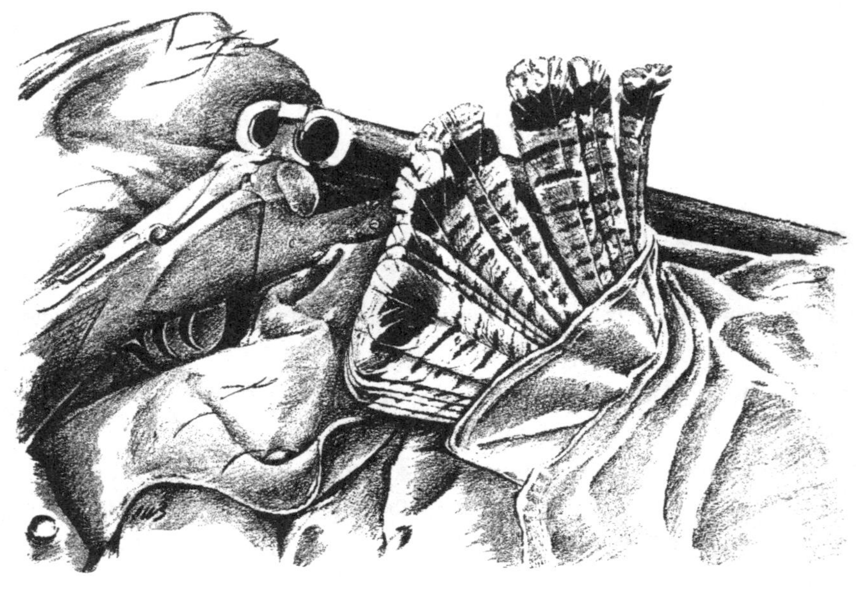

* * *

Jede Jagd hat ihre eigene Würze, doch die Gründe dafür sind subtil. Die schönsten Jagden sind die erschlichenen. Um sich eine Jagd zu erschleichen, muss man entweder weit hinaus in die Wildnis gehen, wo noch nie jemand gewesen ist, oder einen unentdeckten Platz vor aller Augen finden.

Nur wenige Jäger wissen, dass Kragenhühner im Adams County leben, denn wenn sie hindurchfahren, sehen sie bloß eine Ödnis aus Bankskiefern und Buscheichen. Das rührt daher, dass die Straße eine Reihe nach Westen fließender Bäche schneidet, die einem Sumpf entspringen, aber durch trockenes Sandland zum Fluss hin abfallen. Es versteht sich, dass die nach Norden führende Straße diese sumpflosen Trockengebiete durchquert, doch unmittelbar oberhalb der Straße, hinter einer Wand aus dürrem Gestrüpp, weiten sich alle Rinnsale zu einem breiten Sumpfstreifen: die sichere Zuflucht für Kragenhühner.

Sobald der Oktober kommt, sitze ich in der Einsamkeit meiner Lärchen und höre die Autos der Jäger die Schnellstraße hinaufdröhnen, versessen auf die gedrängt vollen Gebiete weiter nördlich. Ich schmunzle, wenn ich mir ihre tanzenden Tachonadeln vorstelle, ihre angespannten Gesichter, ihre gierigen Blicke, die am nördlichen Horizont kleben. Gegen den Lärm ihrer Fahrt trommelt ein Kragenhahn seinen Hohn. Mein Hund grinst, als wir erkennen, aus welcher Richtung. Wir sind uns einig, dieser Bursche braucht ein wenig Bewegung; wir werden gleich nach ihm sehen.

Die Lärchen wachsen nicht nur im Sumpf, sondern auch am Fuße des angrenzenden Hochlands, dem die Quellen entspringen. Eine jede dieser Quellen ist mit Moos verstopft, das eine morastige Terrasse bildet. Ich nenne diese Terrassen ›die hängenden Gärten‹, weil die gefransten Enziane aus ihrem durchweichten Schmodder blaue Juwelen emporgestemmt haben. Ein solcher mit Tamarackgold bestäubter Oktoberenzian lohnt ein Verweilen und einen langen Blick, auch wenn der Hund »Kragenhühner voraus!« meldet.

Zwischen den hängenden Gärten und dem Bach verläuft ein moosgepflasterter Hirschpfad, dem ein Jäger bequem folgen und den ein aufgescheuchtes Kragenhuhn kreuzen kann – im Bruchteil einer Sekunde. Die Frage ist, ob der Vogel und das Gewehr darin übereinkommen, wie diese Sekunde aufzuteilen ist. Tun sie das nicht, findet der nächste vorbeikommende Weißwedelhirsch ein paar leere Patronenhülsen, an denen er schnuppern kann, aber keine Federn.

Weiter das Rinnsal hinauf stoße ich auf eine verlassene Farm. Ich versuche, aus dem Alter der jungen Bankskiefern, die über ein altes Feld ziehen, herauszulesen, wann der glücklose Farmer festgestellt hat, dass die Sandebenen dafür gedacht sind, Einsamkeit und nicht Mais wachsen zu lassen. Bankskiefern erzählen dem Leichtgläubigen Lügengeschichten, denn sie setzen jedes Jahr mehrere Astquirle anstatt nur einen. Ein besseres Chronometer ist für mich ein Ulmensämling, der jetzt das Scheunentor blockiert. Seine Ringe reichen bis zur Dürre von 1930 zurück. Seit jenem Jahr hat niemand Milch aus dieser Scheune getragen.

Ich frage mich, was die Familie gedacht hat, als ihre Hypothek zuletzt die Erntegewinne überstieg, das Zeichen für ihre Zwangsräumung. Viele Gedanken hinterlassen, wie vorbeifliegende Kragenhühner, keinerlei Spuren, einige allerdings hinterlassen Hinweise, die Jahrzehnte überdauern. Wer in irgendeinem unvergesslichen April diesen Flieder angepflanzt hat, muss freudig an alle künftigen Aprilblüten gedacht haben. Wer dieses Waschbrett benutzt hat, dessen Rippeln an vielen Montagen dünngeschrubbt wurden, mag sich ein Ende aller Montage gewünscht haben – ein baldiges.

Während ich solchen Fragen nachsinne, werde ich auf den Hund unten bei der Quelle aufmerksam, der in diesen langen Minuten geduldig vorsteht. Ich gehe zu ihm und entschuldige mich für meine Unachtsamkeit. Dort hinten fiept eine Waldschnepfe, fledermausähnlich, ihre lachsfarbene Brust von der Oktobersonne durchtränkt. Das war's mit der Jagd.

An einem solchen Tag ist es nicht leicht, sich auf Kragenhühner zu konzentrieren, denn es gibt viele Ablenkungen. Ich kreuze eine Hirschfährte im Sand und folge ihr in müßiger Neugier. Die Spur führt direkt von einem Säckelblumenstrauch zum nächsten, die abgeknabberten Zweige zeigen, warum.

Das erinnert mich an mein eigenes Mittagsbrot, doch ehe ich es aus meiner Jagdtasche holen kann, sehe ich hoch am Himmel einen Greifvogel, der bestimmt werden muss. Ich warte, bis er in die Kurve geht und seinen roten Stoß sehen lässt.

Erneut greife ich nach dem Mittagsbrot, doch mir fällt eine abgeschälte Pappel ins Auge. Ein Weißwedelhirsch hat hier seinen juckenden Bast abgefegt. Wann war das? Das nackte Holz ist bereits braun; ich schließe daraus, dass das Geweih inzwischen blank sein dürfte.

Abermals greife ich nach dem Mittagsbrot, werde aber durch ein aufgeregtes *yawp* des Hundes und ein Krachen im Sumpfgebüsch unterbrochen. Ein Hirsch springt heraus, mit erhobenem Wedel, leuchtendem Geweih, die Decke seidenblau. Ja, die Pappel hat die Wahrheit gesagt.

Diesmal hole ich das Mittagsbrot ganz heraus und setze mich zum Essen hin. Eine Meise beobachtet mich und hält *ihr* Mittagessen geheim. Sie verrät nicht, was sie verspeist hat, vielleicht waren es kühle aufgedunsene Ameiseneier oder irgendeine andere Vogelentsprechung für kaltes gebratenes Kragenhuhn.

Als das Mittag vorbei ist, gewahre ich eine Phalanx junger Lärchen, die ihre goldenen Lanzen himmelwärts stoßen. Darunter bilden die gestern zu Boden gefallenen Nadeln ein rauchgoldenes Laken; an den Spitzen erwartet die Knospe von morgen, vorgeformt, aufgerichtet, den nächsten Frühling.

Zu früh

Zu frühes Aufstehen ist eine häufig anzutreffende Untugend bei Uhus, Sternen, Gänsen und Güterzügen. Einige Jäger haben sie von den Gänsen und einige Kaffeekannen von den Jägern übernommen. Seltsam, dass von den vielen Kreaturen, die irgendwann am Morgen aufstehen müssen, nur diese wenigen die angenehmste und zugleich unnützeste Zeit dafür entdeckt haben sollen.

Orion muss der erste Mentor der Frühaufstehertruppe gewesen sein, denn er ist es, der das Signal gibt. Wenn Orion den Zenit so weit nach Westen überschritten hat, wie man einer Krickente vorauseilen sollte, dann ist es Zeit.

Frühaufsteher fühlen sich untereinander wohl, vielleicht weil sie, anders als die Langschläfer, dazu neigen, ihre eigenen Leistungen herunterzuspielen. Orion, von allen der am weitesten Gereiste, sagt buchstäblich nichts. Die Kaffeekanne untertreibt vom ersten sanften Brodeln an die Wirkung dessen, was in ihr köchelt. Die Eule verharmlost mit ihrem dreisilbigen

Kommentar die Geschichte der nächtlichen Morde. Die Gans auf der Sandbank erhebt sich kurz zu einem Punkt der Tagesordnung in der unhörbaren anserinen Debatte, wobei nichts darauf hindeutet, dass sie mit der Autorität der fernen Hügel und des Meeres spricht.

Der Güterzug hält sich, wie ich einräume, kaum mit der eigenen Bedeutung zurück, doch selbst er kennt eine gewisse Bescheidenheit: sein Blick richtet sich nur auf das eigene lärmende Treiben, er kommt nie in das Lager eines anderen gedonnert. Die Zielstrebigkeit der Güterzüge erfüllt mich mit tiefer Sicherheit.

* * *

Zu früh in der Marsch einzutreffen ist ein reines Hörabenteuer: nach Belieben streunt das Ohr zwischen den Geräuschen der Nacht umher, ohne Hinderung oder Hemmnis durch Hand und Auge. Erlauschst du eine Stockente, die hörbar begeistert von ihrer Suppe ist, kannst du dir getrost zwanzig vorstellen, die inmitten der Wasserlinsen schlürfen. Quäkt eine Pfeifente, darfst du eine Schwadron annehmen, auch wenn das Auge das Gegenteil behauptet. Und reißt ein Schwarm Bergenten, der Richtung Teich einfällt, die dunkle Seide des Himmels im langen Sturzflug entzwei, hältst du bei diesem Ton den Atem an, obwohl nichts anderes als die Sterne zu sehen ist. Am Tage müsste dieselbe Darbietung anvisiert, beschossen, verfehlt und rasch mit einem Alibi ausgestattet werden. Außerdem könnte das Tageslicht deinem geistigen Bild von zitternden Flügeln, die das Firmament sauber in zwei Teile reißen, nichts hinzufügen.

Die Stunde des Hörabenteuers endet, wenn sich das Federvieh auf leisen Schwingen zu größeren, sichereren Gewässern aufmacht, jeder Schwarm ein verschwommener Fleck vor dem Morgengrauen.

Wie viele andere Unterlassungsverträge dauert der Vordämmerungspakt nur so lange, wie die Dunkelheit den Arroganten bescheiden macht. Beinahe scheint es, als wäre die Sonne für den täglichen Rückzug der Zurückhaltung in der Welt verantwortlich. Jedenfalls prahlt jeder Hahn *ad libitum*, wenn der Nebel sich überm Flachland aufhellt, und jede Getreidehocke gibt vor, doppelt so groß zu sein wie alles Getreide, das je wuchs. Bei Sonnenaufgang übertreibt jedes Eichhörnchen irgendeine eingebildete

Beleidigung seiner Person, und jeder Häher verkündet mit falscher Emotion mutmaßliche Gefahren für die Gesellschaft, die er in genau diesem Augenblick entdeckt hat. Ferne Krähen beschimpfen eine hypothetische Eule, bloß um der Welt mitzuteilen, wie wachsam Krähen sind; und ein Fasanenhahn, der vielleicht seinen Liebeleien aus verflossenen Tagen nachsinnt, schlägt die Luft mit Flügeln und warnt die Welt mit heiserer Stimme, dass sich diese Marsch mitsamt allen Hennen in seinem Besitz befinde.

Diese größenwahnsinnigen Illusionen beschränken sich nicht auf Vögel und Säugetiere. Zur Frühstückszeit ertönen die Schreie, Hupen, Rufe und Pfiffe des erwachten Gehöfts und am Abend schließlich das Dröhnen eines unbeaufsichtigten Radios. Dann gehen alle zu Bett, um die Lektionen der Nacht erneut zu lernen.

Rote Laternen

Eine Möglichkeit für die Rebhuhnjagd besteht darin, einen auf Logik und Wahrscheinlichkeit beruhenden Plan des Geländes anzufertigen, in dem gejagt werden soll. Das wird dich zu der Stelle führen, wo die Vögel sein sollten.

Eine andere Möglichkeit ist es, völlig ziellos von einer roten Laterne zur nächsten zu laufen. Das wird dich vermutlich dorthin führen, wo sich die Vögel tatsächlich befinden. Die Laternen sind Brombeerblätter, rot in der Oktobersonne.

Rote Laternen haben meinen Pfad auf vielen schönen Jagden in vielen Gegenden erhellt, aber ich glaube, vorher mussten die Brombeeren lernen, wie sie in den Sandgebieten des mittleren Wisconsin leuchten können. Längs der schmalen sumpfigen Bäche in diesen freundlichen Einöden, karg genannt von jenen, deren eigene Lichter kaum flackern, brennen die Brombeeren hochrot an jedem Sonnentag vom ersten Frost bis zum letzten Tag der Jagdsaison. Unter diesen Gestrüppen hat jede Waldschnepfe und jedes Rebhuhn sein privates Solarium. Die meisten Jäger wissen das nicht, deshalb verausgaben sie sich im strauchlosen Unterholz und kehren ohne Vögel heim. So lassen sie uns in Frieden.

Mit »uns« meine ich die Vögel, den Bach, den Hund und mich selbst. Der Bach ist träge; er windet sich durch die Erlen, als wolle er lieber hierbleiben als den Fluss erreichen. Mir geht's ebenso. Jede seiner hemmenden Haarnadelkurven bedeutet, dass noch mehr Ufer mit Gestrüpphängen an feuchte Beete voll gefrorener Farne und Springkräuter auf dem sumpfigen Grund stoßen. Kein Rebhuhn kann einem solchen Ort lange fernbleiben, genau wie ich selbst. Die Rebhuhnjagd ist ein Spaziergang am Bachufer, gegen den Wind, von einem Brombeergebüsch zum anderen.

Wenn der Hund sich den Sträuchern nähert, schaut er zurück, um sicherzugehen, dass ich mich in Schussweite befinde. Beruhigt rückt er mit verstohlener Behutsamkeit vor, die feuchte Nase prüft hundert Gerüche für diesen einen Geruch, dessen potenzielles Vorhandensein der gesamten Landschaft Leben und Sinn verleiht. Er ist der Luftschürfer, der ihre Schichten ständig nach olfaktorischem Gold durchsucht. Kragenhuhngeruch ist der Goldstandard, der seine Welt mit der meinen verbindet.

Übrigens denkt mein Hund, ich hätte noch viel über Kragenhühner zu lernen, und weil ich von Beruf Naturforscher bin, stimme ich ihm zu. Er dringt darauf, mich mit der ruhigen Geduld eines Logikprofessors in der Kunst des Schlussfolgerns durch eine gebildete Nase zu unterweisen. Ich freue mich, wenn ich sehe, wie er durch Vorstehen aus Informationen, die ihm offenkundig, meinem bloßen ungeübten Auge jedoch spekulativ sind, zu einem Fazit kommt. Vielleicht hofft er, dass sein dummer Student eines Tages lernt, wie man riecht.

Wie andere dumme Studenten weiß ich, wann der Professor Recht hat, sogar wenn ich nicht weiß warum. Ich kontrolliere mein Gewehr und gehe ins Gestrüpp. Wie jeder gute Professor lacht der Hund nie, wenn ich danebenschieße, was oft passiert. Er sieht mich nur einmal an und läuft weiter bachaufwärts auf der Suche nach dem nächsten Kragenhuhn.

Folgt man einem dieser Ufer, läuft man inmitten zweier Landschaften: dem Hang, auf dem man jagt, und der Talsohle, in der der Hund jagt. Es liegt ein besonderer Zauber darin, beim Aufscheuchen der Vögel aus dem Sumpf auf weiche trockene Bärlappteppiche zu treten, und die erste Prüfung für einen Hühnerhund ist seine Bereitschaft, die nasse Arbeit zu erledigen, während man selbst parallel zu ihm auf dem trockenen Ufer läuft.

Ein besonderes Problem entsteht, wenn sich der Erlengürtel verbreitert und der Hund aus dem Blickfeld gerät. Lauf sofort zu einem Hügel oder einer Anhöhe, wo du stocksteif dastehst und Auge und Ohr anstrengst, damit sie dem Hund folgen. Plötzlich auseinanderstiebende Weißkehlammern erklären seinen Verbleib. Wieder kannst du hören, wie er einen Zweig bricht, in eine Lache platscht oder in den Bach plumpst. Tritt jedoch Stille ein, mach dich bereit, sofort zu handeln, denn wahrscheinlich steht er vor. Nun lausche auf das warnende Glucksen, dass ein verängstigtes Rebhuhn ausstößt, kurz bevor es aufflattert. Dann folge dem davonsausenden Vogel – oder zweien. Ich habe auch schon einmal sechs gesehen, die gluckstend und eines nach dem andern aufflatterten, um zu ihrem Ziel im Hochland zu segeln. Ob man sich in Schussweite befindet, ist natürlich reine Glückssache, und wenn man Zeit hat, kann man seine Chancen berechnen: 360 Grad geteilt durch dreißig oder ein anderes Kreissegment, das dein Gewehr abdeckt. Teile dies wiederum durch drei oder vier – deine Chance, dass du verfehlst –, dann hast du die Wahrscheinlichkeit für die Federn, die später tatsächlich in deinem Jagdmantel stecken.

Die zweite Prüfung für einen guten Hühnerhund ist es, sich nach einem solchen Ereignis für weitere Befehle zu melden. Setz dich und besprich sie mit ihm, während er hechelt. Dann such die nächste rote Laterne und fahr mit der Jagd fort.

Die Oktoberbrise trägt meinem Hund viele andere Gerüche zu als die von Kragenhühnern, jede kann zu einem eigentümlichen Vorfall führen. Steht der Hund mit einem gewissen humorigen Ohrenausdruck vor, weiß ich, dass er ein Kaninchen in seiner Sasse gefunden hat. Einmal lieferte ein todernstes Vorstehen keinen Vogel, trotzdem stand der Hund wie erstarrt: direkt unter seiner Nase schlief ein fetter Waschbär in einem Seggenhorst, um seinen Teil der Oktobersonne abzubekommen. Mindestens einmal bei jeder Jagd meldet der Hund einen Skunk, zumeist in einem ungewöhnlich dichten Brombeergestrüpp. Einmal stand der Hund mitten im Bach vor: ein Flügelschwirren stromaufwärts, gefolgt von drei melodischen Rufen, verriet mir, dass er ein Brautentenmahl gestört hatte. Nicht selten findet er Zwergschnepfen in stark verbissenen Erlen, und zu guter Letzt treibt er einen Weißwedel heraus, der sich für den Tag auf ein erhöhtes Bachufer gelegt hat, flankiert vom Erlensumpf. Hat der Weißwedel eine poetische Schwäche für das singende Gewässer oder eine praktische Vorliebe für ein Bett, dem man sich nicht nähern kann, ohne Lärm zu veranstalten? Nach dem empörten Schlagen seines großen weißen Wedels zu urteilen, könnte eines oder beides zutreffen.

Zwischen der einen roten Laterne und der nächsten kann fast alles geschehen.

* * *

Bei Sonnenuntergang am letzten Tag der Kragenhuhn-Saison löschen alle Brombeeren ihre Lichter. Ich begreife nicht, wie ein schlichter Busch so unfehlbar genau über die Jagdgesetze in Wisconsin informiert sein kann, ich bin auch nie am nächsten Tag zurückgegangen, um es herauszufinden. Während der folgenden elf Monate leuchten die Laternen nur in der Erinnerung. Manchmal denke ich, dass die übrigen Monate lediglich als passendes Intermezzo zwischen zwei Oktobern gesetzt wurden, und ich vermute, dass Hunde – und wohl auch Kragenhühner – diese Ansicht teilen.

Wenn ich der Wind wäre

Der Wind, der im Novembergetreide musiziert, hat es eilig. Die Halme summen, die lockeren Schalen sausen in halb verspielten Wirbeln gen Himmel, der Wind eilt davon.

In der Marsch wogen lange stürmische Wellen über die grasbedeckten Tümpel, klatschen gegen die Weiden in der Ferne. Die Bäume versuchen, mit nackten Ästen winkend zu debattieren, aber der Wind lässt sich nicht aufhalten.

Auf der Sandbank gibt es nichts als den Wind, und der Fluss gleitet in Richtung Meer. Jedes Grasbüschel zeichnet Kreise in den Sand. Ich wandere über die Sandbank zu einem Stück Treibholz, auf das ich mich setze und dem allgemeinen Gebrüll und dem Geklimper kleiner Wellen am Ufer lausche. Der Fluss ist ohne Leben: keine Ente, kein Reiher, keine Kornweihe oder Möwe, die nicht Zuflucht vorm Wind gesucht hat.

* * *

Aus den Wolken höre ich ein leises Bellen wie von einem entfernten Hund. Seltsam, wie die Welt bei diesem Geräusch erstaunt ihre Ohren spitzt. Bald wird es lauter: der Schrei unsichtbarer, näher kommender Gänse.

Ein Schwarm taucht aus den niedrig hängenden Wolken auf, eine zerfledderte Vogelfahne, fallend und steigend, hochgeweht und runtergeweht, zusammengeweht und auseinandergeweht, während sie sich weiter nähert, der Wind im Liebeskampf mit jedem worfelnden Flügel. Wenn der Schwarm ein Fleck am fernen Himmel ist, höre ich den letzten Ruf, tönende Zapfenstreiche für den Sommer.

* * *

Jetzt ist es warm hinter dem Treibholz, denn der Wind ist mitsamt den Gänsen verschwunden. Das würde auch ich tun – wenn ich der Wind wäre.

Mit der Axt in Händen

Der Herr hat's gegeben, der Herr hat's genommen, aber Er ist nicht mehr der Einzige, der so verfährt. Als einer unserer fernen Ahnen die Schaufel erfand, wurde er zum Lebensspender: Er konnte einen Baum anpflanzen. Und als die Axt erfunden wurde, konnte er das Leben wieder nehmen: Er fällte ihn. Jeder Landbesitzer hat auf diese Weise – er mag das wissen oder nicht – die göttlichen Tätigkeiten des Erschaffens und Vernichtens von Pflanzen übernommen.

Andere, weniger ferne Ahnen haben seitdem andere Werkzeuge erfunden, doch bei genauer Betrachtung stellt sich heraus, dass sie alle entweder eine Verbesserung oder ein Zubehör des ursprünglichen einfachen Gerätepaars sind. Wir teilen uns in Berufe ein, jeder beherrscht ein bestimmtes Werkzeug oder verkauft es, repariert es, schärft es oder erteilt Ratschläge, wie man es macht; eine solche Arbeitsteilung vermeidet die Verantwortung für den Missbrauch der Werkzeuge, bis auf unsere eigenen. Es gibt jedoch einen Beruf – die Philosophie –, der erkennt, dass alle Menschen durch das, worüber sie nachdenken und was sie sich wünschen, tatsächlich sämtliche Werkzeuge beherrschen. Sie erkennt, dass die Menschen auf diese Weise, mittels ihrer Art zu denken und zu wünschen, darüber entscheiden, ob es der Mühe wert ist, eines zu gebrauchen.

* * *

Aus mancherlei Gründen ist der November der Monat der Axt. Es ist warm genug, um eine Axt zu schleifen, ohne dass man friert, und kalt genug, um bequem einen Baum zu fällen. Die Laubhölzer haben keine Blätter mehr, sodass man sehen kann, wie die Äste verschlungen sind und welches Wachstum im letzten Sommer stattgefunden hat. Ohne diesen klaren Blick auf die Wipfel kann man nicht sicher sein, welcher Baum, falls überhaupt nötig, zum Nutzen des Landes gefällt werden muss.

Ich habe viele Definitionen gelesen, was ein Naturschützer ist, und nicht wenige selbst verfasst, doch vermutlich wird die beste nicht mit dem Stift, sondern mit der Axt geschrieben. Entscheidend ist, worüber ein Mensch nachdenkt beim Holzfällen oder bei der Bestimmung dessen, was gefällt werden muss. Der Naturschützer ist einer, dem in aller Demut klar ist, dass er mit jedem Schlag seine Unterschrift auf das Antlitz des Landes setzt. Unterschriften sind natürlich verschieden, ob nun mit der Axt geschrieben oder mit dem Stift, und so sollte es sein.

Ich finde es befremdlich, die Gründe für meine Entscheidungen mit der Axt in Händen *ex post facto* zu analysieren. Vor allem finde ich, dass nicht alle Bäume frei und gleich geschaffen wurden. Bedrängen Weymouthskiefer und Schwarzbirke einander, habe ich eine Vorliebe *a priori*: Ich fälle stets die Birke zugunsten der Kiefer. Warum?

Zunächst einmal habe ich die Kiefer mit meiner Schaufel angepflanzt, während die Birke unter dem Zaun durchgeklettert und sich selbst angepflanzt hat. Meine Vorliebe ist also bis zu einem gewissen Grad väterlich, doch kann dies nicht alles sein, denn wäre die Kiefer ein natürlicher Setzling wie die Birke, würde ich sie noch mehr schätzen. Falls es denn eine Logik gibt, muss ich demzufolge tiefer nach ihr hinter meine Vorliebe graben.

Die Birke kommt in meiner Gemeinde häufig vor und wird noch häufiger werden, wohingegen die Kiefer selten ist und seltener wird; meine Vorliebe gilt wahrscheinlich der Benachteiligten. Was täte ich aber, wenn meine Farm weiter nördlich läge, wo die Kiefer häufig vorkommt und die Birke selten ist? Ich gestehe, ich weiß es nicht. Meine Farm liegt hier.

Die Kiefer lebt ein Jahrhundert lang, die Birke ein halbes; fürchte ich, dass meine Unterschrift verblassen wird? Meine Nachbarn haben keine Kiefern gepflanzt, aber sie alle besitzen viele Birken. Bilde ich mir etwas darauf ein, dass ich ein andersartiges Waldgrundstück besitze? Die Kiefer bleibt den ganzen Winter über grün, die Birke sticht die Karte im Oktober. Bevorzuge ich den Baum, der so wie ich selbst dem Winterwind trotzt? Die Kiefer bietet dem Kragenhuhn Unterschlupf, die Birke ernährt es. Halte ich ein Bett für wichtiger als die Verpflegung? Die Kiefer bringt mir am Ende zehn Dollar pro tausend Fuß, die Birke zwei. Schiele ich aufs Bankkonto? Diese möglichen Gründe für meine Vorliebe fallen alle ins Gewicht, aber keiner trägt allzu weit.

Ich versuche es also noch einmal, und hier haben wir vielleicht etwas: Unter meiner Kiefer werden letztlich Kriechender Bodenlorbeer, Fichtenspargel, Wintergrün und Moosglöckchen wachsen, während ein Flaschenenzian das Beste ist, auf das man unter einer Birke hoffen darf. In der Kiefer wird am Ende ein Helmspecht sein Nest herausmeißeln; für die Birke muss ein Haarspecht genügen. In der Kiefer wird der Wind im April für mich singen, während die Birke dann nur aus nackten klappernden Zweigen besteht. Diese möglichen Gründe für meine Vorliebe fallen ins Gewicht, aber warum? Regt die Kiefer meine Einbildungskraft und Hoffnung stärker an als die Birke? Wenn das so ist, liegt der Unterschied dann an den Bäumen oder an mir?

Der einzige Schluss, zu dem ich je gekommen bin, lautet: Ich liebe alle Bäume, aber verliebt bin ich in Kiefern.

Der November ist, wie bereits gesagt, der Monat der Axt, und wie in anderen Liebesangelegenheiten benötigt man Geschick, um seine Neigungen auszuleben. Stünde die Birke südlich der Kiefer und wäre größer, würde sie den Haupttrieb der Kiefer im Frühling verschatten und dem Fichtenrüsselkäfer den Mut nehmen, seine Eier dort abzulegen. Die Konkurrenz der Birke ist ein geringes Übel verglichen mit diesem Käfer, dessen Nachkommen den Haupttrieb der Kiefer abtöten und so den Baum deformieren. Bei weiterem Nachdenken ist es interessant, dass die Vorliebe dieses Insekts, in der Sonne zu hocken, nicht nur die Fortdauer der eigenen Art bestimmt, sondern auch die künftige Gestalt meiner Kiefer und meinen Erfolg als jemand, der Axt und Schaufel in die Hand nimmt.

Folgt wiederum ein trockener Sommer auf meine Beseitigung des Birkenschattens, könnte wärmerer Boden den schwächeren Konkurrenzkampf ums Wasser ausgleichen, sodass die Kiefer durch meine Vorliebe nicht besser dran wäre.

Schaben die Birkenzweige im Sturm schließlich an den Endknospen der Kiefer, wäre die Kiefer mit Sicherheit letztlich deformiert, die Birke müsste also ungeachtet anderer Erwägungen entfernt werden oder ihre Äste müssten jeden Winter bis zu einer das vermutliche Sommerwachstum übersteigenden Höhe gestutzt werden.

Das ist das Für und Wider, das einer, der die Axt in die Hand nimmt, voraussehen, gegeneinander abwägen und entscheiden muss, in der ruhigen Gewissheit, dass sich seine Vorliebe im Allgemeinen als mehr denn bloß gute Absicht erweisen wird.

Wer eine Axt in die Hand nimmt, hat so viele Vorlieben, wie Baumarten auf seiner Farm wachsen. Im Laufe der Jahre schreibt er, aufgrund seiner Reaktion auf ihre Schönheit oder Nützlichkeit und aufgrund ihrer Reaktionen auf seine Bemühungen für oder gegen sie, jeder Art eine Reihe von Eigenschaften zu, die ihren Charakter ausmachen. Ich staune, sobald ich erfahre, welche unterschiedlichen Charaktere verschiedene Menschen ein und demselben Baum zuschreiben.

Für mich steht die Espe in gutem Ruf, denn sie verehrt den Oktober und ernährt meine Kragenhühner im Winter, einige meiner Nachbarn dagegen halten sie bloß für ein Unkraut, vielleicht weil sie derart strotzend auf den Baumstumpfparzellen aufsprosst, die ihre Großväter zu roden versuchten. (Ich sollte nicht darüber spotten, denn mir missfallen die wieder austreibenden Ulmen, die meine Kiefern bedrohen.)

Die Tamaracklärche wiederum ist mir der zweitliebste Baum nach der Weymouthskiefer, denn sie ist in meiner Heimatgemeinde fast ausgestorben (Neigung zu den Benachteiligten) und besprenkelt die Rebhühner mit Oktobergold (Neigung zum Schießpulver) und säuert den Boden und befähigt ihn dadurch, unsere lieblichste Orchidee wachsen zu lassen, den prachtvollen Frauenschuh. Andererseits haben Förster die Tamaracklärche exkommuniziert, weil ihr Wachstum zu langsam ist, als dass sich ihr Zinseszins auszahlen würde. Um den Streit beizulegen, erwähnen sie auch, dass sie in Abständen der Sägewespenplage unterworfen ist. Aber dies geschieht meinen Lärchen erst in fünfzig Jahren, soll sich also mein Enkel darum kümmern. Inzwischen wachsen die Tamaracklärchen so munter, dass mein Geist mit ihnen himmelwärts steigt.

Für mich ist eine alte Pappel der großartigste Baum, denn in ihrer Jugend beschattete sie den Büffel und trug einen Heiligenschein aus Tauben, außerdem liebe ich die junge Pappel, weil sie eines Tages alt werden könnte. Aber die Farmersfrau (und somit der Farmer) hasst alle Pappeln, weil die weiblichen Bäume im Juni die Fliegengitter mit Pappelwolle verstopfen. Das moderne Credo lautet: Komfort um jeden Preis.

Meine Vorlieben sind zahlreicher als die meiner Nachbarn, denn mir gefallen viele Arten individuell, die sie unter der diffamierenden Kategorie »Gestrüpp« zusammenfassen. Deshalb mag ich den Spindelbaum, einerseits weil Hirsche, Kaninchen und Mäuse versessen darauf sind, die kantigen Zweige und die grüne Rinde zu fressen, und andererseits weil seine kirschroten Beeren so warm gegen den Novemberschnee glühen. Ich mag den Weißen Hartriegel, weil er die Oktoberdrosseln ernährt, und die Stachelesche, weil meine Waldschnepfen ihr tägliches Sonnenbad unterm Schutz ihrer Dornen nehmen. Ich mag die Hasel, weil ihr Oktoberpurpur meine Augen sättigt und ihre Novemberkätzchen meine Weißwedelhirsche und meine Kragenhühner ernähren. Ich mag das Bittersüß, weil es schon mein Vater mochte und weil das Wild am 1. Juli jedes Jahres plötzlich die jungen Blätter zu fressen beginnt und ich gelernt habe, dieses Ereignis meinen Gästen zu prophezeien. Mir kann eine Pflanze nicht missfallen, die mich, einen schlichten Gelehrten, jedes Jahr in die Lage versetzt, als erfolgreicher Seher und Prophet aufzublühen.

Es ist offensichtlich, dass unsere pflanzlichen Vorlieben zum Teil tradiert sind. Mochte dein Großvater Hickorynüsse, wirst du den Hickorybaum mögen, weil es dir dein Vater so erzählt hat. Verbrannte dein Großvater andererseits einen Stamm mit Giftefeuranken und stand verwegen im Qualm, wirst auch du diese Art nicht mögen, gleichviel mit welcher Karmesinpracht sie in jedem Herbst dein Auge erwärmt.

Ebenso offensichtlich ist, dass unsere pflanzlichen Vorlieben nicht nur Neigungen, sondern auch Abneigungen spiegeln, und zwar mit genauer Rangfolge wie etwa zwischen Fleiß und Faulheit. Ein Farmer, der Jagd lieber auf Kragenhühner als auf Milchkühe macht, wird keine Abneigung gegen den Weißdorn haben, auch wenn dieser ins Weideland einfällt. Ein Waschbärenjäger wird nichts gegen die Schwarzlinde haben; und ich weiß von Wachteljägern, die keinen Groll gegen Wilden Hanf hegen, trotz ihrer alljährlichen Heuschnupfenanfälle. Unsere Vorlieben sind tatsächlich ein feinsinniger Hinweis auf unsere Neigung, unseren Geschmack, unsere Treue, unseren Großmut und unsere Art, die Wochenenden zu vertrödeln.

Sei's drum, ich bin zufrieden damit, die meinen im November mit der Axt in Händen zu vertrödeln.

Eine feste Burg

Jedes zu einer Farm gehörende Waldland verschafft seinem Eigentümer neben dem Ertrag an Bauholz, Brennholz und Pfosten eine Allgemeinbildung. Diese Weisheitsernte missrät nie, wird aber nicht immer eingebracht. Hier notiere ich einige der vielen Lektionen, die ich in meinen Wäldern gelernt habe.

* * *

Bald nachdem ich den Wald vor einem Jahrzehnt erworben hatte, bemerkte ich, dass ich ebenso viele Baumkrankheiten wie Bäume gekauft hatte. Mein Waldgelände ist von sämtlichen Leiden durchlöchert, die ein Wald erben kann. Ich begann mir zu wünschen, Noah hätte die Baumkrankheiten beim Beladen der Arche zurückgelassen. Schon bald wurde mir klar, dass es genau diese Krankheiten waren, die mein Waldgelände zu einer festen Burg machten, wie es sie ihresgleichen im ganzen Land nicht gab.

Mein Wald ist das Hauptquartier einer Waschbärenfamilie; nur wenige meiner Nachbarn haben eine solche. Eines Sonntags im November, nach Neuschnee, erfuhr ich, warum. Die frische Fährte eines Waschbärenjägers und seines Hunds führte zu einem halb entwurzelten Ahorn, unter dem einer meiner Waschbären Zuflucht genommen hatte. Das gefrorene Gewirr aus Wurzeln und Erde war zum Hacken zu steinig und zum Graben zu hart; die Löcher unter den Wurzeln waren zu zahlreich, als dass sie sich hätten ausräuchern lassen. Der Jäger musste ohne Waschbär davonziehen, denn eine Pilzkrankheit hatte die Ahornwurzeln geschwächt. Der von einem Sturm halb umgekippte Baum bot dem Waschbärenvolk eine unbezwingbare Festung. Ohne diesen ›bombensicheren‹ Schutz würde mein Grundbestand an Waschbären in jedem Jahr von Jägern beseitigt werden.

Mein Wald beherbergt ein Dutzend Kragenhühner, doch in Zeiten tiefen Schnees wechseln sie hinüber in den Wald meines Nachbarn, wo sie eine bessere Deckung haben. Wie dem auch sei, ich behalte stets so viele Kragenhühner wie Eichen, die von Sommerstürmen umgeworfen wurden. Diese sommerlichen Windwürfe behalten ihre vertrockneten Blätter, sodass während des Schnees jeder Windwurf einem Kragenhuhn Unterschlupf gewährt. Der Kot zeigt, dass die Kragenhühner für die Dauer des Sturms in den engen Grenzen ihrer Laubtarnung schlafen, fressen und faulenzen, geschützt vor Wind, Eule, Fuchs und Jäger. Die trockenen Eichenblätter dienen nicht bloß als Deckung, sondern werden von den Kragenhühnern aus irgendeinem seltsamen Grund genüsslich verspeist.

Bei diesen Windwurfeichen handelt es sich natürlich um kranke Bäume. Ohne Krankheit stürzen nur wenige Eichen, weshalb sich nur wenige Kragenhühner in den gefallenen Wipfeln verstecken könnten.

Erkrankte Eichen liefern zudem eine weitere, offensichtlich köstliche Speise für die Kragenhühner: Eichengalläpfel. Eine Galle ist eine krankhafte Zubildung an frischen Zweigen, die von einer Gallwespe gestochen wurden, während sie zart und saftig sind. Im Oktober stopfen sich meine Kragenhühner oft mit Galläpfeln voll.

Jedes Jahr befrachten wilde Bienen eine meiner hohlen Eichen mit Waben, und jedes Jahr sammeln eindringende Honigjäger den Honig, bevor ich es tue. Das geschieht teils, weil sie geschickter als ich darin sind, die Bienenbäume ›aufzustöbern‹, und teils, weil sie Netze verwenden und somit arbeiten können, ehe die Bienen im Herbst inaktiv werden. Doch ohne Kernfäule gäbe es keine hohlen Eichen, die den wilden Bienen eichene Bienenstöcke liefern.

In den Hochjahren des Zyklus werden die Kaninchen zur Plage in meinem Wald. Sie fressen die Rinden und Zweige von beinahe jeder Baum- und Strauchart, die ich zu fördern versuche, und ignorieren beinahe jede Art, von der ich gerne weniger hätte. (Wenn sich der Kaninchenjäger einen Kiefernwald oder Obsthain anlegt, hören die Kaninchen irgendwie auf, Jagdwild zu sein, und werden stattdessen zur Plage.)

Trotz seines alles verschlingenden Appetits ist das Kaninchen in mancherlei Hinsicht ein Feinschmecker. Stets zieht es von Hand gepflanzte Kiefern, Ahorne, Apfel- oder Spindelbäume den wilden vor. Es besteht auch darauf, dass bestimmte Salate vorbehandelt werden, ehe es geruht, sie zu fressen. So verschmäht es den Weißen Hartriegel, bis er von der Austerschildlaus angegriffen wird, was die Rinde in eine Delikatesse verwandelt, die alle Kaninchen in meiner Umgebung gierig verschlingen.

Eine Schar von einem Dutzend Meisen verbringt das Jahr in meinen Wäldern. Wenn wir im Winter die kranken oder toten Bäume als Brennholz einbringen, ist der Klang der Axt der Essensgong für die Meisenbande. Flatternd warten sie draußen und geben freche Kommentare über die Langsamkeit unserer Arbeit ab. Ist der Baum dann schließlich gefällt und beginnen die Keile, dessen Inneres zu öffnen, holen die Meisen ihre Servietten hervor und fallen ein. Für sie ist jeder Placken toter Borke eine Schatzkammer voller Eier, Larven und Kokons. Für sie wölbt sich jedes ameisendurchtunnelte Kernholz vor Milch und Honig. Oft stellen wir ein frisch gespaltenes Stück gegen einen Baum in der Nähe, nur um zu sehen, wie die gierigen Meisen die Ameiseneier verputzen. Es erleichtert uns die Arbeit, wenn wir wissen, dass sie aus den duftenden Reichtümern frisch gespaltener Eiche Hilfe und Trost ziehen genau wie wir.

Doch ohne Krankheiten und Ungeziefer gäbe es wohl kaum Nahrung in diesen Bäumen und somit auch keine Spatzen, die meinen Winterwald um ihre Munterkeit bereicherten.

Viele weitere Wildtierarten hängen von den Baumkrankheiten ab. Meine Helmspechte meißeln in lebende Kiefern, um fette Raupen aus dem erkrankten Kernholz zu ziehen. Meine Streifenkäuze finden Ruhe vor den Krähen und Hähern im hohlen Inneren einer alten Schwarzlinde; wahrscheinlich würden ihre Sonnenuntergangs-Serenaden ohne diesen kranken Baum verstummen. Meine Brautenten nisten in hohlen Bäumen; jeder Juni führt ihre Brut aus flaumigen Küken zum Tümpel in meinem Waldland. Alle Eichhörnchen sind für einen dauerhaften Kogel abhängig vom behutsam

CHARLES W
SCHWARTZ

ausbalancierten Gleichgewicht zwischen einer verrottenden Höhlung und dem Narbengewebe, mit dem der Baum die Wunde zu schließen versucht. Die Eichhörnchen entscheiden den Wettkampf, indem sie das Narbengewebe abnagen, sobald es anfängt, die Breite ihres Vordereingangs über Gebühr zu verkleinern.

Das wahre Juwel meines leidgeplagten Waldlands ist der Zitronenwaldsänger. Er nistet in einem alten Spechtloch oder einer anderen kleinen Höhlung im Trockenholz, das überm Gewässer hängt. Der Blitz seines goldblauen Gefieders zwischen dem feuchten Gemoder der Juniwälder ist Beweis genug, dass tote Bäume sich in lebende Tiere verwandeln und umgekehrt. Wenn Sie die Weisheit dieser Übereinkunft bezweifeln, sehen Sie sich den Zitronenwaldsänger an.

Revier

Was an wilden Dingen auf meiner Farm lebt, ist zögerlich, mir wortreich mitzuteilen, welche meiner sechs Quadratmeilen in ihren täglichen oder nächtlichen Rundgang eingeschlossen sind. Ich bin überaus neugierig, es zu erfahren, denn es verrät mir das Verhältnis zwischen der Größe ihres Universums und der Größe des meinen, und natürlich wirft es die viel wichtigere Frage auf, wer die Welt, in der er lebt, besser kennt.

Meine Tiere geben, nicht anders als Menschen, oft durch ihre Handlungen preis, was sie in Worten nicht ausplaudern wollen. Man kann nur schwer vorhersagen, wann und wie eine dieser Enthüllungen ans Licht kommt.

* * *

Weil der Hund mit der Axt nichts anzufangen weiß, darf er frei herumjagen, während wir anderen Holz machen. Ein plötzliches *jip-jip-jip* meldet uns, dass ein Kaninchen aus seiner Sasse im Gras aufgescheucht wurde und eilig anderswohin flüchtete. Es läuft schnurstracks zu einem Holzstapel, eine Viertelmeile entfernt, wo es sich zwischen zwei verschnürte Stöße duckt, seinem Verfolger einen ordentlichen Schuss voraus. Nachdem der Hund einige symbolische Zahnspuren im harten Eichenholz hinterlassen hat, gibt er auf und setzt die Suche nach einem weniger pfiffigen Baumwollschwanz fort, und wir machen mit dem Holzhacken weiter.

Die kleine Episode verrät mir, dass das Kaninchen mit dem gesamten Terrain zwischen seiner Sasse in der Wiese und dem Luftschutzkeller unterm Holzstapel vertraut ist. Wie ließe sich die schnurstrackse Flucht sonst erklären? Das Revier dieses Karnickels erstreckt sich über mindestens eine Viertelmeile.

Jeden Winter werden die Schwarzkopfmeisen, die unser Futterhäus-

chen besuchen, eingefangen und beringt. Manche unserer Nachbarn füttern die Meisen zwar, aber niemand beringt sie. Indem wir die vom Futterhäuschen entferntesten Punkte aufgezeichnet haben, an denen Meisen zu sehen sind, haben wir erfahren, dass das Revier unseres Schwarms im Winter eine halbe Meile im Durchmesser beträgt, allerdings nur windgeschützte Areale umfasst.

Im Sommer, wenn sich der Schwarm zum Nisten zerstreut hat, sieht man beringte Vögel in größeren Entfernungen, oft verpaart mit unberingten Vögeln. In diesem Jahr beachten die Meisen den Wind nicht, denn man findet sie meist an offenen, windgepeitschten Plätzen.

Durch unsere Wälder verlaufen die frischen Spuren von drei Weißwedelhirschen, deutlich im gestrigen Schnee zu erkennen. Ich verfolge die Spuren zurück und finde im großen Weidendickicht auf der Sandbank drei Lager nebeneinander, die sich klar im Schnee abzeichnen.

Dann folge ich den Spuren vorwärts; sie führen mich zum Maisfeld meines Nachbarn, dort haben die Weißwedel Maisreste aus dem Schnee gescharrt und auch eine Hocke zerzaust. Dann führen die Spuren auf einem andern Weg zurück zur Sandbank. *En route* haben die Weißwedel an einigen Grasbüscheln gescharrt, nach den zarten grünen Trieben geschnuppert und an einer Quelle getrunken. Mein Bild der nächtlichen Routine ist komplett. Die Gesamtstrecke vom Lager zum Frühstück beträgt eine Meile.

In unseren Wäldern wohnen immer Kragenhühner, aber im letzten Winter konnte ich eines Tages, nach einem tiefen, weichen Schneefall, weder ein Kragenhuhn noch eine Spur davon finden. Ich hatte gefolgert, dass meine Vögel fortgezogen waren, doch als der Hund an der belaubten Krone einer Eiche vorstand, die im letzten Sommer umgeweht wurde, flitzten drei Kragenhühner heraus, eins nach dem anderen.

Es gab keine Spuren unter oder bei der umgestürzten Krone. Offenbar waren diese Vögel eingeflogen, aber woher? Kragenhühner müssen fressen, vor allem bei Frost, deshalb untersuchte ich den Kot nach einem Hinweis. Zwischen allerhand unkenntlichem Dreck fand ich Knospenschuppen und die harten gelben Schalen gefrorener Nachtschattenbeeren.

Im Sommer hatte ich in einem Dickicht junger zarter Ahornbäume einen üppigen Nachtschattenwuchs bemerkt. Dorthin ging ich und fand, nach einigem Suchen, Kragenhuhnspuren auf einem Stamm. Die Vögel waren nicht durch den weichen Schnee gestapft, sondern auf den Stämmen entlanggelaufen und hatten die innerhalb ihrer Reichweite hier und dort hervorschauenden Beeren aufgepickt. Das war eine Viertelmeile östlich der umgestürzten Eiche.

Bei Sonnenuntergang sah ich an diesem Abend ein Kragenhuhn vorlugen in einem Pappeldickicht eine Viertelmeile westlich. Es gab keine Spuren. Das vervollständigte die Geschichte. Während des weichen Schnees durchmaßen diese Vögel ihr Revier nicht zu Fuß, sondern auf Flügeln, und das Revier hatte einen Durchmesser von einer halben Meile.

* * *

Die Wissenschaft weiß wenig über Reviere: Wie groß sie zu den verschiedenen Jahreszeiten sind, welche Nahrung und Deckung sie bieten müssen, wann und wie sie gegen Eindringlinge verteidigt werden und ob das Eigentum eine Angelegenheit des Individuums, der Familie oder der Gruppe ist. Das sind die Grundlagen der Tierökonomie und Tierökologie. Jede Farm ist ein Lehrbuch über Ökologie; das Forstleben ist dessen Übersetzung.

Kiefern überm Schnee

Schöpfungsakte sind normalerweise den Göttern und Dichtern vorbehalten, doch das einfachere Volk kann diese Einschränkung umgehen, wenn es weiß, wie. Um zum Beispiel eine Kiefer zu pflanzen, muss man weder Gott noch Dichter sein; man muss nur eine Schaufel besitzen. Kraft dieses Schlupflochs in den Gesetzen kann jeder Tollpatsch sprechen: Es werde ein Baum – und es ward einer.

Ist der Rücken kräftig und die Schaufel scharf, können es tatsächlich zehntausend sein. Und im siebenten Jahr kann er sich ruhend auf die Schaufel stützen und seine Bäume ansehen und sie sehr gut finden.

Gott übergab sein Werk am siebenten Tag, doch ich stelle fest, dass Er seitdem ziemlich zurückhaltend gegenüber dessen Vorzügen ist. Ich habe den Eindruck, dass er allzu voreilig gesprochen hat oder dass Bäume einer längeren Betrachtung standhalten als Feigenblätter und Sternenhimmel.

* * *

Warum gilt die Schaufel als Symbol der Plackerei? Vielleicht weil die meisten Schaufeln stumpf sind. Alle, die sich abplacken, haben mit Sicherheit stumpfe Schaufeln, ich bin mir jedoch *nicht* sicher, was hier Ursache und was Wirkung ist. Ich weiß nur, dass eine gute, energisch geschwungene Feile meine Schaufel singen lässt, wenn sie den lockeren Lehm zerteilt. Man sagt mir, in einem scharfen Hobel, einem scharfen Meißel, einem scharfen Skalpell stecke Musik, aber in meiner Schaufel höre ich die Musik am besten: Sie summt in meinen Handgelenken, wenn ich eine Kiefer pflanze. Vermutlich hat der Bursche, der sich abmühte, der Harfe der Zeit nur einen einzigen hellen Ton zu entlocken, sich ein allzu schwieriges Instrument ausgesucht.

Gut, dass nur im Frühling die Pflanzzeit ansteht, denn Maßhalten ist das Beste für alle Dinge, sogar für Schaufeln. Während der übrigen Monate kann man den Prozess der Kieferwerdung beobachten.

Das neue Jahr beginnt für die Kiefer im Mai, wenn aus der Endknospe eine ›Kerze‹ wird. Wer auch immer diesen Namen für die Neubildung geprägt hat besaß eine feinsinnige Seele. Das Wort ›Kerze‹ klingt wie eine platte Anspielung auf offenbare Fakten: der neue Spross ist wächsern, aufrecht, brüchig. Wer aber mit Kiefern lebt, der weiß, dass ›Kerze‹ eine tiefere Bedeutung hat, denn an der Spitze brennt die ewige Flamme, die einen Weg in die Zukunft erhellt. Mai für Mai folgen meine Kiefern ihren Kerzen gen Himmel, jede strebt direkt zum Zenith und gibt alles, um dort hinzugelangen, als gäbe es nur dort Jahre in ausreichender Zahl, ehe die Letzte Posaune ertönt. Eine sehr alte Kiefer vergisst schließlich, welche ihrer vielen Kerzen die wichtigste ist, deshalb flacht sie ihre Krone gegen den Himmel ab. Du vergisst vielleicht, aber keine Kiefer, die du selbst gepflanzt hast, wird das zu deinen Lebzeiten tun.

Neigst du zur Sparsamkeit, dann sind Kiefern deine seelenverwandte Gesellschaft, denn anders als die von der Hand in den Mund lebenden Laubhölzer bezahlen sie die laufenden Rechnungen nicht von laufenden Einnahmen; sie leben einzig und allein von den Ersparnissen des Vorjahrs. In der Tat führt jede Kiefer ein offenes Sparbuch, in dem ihr Barvermögen alljährlich am 30. Juni festgehalten wird. Wenn ihre vollendete Kerze an diesem Termin einen gipfelständigen Quirl von zehn oder zwölf Trieben entwickelt hat, bedeutet das, sie hat ausreichend Regen und Sonne für einen zwei oder sogar drei Fuß langen Schuss gen Himmel im nächsten Frühjahr beiseitegelegt. Sind es nur vier oder sechs Knospen, wird ihr Schuss geringer ausfallen, trotzdem setzt die Kiefer dann jene spezielle Miene auf, die mit Bonität einhergeht.

Natürlich haben auch Kiefern schwere Jahre, nicht anders als Menschen, diese werden als kürzere Triebe, d. h. kürzere Abstände zwischen den aufeinander folgenden Quirlen der Zweige vermerkt. Die Zwischenräume sind also eine Autobiografie, die nach Belieben lesen kann, wer mit Bäumen vertraut ist. Um ein schweres Jahr korrekt zu datieren, muss man von einem Jahr geringeren Wachstums stets eines abziehen. So gab es 1937 nur einen kleinen Zuwachs bei allen Kiefern, was die allgemeine Dürre von 1936 bekundet. Dagegen war 1941 der Zuwachs bei allen Kiefern groß; vielleicht sahen sie bereits den Schatten künftiger Ereignisse und gaben sich besondere Mühe, der Welt zu zeigen, dass Kiefern nach wie vor wissen, wohin sie gehen, selbst wenn die Menschen dies nicht tun.

Wenn nur eine Kiefer ein karges Jahr aufweist, deren Nachbarn aber nicht, kann man getrost eine rein lokale oder individuelle Widrigkeit einfügen: eine Brandnarbe, eine nagende Wiesenwühlmaus oder irgendeinen Engpass im dunklen Laboratorium, das wir ›Boden‹ nennen.

* * *

Es gibt allerhand Geschwätz und Nachbarschaftstratsch bei den Kiefern. Indem ich auf diese Plaudereien achte, erfahre ich, was sich während der Woche, wenn ich mich in der Stadt aufhalte, zugetragen hat. Im März, wenn die Weißwedel häufig an den Weymouthskiefern äsen, verrät mir die Höhe des Verbisses, wie groß ihr Hunger ist. Ein mit Mais gefüllter Hirsch ist zu träge, um Zweige anzuknabbern, die höher als vier Fuß überm Boden sind; ein richtig hungriger Hirsch stellt sich auf die Hinterläufe und frisst bis zu acht Fuß Höhe. Auf diese Weise erfahre ich etwas über die kulinarische Lage der Weißwedel, ohne sie zu sehen, und erfahre, ohne sein Feld zu besuchen, ob mein Nachbar seine Maishocken eingebracht hat.

Wenn die neue Kerze im Mai so zart und brüchig ist wie ein Spargelschössling, bricht ein darauf landender Vogel sie häufig ab. Jeden Frühling entdecke ich ein paar solcher enthaupteter Bäume, deren Kerze welk im Gras liegt. Man kann leicht daraus folgern, was geschehen ist, allerdings habe ich in zehn Jahren des Beobachtens nicht ein Mal *gesehen*, wie ein Vogel eine Kerze abbricht. Das ist Anschauungsunterricht: man braucht das Ungesehene nicht anzuzweifeln.

Jedes Jahr im Juni weisen einige Weymouthskiefern plötzlich welke Kerzen auf, die bald braun werden und absterben. Ein Rüsselkäfer hat sich in den gipfelständigen Knospenquirl gebohrt und seine Eier abgelegt; die Larven bohren sich, sobald sie geschlüpft sind, am Mark entlang herunter und töten den Trieb. Das Schicksal einer solchen führerlosen Kiefer ist das Hemmnis, denn die überlebenden Zweige sind sich uneins, wer den Marsch gen Himmel anführen soll. Sie tun es allesamt, und als Folge dessen bleibt der Baum nur ein Busch.

Ein seltsamer Umstand ist, dass ausschließlich in vollem Sonnenlicht stehende Kiefern von den Käfern angebohrt werden; Kiefern im Schatten werden ignoriert. Das ist der heimliche Nutzen einer Widrigkeit.

Im Oktober berichten mir meine Kiefern durch ihre abgescheuerte Rinde, wann es so weit ist, dass die Hirschböcke ›der Hafer sticht‹. Insbesondere eine ungefähr acht Fuß hohe, allein stehende Bankskiefer scheint den Hirsch zur Idee zu verleiten, die Welt brauche einen Ansporn. Ein solcher Baum muss notgedrungen auch die andere Wange hinhalten und ist am Ende ziemlich lädiert. Der einzige Funke ausgleichender Gerechtigkeit bei solchen Kämpfen: Je stärker der Baum malträtiert wird, desto mehr Harz trägt der Hirsch auf seinem nicht mehr sonderlich glänzenden Geweih davon.

Manchmal ist der Klönschnack der Wälder schwer zu übersetzen. Einmal fand ich mitten im Winter unterm Schlafplatz eines Kragenhuhns einige halbverdaute Gebilde im Kot, die ich nicht identifizieren konnte. Sie glichen Miniaturmaiskolben von ungefähr einem halben Zoll Länge. Ich untersuchte Proben von jedem erdenklichen Kragenhuhnfutter vor Ort, fand jedoch keinen Hinweis auf die Herkunft des ›Kolbens‹. Schließlich schnitt ich die Endknospe einer Bankskiefer auf und entdeckte im Inneren die Antwort. Das Kragenhuhn hatte die Knospen gefressen, das Harz verdaut, die Knospenschuppen im Kaumagen abgescheuert und den ›Kolben‹ übriggelassen, der sich tatsächlich als zukünftige Kerze herausstellte. Man könnte also sagen, dieses Kragenhuhn hat mit den ›Termingeschäften‹ der Bankskiefer spekuliert.

* * *

Die drei in Wisconsin heimischen Kiefernarten (Weymouths-, Rot- und Bankskiefer) unterscheiden sich radikal in ihren Ansichten über das heiratsfähige Alter. Manchmal blüht die frühreife Bankskiefer schon ein, zwei Jahre, nachdem sie die Schule verlassen hat, und trägt Zapfen; ein paar meiner dreizehn Jahre alten Banks prahlen bereits mit ihren Enkeln. Meine dreizehn Jahre alten Rotkiefern dagegen blühen erstmals in diesem Jahr, und die Weymouthskiefern haben noch gar nicht geblüht; sie beharren streng auf der angelsächsischen Doktrin von »ledig, weiß und einundzwanzig«.

Gäbe es diese großen Unterschiede bei den gesellschaftlichen Auffassungen nicht, wären meine Rothörnchen in ihrer Speisekarte stark eingeschränkt. Jedes Jahr im Mittsommer beginnen sie, die Bankskiefernzapfen ihrer Samen wegen aufzubrechen, und kein Picknick am Labor Day hat je mehr Schalen und Rinden in der Landschaft verstreut als sie: unter jedem Baum stapeln und häufen sich die Überreste ihres jährlichen Festschmauses. Doch es werden auch immer einige Zapfen verschont, wie der zwischen den Goldruten aus dem Boden schießende Nachwuchs bezeugt.

Nur wenige Menschen wissen, dass Kiefern Blüten tragen, und die meisten von denen, die es wissen, sind zu prosaisch, um in dem Blütenfest mehr zu sehen als eine biologische Routinefunktion. Dieses desillusionierte Volk sollte die zweite Maiwoche in den Kiefernwäldern verbringen, und die Brillenträger sollten ein zweites Taschentuch mitnehmen. Die verschwenderische Fülle an Kiefernpollen sollte jeden vom wilden Überschwang dieser Jahreszeit überzeugen, wenn es dem Lied des Goldhähnchens noch nicht gelungen ist.

Junge Weymouthskiefern gedeihen für gewöhnlich am besten in Abwesenheit ihrer Eltern. Mir sind ganze Waldflächen bekannt, auf denen die jüngere Generation durch ihre Eltern zwergwüchsig oder verschlankt ist, auch wenn sie einen sonnigen Standort abbekommen hat. Dann wiederum gibt es Waldflächen, auf denen eine derartige Hemmnis nicht vorkommt. Ich würde zu gern wissen, ob diese Unterschiede an der Toleranz der Jungen, an den Alten oder an der Bodenbeschaffenheit liegen.

Kiefern sind, nicht anders als Menschen, wählerisch im Hinblick auf ihren Umgang und wenig erfolgreich darin, ihre Vorlieben und Abneigungen zu unterdrücken. Deshalb gibt es eine Affinität von Weymouthskiefern und Kratzbeeren, Rotkiefern und Amerikanischer Wolfsmilch, Bankskiefern und Farnmyrte. Pflanze ich eine Weymouthskiefer an eine Kratzbeerenstelle, kann ich sicher voraussagen, dass sie innerhalb eines Jahres ein robustes Knospenbündel hervorbringen wird und den jungen Nadeln jener bläuliche Hauch zu eigen ist, der von Gesundheit und passender Gesellschaft zeugt. Sie wird ihre Kameraden, die am selben Tag mit derselben Sorgfalt in denselben Boden gepflanzt wurden, allerdings in Gemeinschaft mit Gräsern, an Wuchsgröße und Blüte übertreffen.

Mir gefällt es, im Oktober zwischen diesen blauen Federbüscheln umherzuwandern, die sich gerade und stramm aus dem roten Laubteppich der

Kratzbeeren erheben. Ich frage mich, ob sie sich ihres Wohlergehens bewusst sind. Ich weiß jedenfalls, dass ich es bin.

Kiefern haben sich durch denselben Kunstgriff den Ruf erworben, »immergrün« zu sein, den auch Regierungen anwenden, um den Anschein von Dauer zu erwecken: Überschneidung der Amtszeiten. Indem sie jedes Jahr neue Nadeln auf dem Neuwuchs ansetzen und alte Nadeln in größeren Abständen abwerfen, machen sie den zufälligen Betrachter glauben, dass Nadeln ewig grün bleiben.

Jede Kiefernart hat ihre eigene Verfassung, die eine Nadelamtszeit gemäß des Lebensstils vorschreibt. Die Weymouthskiefer behält ihre Nadeln anderthalb Jahre, die Rot- und die Bankskiefer zweieinhalb Jahre. Nadelneulinge treten ihr Amt im Juni an, scheidende Nadeln schreiben ihre Abschiedsreden im Oktober. Sie alle schreiben dasselbe, mit derselben bräunlich-gelben Tinte, die im November völlig braun wird. Dann fallen die Nadeln und werden zu den Detritusakten gelegt, um die Weisheit des Standortes zu bereichern. Es ist diese gesammelte Weisheit, die die Schritte derjenigen, die unter den Kiefern gehen, verstummen lässt.

Mitten im Winter erfahre ich von meinen Kiefern manchmal etwas, das wichtiger ist als Waldpolitik und die Nachrichten über Wind und Wetter. Das geschieht vornehmlich an düsteren Abenden, wenn der Schnee alle unwesentlichen Details unter sich begraben hat und die Stille elementarer Traurigkeit jedes Lebewesen bedrückt. Meine Kiefern stehen dennoch stockgerade, Reihe für Reihe, jede mit ihrer Schneelast, und in der Dämmerung dahinter spüre ich die Anwesenheit von weiteren Hunderten. In solchen Momenten fühle ich eine seltsame Muttransfusion.

65290

Das Beringen eines Vogels gleicht dem Besitz eines Loses in einer großen Lotterie. Die meisten von uns besitzen Lose fürs eigene Überleben, allerdings erwerben wir sie bei einer Versicherungsgesellschaft, die allzu viel weiß, als dass sie uns eine wirklich faire Chance verkaufen würde. Es ist eine

Übung in Sachlichkeit, wenn man ein Los für einen beringten Spatzen besitzt, der vom Himmel fällt, oder für eine beringte Meise, die einem vielleicht eines Tages erneut in die Falle geht und so beweist, dass sie noch am Leben ist.

Der Anfänger zieht seinen Nervenkitzel aus dem Beringen neuer Vögel; er spielt ein Spiel gegen sich selbst, indem er sich bemüht, seine vorherige Gesamtpunktzahl zu übertreffen. Für den alten Hasen dagegen ist die Beringung neuer Vögel bloß eine angenehme Routine; der echte Nervenkitzel besteht darin, einen vor langer Zeit beringten Vogel wieder einzufangen, einen Vogel, dessen Alter, Abenteuer und frühere Fressgewohnheiten dir vielleicht besser bekannt sind als dem Vogel selbst.

So war die Frage, ob die Schwarzkopfmeise 65290 noch einen weiteren Winter überstehen würde, in unserer Familie fünf Jahre lang eine Sportwette allerersten Ranges.

Vor einem Jahrzehnt haben wir damit begonnen, im Winter den Großteil der Meisen auf unserer Farm einzufangen und zu beringen. Am Anfang des Winters gehen überwiegend unberingte Vögel in die Fallen; bei ihnen handelt es sich vermutlich meist um die Jungvögel des Jahres, die ›datiert‹ werden können, sobald sie beringt sind. Im Verlaufe des Winters erscheinen immer weniger unberingte Vögel in der Falle; dann wissen wir, dass die hiesige Population im Wesentlichen aus gekennzeichneten Vögeln besteht. Anhand der Ringnummern können wir ersehen, wie viele Vögel vor Ort und wie viele davon Überlebende aus den jeweiligen Beringungsjahren sind.

65290 war eine von sieben Meisen der ›Abschlussklasse 1937‹. Als sie uns zum ersten Mal in die Falle ging, zeigte sie keinerlei sichtbare Anzeichen von Genialität. Wie bei ihren Klassenkameraden war ihre kühne Gier nach Rindertalg größer als ihre Besonnenheit. Wie ihre Klassenkameraden biss auch sie mir in den Finger, als ich sie aus der Falle holte. Nachdem sie beringt und freigelassen wurde, flatterte sie auf einen Ast, pickte leicht verdrossen an ihrem neuen Aluminium-Fußkettchen herum, schüttelte das zerzauste Gefieder, fluchte höflich und flitzte davon, um ihre Bande einzuholen. Man darf bezweifeln, dass sie aus ihrer Erfahrung irgendwelche philosophischen Schlüsse zog (etwa: »Es ist nicht alles Ameiseneier, was glänzt«), denn sie wurde im selben Winter noch dreimal eingefangen.

Im zweiten Winter zeigten unsere Rückfänge, dass die Klasse von sieben auf drei geschrumpft war, im dritte Winter dann auf zwei. Im fünften Winter war 65290 die einzige Überlebende ihrer Generation. Anzeichen von Genialität fehlten noch immer, aber nun war ihre außergewöhnliche Überlebensfähigkeit historisch belegt.

Im sechsten Winter tauchte 65290 nicht wieder auf, und ihr Ausbleiben während der vier darauffolgenden Fangaktionen bestätigte das Urteil »verschollen«.

Damit war 65290 von den siebenundneunzig in zehn Jahren beringten Jungmeisen die einzige, die es fertiggebracht hatte, fünf Winter zu überleben. Drei schafften vier Jahre, sieben schafften drei Jahre, neunzehn schafften zwei Jahre und siebenundsechzig verschwanden nach ihrem ersten Winter. Würde ich also Lebensversicherungen an Meisen verkaufen, könnte ich die Prämie unter Garantie berechnen. Doch ein Problem ergäbe sich: In welcher Währung sollte ich die Witwen auszahlen? Ich vermute, in Ameiseneiern.

Ich weiß so wenig über Vögel, dass ich nur spekulieren kann, warum 65290 ihre Kameraden überlebt hat. Konnte sie ihren Feinden klüger ausweichen? Welchen Feinden? Eine Meise ist fast zu klein, um welche zu haben. Der schrullige Bursche namens Evolution, der den Dinosaurier so lange aufgeplustert hat, bis er über die eigenen Füße stolperte, hat versucht, die Meise so weit zu verkleinern, bis sie gerade eben zu groß war, als dass ein Fliegenschnäpper sie als Insekt geschluckt hätte, und gerade eben zu klein, um von Habichten und Eulen als Frischfleisch verfolgt zu werden. Dann sah er sein Werk an und siehe, er lachte. Jeder lacht über ein solches Bündelchen geballter Begeisterung.

Für den Sperber, die Kreischeule, den Würger und vor allem den winzigen Sägekauz mag es sich lohnen, eine Meise zu töten, dennoch habe ich nur ein einziges Mal einen Hinweis auf einen tatsächlichen Mord gefunden: im Gewölle einer Kreischeule tauchte einer meiner Ringe auf. Vielleicht fühlen sich diese kleinen Banditen den anderen Winzlingen verbunden.

Anscheinend ist das Wetter der einzige Mörder, derart bar jeden Humors und jeden Maßes, dass er Meisen umbringt. Ich vermute, in der Meisen-Sonntagsschule werden zwei Todsünden gelehrt: Du sollst dich im Winter nicht an windige Orte wagen, und: Du sollst vor einem Schneesturm nicht nass werden.

Ich erfuhr vom zweiten Gebot in einer nieseligen Winterabenddämmerung, als ich eine Meisenbande beobachtete, die in meinen Wäldern schlafen ging. Der Nieselregen kam von Süden, doch mir war klar, dass er nach Nordwesten abdrehen und es bis zum Morgen bitterkalt sein würde. Die Meisen schlüpften in eine tote Eiche, deren Rinde abgeblättert und zu Wellen, Schalen, Mulden von unterschiedlicher Größe, Form und Lage aufgeworfen war. Ein Vogel, der einen Schlafplatz wählt, der trocken vor dem Geniesel von Süden, aber ungeschützt vor dem von Norden ist, wäre am Morgen mit Sicherheit erfroren. Ein Vogel, der einen nach allen Seiten hin trockenen Schlafplatz wählt, erwacht unbeschadet. Ich denke, dies ist die Weisheit, die das Überleben im Meisenreich bedeutet und 65290 und seinesgleichen erklärt.

Die Furcht der Meisen vor windigen Orten lässt sich leicht aus ihrem Verhalten ableiten. Im Winter wagen sie sich nur an windstillen Tagen aus den Wäldern, und die Entfernung variiert im umgekehrten Verhältnis zum Wind. Ich kenne einige windgepeitschte Waldstücke, die den ganzen Winter über meisenlos sind, aber in den übrigen Jahreszeiten häufig besucht werden. Windgepeitscht sind sie, weil Kühe den Unterwuchs abgeweidet haben. Für den dampfkesselbeheizten Bankier, der dem Farmer eine Hypothek gibt, weil dieser mehr Kühe braucht, die mehr Weideland benötigen, ist der Wind ein geringes Ärgernis, vielleicht abgesehen von der Ecke des Flatiron Building. Für die Meise stellt der Winterwind die Grenze der bewohnbaren Welt dar. Hätte die Meise ein Büro, hinge über ihrem Schreibtisch das Motto: »Bleib ruhig.«

Das Verhalten vor einer Falle enthüllt den Grund. Dreht man die Falle so, dass die Meise mit auch nur einem leichten Lüftchen am Schwanz hinein muss, können sie nicht alle Pferde des Königs dazu bewegen. Dreht man sie andersherum, erreicht man ein gutes Ergebnis. Rückenwind bläst kalt und feucht unter das Gefieder, das ihr tragbares Dach und ihre Klimaanlage ist. Kleiber, Winterammern, Baumammern und Spechte fürchten den Rückenwind ebenfalls, allerdings sind – in der genannten Reihenfolge – ihr Heizwerk und somit ihre Windtoleranz größer. Naturbücher erwähnen den Wind selten; sie wurden hinterm Ofen geschrieben.

Vermutlich gibt es ein drittes Gebot im Meisenreich: Du sollst jedes laute Geräusch erkunden. Wenn wir in unsern Wäldern mit dem Holzschlag beginnen, sind die Meisen sofort zur Stelle und bleiben so lange, bis der gefällte Baum oder gespaltene Stamm frische Insekteneier und Puppen zum genüsslichen Verspeisen preisgegeben hat. Ein abgefeuertes Gewehr versammelt die Meisen ebenfalls, doch mit weniger befriedigendem Gewinn.

Was diente ihnen vor den Tagen der Äxte, Schlegel und Gewehre als Essensglocke? Wahrscheinlich das Krachen umstürzender Bäume. Im Dezember 1940 fällte ein Eissturm in unserem Wald eine ungewöhnlich hohe Anzahl abgestorbener Aststümpfe und lebender Äste. Unsere Meisen spotteten einen Monat lang über die Falle, da sie mit den Dividenden des Sturms versorgt waren.

65290 ist lange schon heimgegangen. Ich hoffe, dass in ihren neuen Wäldern den ganzen Tag über riesige Eichen voller Ameiseneier umstürzen, ohne dass ein Wind sie aus der Gemütsruhe bringt oder ihren Appetit schmälert. Und ich hoffe, dass sie noch immer meinen Ring trägt.

ZWEITER TEIL

Skizzen hier und dort

Marschlandelegie

Ein Morgenwind fegt über die große Marsch. Beinahe unmerklich langsam wälzt er eine Nebelbank durch die Weite des Morasts. Der Dunst nähert sich wie das weiße Gespenst eines Gletschers, überrennt die Phalanx der Tamaracklärchen und gleitet auf den tauschweren Sumpfwiesen dahin. Von Horizont zu Horizont schwebt eine einzige Stille.

Aus einem fernen Wolkenspalt senkt sich das Bimmeln winziger Glöckchen übers lauschende Land. Dann ist es wieder still. Jetzt ertönt aus leisen Kehlen das Gebell eines Jagdhunds, bald darauf der Lärm einer antwortenden Rotte. Dann entfernte deutliche Hornsignale aus dem Himmel in den Nebel hinein.

Helle Hörner, dumpfe Hörner, Stille und zuletzt ein Pandämonium aus Trompeten, Rasseln, Gequake und Rufen, die den Sumpf wegen ihrer Nähe fast erzittern lassen, ohne jedoch zu verraten, woher sie kommen. Schließlich enthüllt ein Funkeln der Sonne das Herannahen einer Vogelformation. Mit reglosen Flügeln tauchen sie aus dem steigenden Nebel auf, fegen ein letztes Mal über den Himmelsbogen und fliegen in schmetternden Abwärtsspiralen zu ihren Futterplätzen. Ein neuer Tag hat über der Kranichmarsch begonnen.

* * *

Das Zeitgefühl lastet dicht und schwer auf einem solchen Ort. Seit der Eiszeit ist es jedes Frühjahr mit dem Kranichgeschrei erwacht. Die Torfschichten, aus denen der Sumpf besteht, haben sich im Becken eines alten Sees abgelagert. Die Kraniche stehen gewissermaßen auf den durchweichten Seiten ihrer Geschichtsbücher. Der Torf besteht aus den verdichteten Überresten der Moose, die die Teiche verstopften, der Tamaracklärchen, die sich über dem Moos ausbreiteten, und der Kraniche, die über den Lärchen tröteten, seit sich die Eisdecke zurückgezogen hat. Eine endlose Karawane von Generationen hat aus ihren eigenen Gebeinen diese Brücke in die Zukunft errichtet, dieses Habitat, in dem der sich nähernde Schwarm abermals wohnen und brüten und sterben darf.

Wozu? Draußen im Sumpf verschlingt ein Kranich einen glücklosen Frosch, schnellt den plumpen Leib in die Luft und drischt die Morgensonne mit seinen gewaltigen Flügeln. Die Lärchen hallen von seiner trötenden Gewissheit. Er scheint zu wissen.

* * *

Unsere Fähigkeit, der Natur einen Wert beizumessen, beginnt mit dem Schönen, wie in der Kunst. Sie verläuft durch sich steigernde Schönheiten bis hin zu den Werten, die von der Sprache noch nicht erfasst wurden. Der Wert der Kraniche liegt, wie mir scheint, in diesem höheren Bereich, auch wenn er sich außer Reichweite der Worte befindet.

Man kann jedoch so viel sagen: Unser Verständnis für den Kranich nimmt mit der allmählichen Entschlüsselung der Erdgeschichte zu. Wir wissen inzwischen, dass seine Sippe aus dem fernen Eozän stammt. Die anderen Angehörigen der Fauna, aus der er kommt, sind lange schon in diesen Hügeln begraben. Hören wir seinen Ruf, hören wir nicht bloß einen Vogel. Wir hören die Trompete im Orchester der Evolution. Er ist das Symbol unserer unbezähmbaren Vergangenheit und der dahinströmenden Jahrtausende, die den täglichen Angelegenheiten von Vögeln und Menschen zugrunde liegen und sie bestimmen.

Und so leben sie – diese Kraniche – und existieren nicht in der begrenzten Gegenwart, sondern im Großraum evolutionärer Zeit. Ihre jährliche Wiederkehr ist das Ticken der geologischen Uhr. Dem Ort ihrer Rückkehr verleihen sie eine besondere Würde. In der endlosen Mediokrität der Gemeinplätze besitzt eine Kranichmarsch den paläontologischen Adelsbrief, erworben auf dem Marsch der Äonen und nur durch ein Jagdgewehr zu widerrufen. Die spürbare Tristesse in manchen Marschen rührt vielleicht daher, dass sie früher einmal Kraniche beherbergt haben. Jetzt liegen sie gedemütigt da, treiben in der Geschichte dahin.

Zu allen Zeiten haben Jäger und Ornithologen diesen Wert in den Kranichen gespürt. Auf solche Beute hat Kaiser Friedrich II., der Staufer, seine Gerfalken losgelassen. Auf solche Beute stießen einst die Habichte Kublai Khans nieder. Marco Polo berichtet uns: »Aus der Jagd mit Gerfalken und Habichten zog er das höchste Vergnügen. In Chagan-Nur besitzt der Khan einen großen Palast, den eine schöne Ebene umgibt, auf der man Kraniche in großer Zahl vorfindet. Er veranlasste, dass Hirse und anderes Getreide ausgesät wird, auf dass die Vögel nicht Not leiden.«

Als Knabe sah der Ornithologe Bengt Berg Kraniche auf der schwedischen Heide und machte sie fortan zu seinem Lebenswerk. Er folgte ihnen nach Afrika und entdeckte ihre Winterquartiere am Weißen Nil. Über die erste Begegnung sagt er: »Es war ein Schauspiel, das den Flug des Vogels Roch aus Tausendundeinenacht in den Schatten stellte.«

* * *

Als der Gletscher aus dem Norden kam, Hügel zermalmend und Täler furchend, erklomm ein waghalsiger Eiswall die Baraboo Hills und fiel zurück in die Schlucht, in die der Wisconsin River austritt. Das Hochwasser staute sich und bildete einen See, der halb so lang wie der Staat war, im Osten von Eisklippen begrenzt und von den Sturzbächen gespeist, die aus den abschmelzenden Bergen rannen. Die Ufer dieses alten Sees sind noch immer sichtbar; sein Grund ist der Boden der großen Marsch.

Im Laufe der Jahrhunderte stieg der See, bis er sich schließlich über die östliche Baraboo-Kette ergoss. Dort grub er ein neues Bett für den Fluss und legte sich auf diese Weise trocken. Zu den verbliebenen Lagunen kamen die Kraniche, signalisierten die Niederlage des Winters auf dem Rückzug und beriefen die vorwärtsschleichende Heerschar der lebendigen Dinge zu ihrer gemeinschaftlichen Aufgabe, die Marsch zu errichten. Treibende Torfmoos-Moraste blockierten das gesunkene Wasser, verstopften es. Segge und Torfgränke, Tamaracklärche und Fichte überzogen allmählich den Sumpf, verankerten ihn durch ihr Wurzelgeflecht, sogen sein Wasser auf, bildeten Torf. Die Lagunen verschwanden, nicht jedoch die Kraniche. Jedes Frühjahr kehrten sie zu den Mooswiesen zurück, die die alten Wasserwege ersetzt hatten, um zu tanzen, Balzrufe hinauszuposaunen und ihre schlacksigen sauerampferfarbenen Jungen großzuziehen. Diese nennt man nicht ordnungsgemäß Küken, obwohl es sich um Vögel handelt, sondern *Fohlen.* Ich habe dafür keine Erklärung. Beobachten Sie sie, wenn sie an einem taufeuchten Junimorgen auf ihrer angestammten Wiese herumtollen, dann werden Sie es selbst sehen.

In einem Jahr vor noch nicht allzu langer Zeit stieß ein französischer Trapper in Wildleder sein Kanu in einen dieser moosverstopften Bäche, die sich durch die große Marsch ziehen. Die Kraniche lachten lauthals und derb bei diesem Versuch, in ihre sumpfige Festung einzudringen. Ein oder zwei Jahrhunderte später kamen die Engländer in Planwagen. Sie hackten Lichtungen in die bewaldeten Moränen, welche die Marsch begrenzen, und pflanzten Mais und Buchweizen an. Sie hatten nicht die Absicht, die Kraniche zu ernähren wie der Große Khan in Chagan-Nur. Doch Kraniche hinterfragen die Absichten von Gletschern, Kaisern oder Pionieren nicht. Sie fraßen das Getreide, und wenn ein wütender Farmer es versäumte, ihnen den Nießbrauch an seinem Mais zu gewähren, stießen sie eine trompetende Warnung aus und flogen über die Marsch zu einer anderen Farm.

In jenen Tagen gab es keine Luzerne, und die Farmen auf den Hügeln waren, besonders in Dürrejahren, ein schlechtes Land für Heuernten. In einem trockenen Jahr steckte jemand die Tamaracklärchen in Brand. Das Feuer griff rasch auf das Blauknoten-Reitgras über, das eine verlässliche Heuwiese abgab, wenn man sie von toten Bäumen befreite. Danach erschienen die Männer jeden August, um das Heu zu schneiden. Nachdem die Kraniche in den Süden geflogen waren, fuhren sie im Winter mit den Wagen über die gefrorenen Sümpfe und schleppten das Heu zu ihren Farmen in den Hügeln. Jedes Jahr bearbeiteten sie die Marsch mit Feuer und Axt, sodass nach zwei kurzen Jahrzehnten Heuwiesen die gesamte Fläche sprenkelten.

Wenn die Heumacher im August kamen, um ihre Lager aufzuschlagen, singend, trinkend, ihre Gespanne antreibend mit Peitsche und Zunge, ›wieherten‹ die Kraniche ihren ›Fohlen‹ zu und zogen sich in ihre entlegenen Festungen zurück. »Rote Kackspritzer« wurden sie von den Heumachern genannt wegen der rostroten Farbe, die das schlachtschiffgraue Kranichgefieder in dieser Jahreszeit oft befleckt. Nachdem das Heu aufgeschichtet war und die Marsch wieder ihnen allein gehörte, kehrten die Kraniche zurück, um die kanadischen Zugvogelschwärme aus den Oktoberhimmeln zu rufen. Gemeinsam kreisten sie über den Stoppelfeldern und plünderten das Getreide, bis Fröste das Zeichen zum Winterexodus gaben.

Diese Heuwiesentage waren das arkadische Zeitalter für die Marschbewohner. Mensch und Tier, Pflanze und Boden lebten von- und miteinander in gegenseitiger Duldung, zum gegenseitigen Nutzen aller. Die Marsch hätte in alle Ewigkeit Heu und Präriehühner, Wild und Bisamratten, Kranichmusik und Kranbeeren hervorbringen können.

Die neuen Oberherren haben das nicht begriffen. Sie haben Boden und Pflanzen und Vögel nicht in ihre Vorstellungen von Gegenseitigkeit aufgenommen. Die Dividenden einer solchen ausgewogenen Ökonomie waren allzu bescheiden. Farmen stellten sie sich nicht nur *rings um* die Marsch vor, sondern *innerhalb* der Marsch. Ein epidemisches Grabenausheben und Landerhöhen setzte ein. Die Marsch wurde mit einem Schachbrettmuster von Entwässerungskanälen versehen, voller neuer Felder und Gehöfte.

Die Ernten waren jedoch spärlich und von Frösten heimgesucht, wozu als Spätwirkung der teuren Entwässerungsgräben noch die Verschuldung kam. Die Farmer zogen fort. Torfmulden trockneten aus, schrumpften, fingen Feuer. Sonnenenergie aus dem Pleistozän hüllte das Land in beißenden Rauch. Niemand erhob seine Stimme gegen die Verschwendung, nur die Nase gegen den Gestank. Nach einem trockenen Sommer konnte nicht einmal der Winterschnee die schwelende Marsch löschen. Große Pockennarben brannten sich in Feld und Wiese, die Wunden verliefen bis in die Tiefe des Sandes des seit hundert Jahrhunderten torfbedeckten alten Sees. Üppige Gräser sprossen aus der Asche, nach ein, zwei Jahren gefolgt von Espengestrüpp. Die Kraniche hatten es schwer, ihre Zahl sank mit den Überresten der nicht verbrannten Wiesen. Das Lied der näherkommenden Löffelbagger war für sie ein Abgesang. Die Hohepriester des Fortschritts wussten nichts über Kraniche, sie waren ihnen egal. Eine Art mehr oder weniger, was ist das schon unter Technikern? Was bringt denn eine nicht entwässerte Marsch?

Ein, zwei Jahrzehnte lang wurden die Ernten schlechter, die Feuer stärker, die Waldfelder größer und die Kraniche seltener, Jahr für Jahr. Nur eine erneute Überflutung schien den Torfbrand aufhalten zu können. Inzwischen hatten Kranbeerenzüchter einige Stellen wieder geflutet, indem sie Entwässerungskanäle verstopften, und damit gute Ernten erzielt. Politiker brüllten aus der Ferne von randständigem Land, Überproduktion, Abbau von Arbeitslosigkeit, Naturschutz. Ökonomen und Planer kamen, um sich die Marsch anzusehen. Landvermesser, Ingenieure, CCCs schwirrten herum. Es begann eine Gegenepidemie von Wiederflutungen. Die Regierung kaufte Land, siedelte die Farmer erneut an, verfüllte die Entwässerungsgraben zu Hunderten. Allmählich werden die Sümpfe wieder feucht. Die Feuerpockennarben verwandeln sich in Teiche. Die Grasbrände lodern noch immer, können jedoch den nassen Boden nicht verbrennen.

All dies kam, nachdem die CCC-Camps verschwunden waren, den Kranichen zugute, nicht jedoch die Espendickichte, die sich unaufhaltsam auf den alten Brandwunden ausbreiteten, und das Gewirr neuer Straßen, das auf den Naturschutz der Regierung unvermeidlich folgt. Eine Straße anzulegen, ist sehr viel einfacher als darüber nachzudenken, was das Land wirklich braucht. Eine Marsch ohne Straßen ist für den buchstabengetreuen Naturschützer anscheinend ebenso wertlos, wie es die unentwässerte für die Baumeister eines Imperiums war. Die einzige natürliche Ressource, die nach wie vor kein Talent für Alphabete besitzt, Einsamkeit, wird bislang nur von Ornithologen und Kranichen geschätzt.

Die Geschichte von Marsch oder Marktplatz endet deshalb stets im Paradox. Der höchste Wert dieser Marschen ist die Wildnis, und die Kraniche sind die Verkörperung der Wildnis. Aber jeder Schutz der Wildnis ist selbstzerstörerisch, denn um zu lieben, muss man es sehen und anfassen, doch wenn wir genug gesehen und angefasst haben, ist keine Wildnis mehr übrig, die man lieben kann.

* * *

Eines Tages wird der letzte Kranich, vielleicht während unserer Wohltaten, vielleicht nach Ablauf seiner geologischen Zeit, zum Abschied blasen und sich aus der großen Marsch himmelwärts schrauben. Hoch aus den Wolken wird der Klang der Jagdhörner sinken, das Gebell der Geisterrotte, das Bimmeln winziger Glöckchen – dann eine Stille, die nie gebrochen wird, es sei denn rein zufällig auf einer fernen Wiese der Milchstraße.

Die Sand Counties

Jeder Beruf hält sich eine kleine Herde Epitheta und braucht eine Weide, auf der sie frei herumlaufen können. Ökonomen müssen deshalb irgendwo offenes Land für ihre Lieblingsverleumdungen wie ›unrentabel‹, ›rückständig‹ und ›institutionell starr‹ finden. In der Weite der Sand Counties finden diese ökonomischen Vorwürfe zuträglichen Auslauf, freie Beweidung und Schutz vor den Stechfliegen der kritischen Widerlegung.

Bodenexperten hätten ohne die Sand Counties ebenfalls ein schweres Leben. Wo sollten die Podsolen, Gleye und anaeroben Bedingungen sonst ihr Auskommen finden?

Soziale Planer haben die Sand Counties in den letzten Jahren für einen anderen, trotzdem ähnlichen Zweck genutzt. Diese Sandregion dient als hellweißer Fleck von gefälliger Gestalt und Größe auf jenen gepunkteten Karten, auf denen jeder Punkt zehn Badewannen oder fünf Frauenhilfstrupps oder eine Meile Schwarzdecke oder einen Anteil am Zuchtbullen darstellt. Solche Karten werden langweilig, sobald sie gleichmäßig getüpfelt sind. Kurzum, die Sand Counties sind minderwertig.

Trotzdem wollten diese umnachteten Sand-Farmer nicht fortziehen, als der buchstäbliche Aufschwung in den 1930er Jahren wie vierzig Reiter über die Große Ebene galoppierte und sie dazu ermahnte, sich anderswo anzusiedeln, sogar als man sie mit drei Prozent bei der Landeshypothekenbank köderte. Ich fragte mich allmählich warum und kaufte mir schließlich selbst eine Sandfarm, um die Frage zu erledigen.

Im Juni, wenn ich sehe, wie unverdiente Taudividenden an den Lupinen hängen, habe ich manchmal Zweifel an der tatsächlichen Armut der Sand Counties. Auf liquidem Farmland wachsen nicht einmal Lupinen, geschweige denn, dass sie einen täglichen Regenbogen aus Taujuwelen sammeln. Täten sie es, würde der Unkrautregulierungsbeamte, der selten einen betauten Morgen sieht, darauf bestehen, dass sie gemäht werden. Wissen die Ökonomen etwas über Lupinen?

Vielleicht hatten die Farmer, die nicht aus den Sand Counties fortwollten, einen tieferen, in der Geschichte wurzelnden Grund, aus dem sie es vorzogen, hier zu bleiben. Daran werde ich in jedem April erinnert, wenn die Kuhschellen auf allen Kieshängen erblühen. Kuhschellen reden nicht viel, doch ich komme zu dem Schluss, dass ihre Vorliebe bis auf den Gletscher zurückreicht, der dort den Kies abgeladen hat. Nur Kieshänge sind karg genug, um den Kuhschellen volle Ellbogenfreiheit in der Aprilsonne zu gewähren. Sie ertragen Schnee, Graupel und Frostwind für das Privileg, einsam zu blühen.

Andere Pflanzen scheinen von dieser Welt nicht Reichtum, sondern Raum zu erbitten. Etwa die kleine Nabelmiere, die den kargsten Hügelkuppen eine Haube aus weißer Spitze aufsetzt, kurz bevor die Lupinen sie blau bespritzen. Nabelmieren weigern sich schlicht, auf einer schönen Farm, sogar auf einer überaus schönen Farm mit Steingarten und Begonien zu leben. Und dann gibt es noch das winzige Leinkraut, so klein, schlank und blau, dass man es nicht sieht, ehe es unmittelbar unterm Fuß ist. Wer hat ein Leinkraut anderswo als auf einer Sandfläche gesehen?

Schließlich ist da das Felsenblümchen, neben dem sogar das Leinkraut groß und üppig erscheint. Bislang habe ich keinen Ökonomen getroffen, der das Felsenblümchen kennt; doch wenn ich einer wäre, dann lägen all meine ökonomischen Grübeleien bäuchlings auf dem Sand, das Felsenblümchen eine Nasenlänge entfernt.

Manche Vögel findet man nur in den Sand Counties, aus Gründen, die mal leicht, mal schwer abzuschätzen sind. Der lehmfarbene Spatz ist aus dem einfachen Grund dort, dass er die Strauchkiefer liebt und die Strauchkiefer den Sand. Der Kanadakranich ist aus dem einfachen Grund dort, dass er die Einsamkeit liebt, die es anderswo nicht mehr gibt. Aber warum nisten Waldschnepfen bevorzugt in den Sandregionen? Ihre Vorliebe wurzelt nicht in einer solch weltlichen Angelegenheit wie Nahrung, denn zahlreicher sind Regenwürmer in besseren Böden. Nach Jahren des Studiums denke ich, dass ich den Grund dafür kenne. Das Waldschnepfenmännchen ähnelt, während es seinen quorrenden Prolog zum Himmelstanz spricht, einer kleinen Dame auf Stöckelschuhen: es hat keinen Vorteil in dichter, verfitzter Bodenbedeckung. Auf dem kargsten Sandstreifen der kargsten Weide oder Wiese der Sand Counties gibt es jedoch, zumindest im April, keine Bodenbedeckung außer Moos, Felsenblümchen, Bitterkresse, Sauerampfer und Katzenpfötchen, allesamt unbedeutende Hindernisse für einen Vogel mit kurzen Beinen. Hier kann das Waldschnepfenmännchen sich aufplustern und stolzieren und umhertänzeln, nicht nur ohne Hürde und Barriere, sondern auch direkt vor den Augen eines echten oder erhofften Publikums. Dieser winzige Umstand, nur für eine Stunde am Tag, nur für einen Monat im Jahr, vielleicht nur für eines der beiden Geschlechter bedeutend und sicherlich völlig irrelevant nach ökonomischen Lebensstandards, bestimmt die Wahl der Heimat einer Waldschnepfe.

Noch haben die Ökonomen nicht versucht, die Waldschnepfen umzusiedeln.

Odyssee

Seit die Meere des Paläozoikums das Land bedeckten, hat X die Zeit im Kalksteinfelsen bezeichnet. Für ein Atom, eingeschlossen im Fels, vergeht die Zeit nicht.

Das änderte sich, als die Wurzel einer Klettenfrüchtigen Eiche sich in einen Riss schob und anfing zu schnüffeln und zu saugen. In der Blitzesschnelle eines Jahrhunderts zerfiel der Fels, und X trat in die Welt der lebendigen Dinge hinaus. Er half dabei, eine Blüte zu bilden, die zur Eichel wurde, die einen Hirsch mästete, der einen Indianer ernährte, und das alles innerhalb eines einzigen Jahres.

Von seiner Koje in den Knochen des Indianers aus beteiligte sich X wieder an Jagd und Flucht, Gelage und Hunger, Hoffnung und Furcht. Er spürte dies als Veränderungen in den kleinen chemischen Stößen und Zügen, die immerfort an jedem Atom zerren. Als der Indianer die Prärie verließ, moderte X kurz im Untergrund, nur um eine zweite Reise durch den Blutkreislauf des Landes zu beginnen.

Diesmal war es das Würzelchen des Bartgrases, das ihn aufsog und in einem Blatt unterbrachte, das auf den grünen Wogen des Präriejuni trieb und sich an der gewöhnlichen Aufgabe beteiligte, das Sonnenlicht zu horten. Diesem Blatt fiel auch die ungewöhnliche Aufgabe zu, den Eiern des Regenpfeifers Schatten zu spenden. Der ekstatische Regenpfeifer, der darüber schwebte, verströmte Lobpreis für etwas Vollkommenes: vielleicht die Eier, vielleicht die Schatten oder vielleicht der rosa Phloxschleier, der über der Prärie hing.

Als die Regenpfeifer auf ihren Flügeln in Richtung Argentinien segelten, winkten sämtliche Bartgräser mit langen neuen Quasten. Als die ersten Gänse aus dem Norden kamen und die Bartgräser weinrot leuchteten, schnitt eine vorausschauende Hirschmaus das Blatt ab, in dem sich X befand, und vergrub es in einem unterirdischen Nest, als müsste sie einen Teil des Nachsommers vor den räuberischen Frösten verstecken. Aber ein Fuchs setzte die Maus fest, Schimmel und Pilze nahmen das Nest auseinander, und X lag wieder im Boden, frei und ungebunden.

Danach kam er in ein Büschel Hohes Haarschotengras, einen Büffel, ein Büffelhäufchen und zurück in den Boden. Dann in eine Dreimasterblume, ein Kaninchen und eine Eule. Von dort in ein Büschel Tautropfengras.

Jede Routine findet ein Ende. Diese endete mit einem Präriefeuer, das die Prärievegetation auf Rauch, Gas und Asche reduzierte. Die Phosphor- und Kaliumatome blieben in der Asche, die Stickstoffatome verflogen im Wind. An diesem Punkt hätte ein Zuschauer dem biologischen Drama vielleicht ein frühzeitiges Ende vorhergesagt, denn mit den stickstoffverbrauchenden Flammen hätte der Boden seine Pflanzen verlieren und fortgeweht werden können.

Aber die Prärie hatte buchstäblich zwei Eisen im Feuer. Feuersbrünste dünnten ihre Gräser aus, verdichteten indessen ihren Bestand an Hülsenfrüchtlern: Prärieklee, Buschklee, Wilde Bohne, Wicke, Bastard-Indigo, Mattenklee und Färberhülse, die jeweils eigene Bakterien in den Wurzelknöllchen mit sich tragen. Jedes Knöllchen pumpte Stickstoff aus der Luft in die Pflanze und letztendlich in den Boden. Damit nahm das Präriebankhaus mehr Stickstoff von seinen Hülsenfrüchtlern ein, als es den Flammen gezahlt hatte. *Dass* die Prärie reich ist, weiß die ärmste Hirschmaus; *warum* die Prärie reich ist, das ist eine im stillen Verlauf der Jahrhunderte selten gestellte Frage.

Zwischen all seinen Ausflügen in die Biota lag X im Boden und wurde Zoll für Zoll durch Regenfälle den Hügel hinabgespült. Lebende Pflanzen bremsten die Wassererosion durch Aufnahme von Atomen; tote Pflanzen durch Einschluss in ihr zerfallenes Gewebe. Tiere fraßen die Pflanzen und trugen sie für kurze Zeit den Hügel hinauf oder hinunter, je nachdem, ob sie höher oder tiefer starben und koteten, als sie gefressen hatten. Keinem Tier war bewusst, dass die Höhenlage seines Todes wichtiger war als die Todesart. So trug ein Fuchs, der ein Erdhörnchen auf der Wiese fing, X zu seinem Bau an der Felskante oben auf dem Hügel, wo ihn ein Adler niederstreckte. Der sterbende Fuchs ahnte das Ende seines Kapitels in der Fuchswelt, nicht jedoch den Neuanfang auf der Odyssee eines Atoms.

Irgendwann erbte ein Indianer das Adlergefieder und stimmte damit das Schicksal gnädig, das, wie er annahm, ein besonderes Interesse an den Indianern hatte. Ihm kam nicht in den Sinn, dass es damit beschäftigt war, gegen die Schwerkraft zu würfeln; dass Mäuse und Menschen, Erde und Gesang bloß den Marsch der Atome zum Meer hinauszögerten.

In einem Jahr – X befand sich in einer Pappel am Fluss – wurde er von einem Biber gefressen, einem Tier, das stets erhöhter frisst, als es stirbt. Der Biber verhungerte, als sein Teich bei starkem Frost versiegte. X trieb im Kadaver die Frühlingsflut hinab, mit jeder Stunde verlor er mehr an Höhe als bislang in einem ganzen Jahrhundert. Er kam schließlich im Schlamm eines Nebenarms an, wo er einen Krebs, einen Waschbären und dann einen Indianer ernährte, der ihn in einem Hügel am Ufer zur letzten Ruhe bettete. Eines Frühlings unterhöhlte eine Flussbiegung das Ufer, und nach einer kurzen Hochwasserwoche befand sich X wieder in seinem alten Gefängnis, dem Meer.

Im Allgemeinen ist ein Atom in der Biota allzu frei, um die Freiheit zu erkennen; ein Atom zurück im Meer hat sie vergessen. Für jedes im Meer verschwundene Atom holt die Prärie ein anderes aus dem zerfallenden Gestein. Die einzige sichere Wahrheit lautet: Ihre Geschöpfe müssen stark saugen, schnell leben und bald sterben, damit die Verluste nicht die Gewinne übersteigen.

* * *

Es liegt in der Natur der Wurzeln, sich in Risse zu schieben. Als Y auf diese Weise aus dem heimatlichen Fels befreit wurde, war ein neues Säugetier angekommen und hatte begonnen, die Prärie nach seinen Vorstellungen von Recht und Ordnung aufzuräumen. Ein Ochsengespann wendete die Soden, und Y begann eine Reihe schwindelerregender jährlicher Reisen durch ein neues Gras namens Weizen.

Die frühere Prärie lebte von der Artenvielfalt der Pflanzen und Tiere, die allesamt nützlich waren, denn die Summe ihrer Zusammenarbeit und ihres Wettbewerbs bewirkte eine Kontinuität. Aber die Weizenfarmer dachten in Schubladen; für sie waren allein Weizen und Ochsen nützlich. Sie sahen, wie Wolken nutzloser Wandertauben über ihrem Weizen niedergingen, und fegten sie kurzerhand vom Himmel. Sie sahen, wie Getreidewanzen die Diebestour übernahmen, und schäumten vor Wut, da diese nutzlosen Dinger zu winzig waren, als dass man sie töten konnte. Sie sahen den abwärtsgeschwemmten überweizten Lehmboden nicht, der im Frühling dem Platzregen ausgesetzt war. Als Erosion und Getreidewanzen dem Weizenanbau schließlich ein Ende bereiteten, waren Y und seinesgleichen längst die Wasserscheide weit hinabgereist.

Nachdem das Weizenimperium zusammengebrochen war, nahmen sich die Siedler ein Beispiel an der früheren Prärie: sie stopften deren Fruchtbarkeit in Viehbestände, steigerten sie durch Stickstoff pumpende Luzerne und zapften die tieferen Lehmschichten durch tiefwurzelnden Mais an.

Aber sie benutzten ihre Luzerne und alle anderen neuen Waffen gegen die Erosion nicht nur dazu, um altes Ackerland zu erhalten, sondern auch, um neues auszubeuten, das wiederum der Instandhaltung bedurfte.

Deshalb wurde der schwarze Lehmboden trotz Luzernen stetig dünner. Erosionsingenieure errichteten Dämme und Terrassen, um ihn zu erhalten. Armeeingenieure errichteten Deiche und Staumauern, um ihn aus den Flüssen zu bewässern. Die Flüsse wollten aber nicht bewässern, sie hoben stattdessen ihre Sohle an und unterbanden somit die Schifffahrt. Also bauten die Ingenieure Staubecken, die gigantischen Biberteichen glichen; in einem davon landete Y, seine Reise vom Fels zum Fluss war in einem knappen Jahrhundert abgeschlossen.

Als Y das Becken erreichte, unternahm er verschiedene Ausflüge in Wasserpflanzen, Fischen und Wasservögeln. Die Ingenieure hatten aber nicht nur Dämme, sondern auch Abwasserkanäle errichtet, in denen die Beute ferner Hügel und des Meeres heranschwemmte. Die Atome, die einst Kuhschellen wachsen ließen, damit sie die heimkehrenden Regenpfeifer begrüßten, liegen nun reglos, verwirrt, gefangen im öligen Schlamm.

Wurzeln schieben sich noch immer zwischen die Felsen. Regen prasselt noch immer auf die Felder. Hirschmäuse verstecken während des Indian Summers noch immer ihre Mitbringsel. Die alten Männer, die halfen, die Wandertauben zu vernichten, erzählen noch immer von der Erhabenheit der flatternden Schwärme. Schwarze und weiße Büffel gehen in roten Scheunen ein und aus, bieten den wandernden Atomen noch immer eine Freifahrt.

Ein Denkmal für die Wandertaube*

Wir haben ein Denkmal zur Erinnerung an die Bestattung einer Spezies errichtet. Es symbolisiert unsere Trauer. Wir beklagen, dass kein lebender Mensch je wieder die anstürmende Phalanx der siegreichen Vögel sehen wird, die dem Frühling einen Pfad über den Märzhimmel bahnt und den bezwungenen Winter aus Wisconsins Wäldern und Prärien verjagt.

Noch leben Menschen, die sich an Wandertauben aus ihrer Jugend erinnern. Noch leben Bäume, die in ihrer Jugend vom lebendigen Wind geschüttelt wurden. Doch in einem Jahrzehnt werden sich nur die ältesten Eichen daran erinnern, und schließlich werden es nur die Hügel noch wissen.

Es wird immer Wandertauben in Büchern und Museen geben, aber das sind Nachbildungen und Gemälde, aller Mühsal und Freuden ledig. Buchtauben können nicht aus einer Wolke auftauchen, sodass die Rehe in Deckung rennen, oder mit den Flügeln klatschen, um dem Mastenwald donnernd zu applaudieren. Buchtauben können nicht im frischgemähten Weizen von Minnesota ihr Frühstück einnehmen oder in Kanada Blaubeeren zu Abend essen. Sie kennen den Drang der Jahreszeiten nicht; sie fühlen den Kuss der Sonne, die Knute von Wind und Wetter nicht. Sie leben ewig, indem sie tot sind.

* Das Denkmal für die Wandertaube, das im Wyalusing State Park, Wisconsin, durch die Ornithologische Gesellschaft von Wisconsin am 11. Mai 1947 aufgestellt wurde.

Unsere Großväter waren weniger wohlbehaust, wohlgenährt, wohlgekleidet, als wir es sind. Die Bemühungen, die ihren Boden verbesserten, beraubten uns der Tauben. Vielleicht trauern wir nun, weil wir nicht zutiefst sicher sind, dass wir durch den Tausch gewonnen haben. Industrielle Gerätschaften bringen uns größere Annehmlichkeiten als die Wandertauben, doch vermehren sie auch die Pracht des Frühlings?

Ein Jahrhundert ist es her, dass uns Darwin einen ersten Einblick in den Ursprung der Arten verschaffte. Wir wissen jetzt, was den vorangehenden Generationen unbekannt war: dass die Menschen nur Mitreisende anderer Geschöpfe auf der Odyssee der Evolution sind. Dieses neue Wissen hätte uns inzwischen ein Gespür für unsere Mitgeschöpfe geben sollen; den Wunsch zu leben und leben zu lassen; ein Gespür für das Staunen über die Größe und Dauer des biologischen Unterfangens.

Vor allem hätten wir in dem Jahrhundert seit Darwin zu der Erkenntnis gelangen sollen, dass der Mensch, obwohl mittlerweile der Kapitän des abenteuerlichen Schiffs, kaum das einzige Ziel der Suche ist und dass seine früheren diesbezüglichen Vermutungen aus der schlichten Notwendigkeit entstanden, im Dunkeln zu pfeifen.

All das hätte uns, wie ich sagte, klar werden müssen. Doch ich fürchte, es ist nicht vielen klar geworden.

Dass eine Spezies den Tod einer andern betrauert, ist etwas Neues unter der Sonne. Der Cromagnon, der das letzte Mammut erschlug, dachte nur an Steaks. Der Jäger, der die letzte Wandertaube erschoss, dachte nur an sein Können. Der Matrose, der den letzten Alk niederknüppelte, dachte an gar nichts. Wir hingegen, die wir unsere Wandertauben verloren haben, betrauern den Verlust. Wäre es unsere Bestattung gewesen, hätten die Tauben uns wohl kaum betrauert. Darin und nicht in Mr. DuPonts Nylon oder Mr. Vannevar Bushs Bomben besteht der objektive Beweis unserer Überlegenheit über die Tiere.

* * *

Dieses Denkmal, wie ein Wanderfalke auf seiner Klippe hockend, wird das breite Tal mit seinem Blick absuchen, wird es tage- und jahrelang beobachten. Im März wird es die Gänse vorüberziehen sehen, die dem Fluss von den klareren, kälteren, einsameren Gewässern der Tundra erzählen. Im April wird es die Kanadischen Judasbäume kommen und gehen, im Mai die Eichenblüte auf tausend Hügeln aufblitzen sehen. Suchende Brautenten werden nach hohlen Ästen im Lindengehölz forschen; goldene Zitronenwaldsänger werden goldene Pollen aus den Flussweiden schütteln. Im August werden Reiher in diesen Tümpeln posieren; Kiebitze werden aus Septemberhimmeln pfeifen. Hickorynüsse werden ins Oktoberlaub fallen, Hagel wird in Novemberwälder prasseln. Doch es wird keine Wandertaube vorüberziehen, denn es gibt keine Wandertauben, nur diese eine flugunfähige auf dem Felsen, in Bronze gegossen. Touristen werden die Inschrift lesen, aber ihren Gedanken werden keine Flügel verliehen sein.

Wirtschaftsethiker sagen uns, dass die Wandertaube zu beklagen bloße Nostalgie sei; dass letzten Endes die Farmer aus Selbstschutz dazu gezwungen gewesen wären, hätten die Taubenjäger sie nicht vorher beseitigt.

Das ist eine dieser seltsamen Wahrheiten, die zwar stimmen, aber nicht aus den vorgebrachten Gründen.

Die Wandertaube war ein biologisches Gewitter. Sie war der Blitz zwischen zwei gegensätzlichen Spannungen von unerträglicher Intensität: dem fetten Land und der sauerstoffreichen Luft. Jedes Jahr toste der gefiederte Sturm über und durch den Kontinent, wobei er die üppigen Früchte des Waldes und der Prärie aufsog und in einer wandernden Lebensexplosion verbrannte. Die Taube konnte, wie jede andere Kettenreaktion, die Verringerung der eigenen Heftigkeit nicht überleben. Als die Taubenjäger ihre Zahl verminderten und die Pioniere Breschen in die Brennstoffzufuhr schlugen, erlosch ihre Flamme fast ohne Schwaden oder Rauchfahne.

Heute strecken die Eichen ihre Last noch immer stolz in den Himmel, aber der gefiederte Blitz ist nicht mehr. Wurm und Käfer müssen nun langsam und leise die biologische Aufgabe erfüllen, die früher den Donner vom Firmament holte.

Nicht dass die Wandertaube ausgelöscht wurde ist das Wunder, sondern dass sie die Jahrtausende der Zeit vor Babbitt überlebt hat.

* * *

Die Wandertaube liebte ihr Land: sie lebte im intensiven Verlangen nach Trauben und berstenden Bucheckern und durch ihre Verachtung von Meilen und Jahreszeiten. Was ihr Wisconsin heute nicht gratis bot, das suchte und fand sie morgen in Michigan oder Labrador oder Tennessee. Ihre Liebe galt den gegenwärtigen Dingen, und diese waren irgendwo gegenwärtig; um sie zu finden, bedurfte es nur des offenen Himmels und des Wunsches, mit den Flügeln zu schlagen.

Das zu lieben, was *war*, ist etwas Neues unter Sonne, das den meisten Leuten und sämtlichen Tauben unbekannt ist. Amerika als Geschichte zu sehen, das Schicksal als ein Werden zu begreifen, einen Hickorynussbaum durch den stillen Lauf der Jahrhunderte zu riechen – all das ist uns möglich, und es zu erreichen, braucht es nur den offenen Himmel und den Wunsch, mit unsern Flügeln zu schlagen. *Darin* und nicht in Mr. Bushs Bomben oder Mr. DuPonts Nylon besteht der objektive Beweis unserer Überlegenheit über die Tiere.

Flambeau

Wer nie auf einem wilden Fluss mit dem Kanu gefahren ist oder wer dies nur mit einem Lotsen im Heck getan hat, hegt die Vermutung, dass Neuartigkeit und gesunde Ertüchtigung den Wert der Fahrt ausmachen. Auch ich dachte so, bis ich die zwei Collegeburschen auf dem Flambeau traf.

Nachdem wir das Geschirr vom Abendessen gespült hatten, saßen wir auf der Böschung und beobachteten, wie der Hirsch am gegenüberliegenden Ufer nach Wasserpflanzen tunkte. Plötzlich hob er den Kopf, spitzte die Ohren stromauf und rannte in Deckung.

Um die Flussbiegung kam nun der Grund für seinen Alarm: zwei Burschen im Kanu. Als sie uns erspähten, schoben sie sich näher, um sich ein wenig die Tageszeit zu vertreiben.

»Wie spät ist es?«, lautete ihre erste Frage. Sie erklärten, dass ihre Armbanduhren stehengeblieben waren, und zum ersten Mal im Leben hatten sie keine Uhr, keinen Pfeifton, kein Radio, um die Uhr danach zu stellen. Seit zwei Tagen lebten sie nach der ›Sonnenzeit‹ und zogen ihren Nervenkitzel daraus. Kein Diener servierte ihnen die Mahlzeiten: sie holten ihr Fleisch aus dem Fluss oder verzichteten darauf. Kein Verkehrspolizist pfiff sie vom verborgenen Felsen in der nächsten Stromschnelle. Kein freundliches Dach hielt sie trocken, wenn sie nicht wussten, ob sie das Zelt aufschlagen sollten oder nicht. Kein Führer zeigte ihnen, auf welchen Campingstellen die ganze Nacht ein frischer Wind blies und auf welchen sie die Moskitos die ganze Nacht lang quälten; welches Feuerholz helle Glut und welches nur Rauch ergab.

Ehe unsere jungen Abenteurer sich flussabwärts abstießen, erfuhren wir, dass sie am Ende ihrer Reise zur Armee gehen mussten. Jetzt war ihr *Motiv* klar. Diese Reise war ihr erster und letzter Geschmack von Freiheit zwischen zwei Reglementierungen: dem Campus und den Kasernen. Die elementare Einfachheit einer Fahrt in die Wildnis war ein Nervenkitzel nicht nur wegen ihrer Neuartigkeit, sie verkörperte auch die vollkommene Freiheit, Fehler machen zu dürfen. Die Wildnis bot ihnen den Vorgeschmack jener Belohnungen und Strafen für kluges oder törichtes Handeln, mit denen jeder Waldarbeiter sich täglich konfrontiert sieht, gegen die unsere Zivilisation jedoch tausend Puffer errichtet hat. In diesem Sinne waren die beiden Burschen ›auf sich gestellt‹.

Vielleicht braucht jeder Jugendliche gelegentlich einen Ausflug in die Wildnis, um die Bedeutung dieser besonderen Freiheit zu erfahren.

Als ich ein kleiner Junge war, beschrieb mein Vater alle erstklassigen Lagerplätze, Angelgewässer und Wälder als »fast so gut wie der Flambeau«. Schließlich stieß ich mein eigenes Kanu in diesen legendären Strom und bemerkte, dass er die Erwartungen an einen Fluss erfüllte, als Wildnis aber ziemlich lahm war. Neue Hütten, Ferienorte und Highwaybrücken zerstückelten die Wildnisse in immer kleinere Segmente. Fuhr man den Flambeau hinab, wurde man zwischen verschiedenen Eindrücken herumgeschleudert: Kaum hatte man sich geistig in der Illusion eingerichtet, mitten in der Wildnis zu sein, erblickte man einen Bootssteg und schipperte gleich darauf an den Pfingstrosen eines Hüttenbesitzers vorbei.

Hatte man wohlbehalten die Pfingstrosen hinter sich gelassen, sprang ein Hirsch ans Ufer und half, den Duft der Wildnis wiederzubeleben, und die nächsten Stromschnellen machten die Sache komplett. Neben dem Teich darunter starrte einen allerdings ein künstliches Blockhaus an, samt Schindeldach, »Bleib-ein-Weilchen«-Schild und rustikaler Pergola fürs nachmittägliche Bridgespiel.

Paul Bunyan war viel zu beschäftigt, als dass er an die Nachwelt gedacht hätte, doch hätte er darum gebeten, dass man ein Fleckchen für die Nachwelt aufbewahre, damit sie weiß, wie die alten Wälder des Nordens aussahen, hätte er sich wahrscheinlich für den Flambeau entschieden, denn hier wuchsen die erlesensten Weymouthskiefern auf derselben Fläche wie die erlesensten Zuckerahorne, Gelbbirken und Hemlocktannen. Diese üppige Mischung aus Nadel- und Laubholz war und ist ungewöhnlich. Die Kiefern am Flambeau, die auf einem Laubholzboden wuchsen, der reichhaltiger als der Boden ist, den Kiefern sonst zu erobern imstande sind, waren derart groß und wertvoll und standen so nahe bei einem gut flößbaren Strom, dass sie bereits früh gefällt wurden, wie der fortgeschrittene Zerfall ihrer riesigen Stümpfe bezeugt. Nur fehlerhafte Kiefern wurden verschont, doch leben von ihnen noch heute genug, um die Silhouette des Flambeau mit grünen Denkmälern vergangener Tage zu interpunktieren.

Die Abholzung der Laubbäume erfolgte viel später; die letzte große Holzgesellschaft verlegte erst vor einem Jahrzehnt das letzte Eisen auf ihre Waldbahn. Heute ist von dieser Gesellschaft in ihrer Geisterstadt bloß ein ›Grundbuchamt‹ geblieben, das den Kahlschlag an hoffnungsvolle Siedler verscherbelt. Damit geht eine Epoche der amerikanischen Geschichte zu Ende: die Epoche von Herausfällen und Herausholen.

Wie ein Kojote, der im Abfall eines verlassenen Lagers wühlt, besteht die Ökonomie des Flambeau nach der Abholzung aus den Resten der eigenen Vergangenheit. Wandernde Faserholzfäller schnüffeln in den Holzungen nach den beim großen Abernten zufällig übersehenen kleinen Hemlocktannen herum. Die Mannschaft einer portablen Sägemühle baggert im Flussbett nach Totholz, das während der pfeilschnellen Trift in den glorreichen Zeiten versank. Reihenweise werden diese schlammverdreckten Leichname bei den alten Floßländen ans Ufer gezogen – allesamt in bestem Zustand und einige ziemlich wertvoll, da es heutzutage keine derartigen Kiefern mehr in den Wäldern des Nordens gibt. Pfahl- und Pfostenschneider berauben die Sümpfe der Zedrachbäume; ihnen folgt das Wild und beraubt die gefällten Wipfel der Blätter. Jeder und jedes lebt von Resten.

Diese Plünderungen sind so vollständig, dass der moderne Kätner, der ein Blockhaus errichtet, auf Holzimitate zurückgreifen muss, die in Idaho oder Oregon aus Bretterstapeln gesägt und in Güterwagen zu den Wäldern Wisconsins transportiert werden. Damit verglichen hat das sprichwörtliche Eulen-nach-Athen-Tragen eine sanfte Ironie.

Doch der Fluss bleibt, an einigen Stellen fast unverändert seit den Tagen Paul Bunyans; am frühen Morgen, ehe die Motorboote erwachen, kann man ihn noch in der Wildnis singen hören. Es gibt einige Abschnitte ohne Abholzungen, die sich zum Glück in staatlichem Besitz befinden. Und es gibt einen beträchtlichen Restbestand an wilden Tieren: Muskellunge, Barsch und Stör im Fluss; Gänsesäger, Dunkelente und Brautente brüten in den Tümpeln; Fischadler, Adler und Raben kreisen am Himmel. Überall lebt Wild, vielleicht sogar zu viel: Ich zählte an zwei Tagen zweiundfünfzig Weißwedel im Wasser. Ein, zwei Wölfe treiben sich noch immer am Oberlauf des Flambeau herum, und ein Trapper behauptet, er habe einen Marder gesehen, obwohl seit 1900 kein Marderfell mehr aus dem Flambeau gestiegen ist.

Mit diesen Überresten der Wildnis als Keimzelle begann das State Conservation Department im Jahre 1943 einen Fünfzig-Meilen-Abschnitt des Flusses als Wildgebiet zum Nutzen und zur Freude der Jugend Wisconsins zu renaturieren. Dieser wilde Abschnitt liegt inmitten staatlichen Waldes, es soll jedoch keine Forstwirtschaft an den Ufern und so wenige Straßenbrücken wie möglich geben. Die Naturschutzabteilung hat allmählich, geduldig und zuweilen mit viel Geld Land aufgekauft, Hütten entfernt, unnötige Straßen verwehrt und insgesamt die Uhr so weit wie möglich in Richtung ursprünglicher Wildnis zurückgedreht.

Der gute Boden, der es dem Flambeau ermöglichte, die besten Stroben für Paul Bunyan wachsen zu lassen, ermöglichte es auch dem Rusk County, in den letzten Jahrzehnten eine Milchindustrie aufzubauen. Die Milchbauern wollten Elektrizität, die günstiger ist als die von den örtlichen Stromwerken angebotene, deshalb organisierten sie eine genossenschaftliche REA (Rural Electric Association) und beantragten 1947 ein Wasserkraftwerk, das nach Fertigstellung einen Fünfzig-Meilen-Abschnitt von dem als Kanugewässer renaturierten Unterlauf abzwacken würde.

Der politische Kampf war scharf und erbittert. Die Legislative, empfänglich für den Druck der Farmer, aber blind gegenüber dem Wert der Wildnis, bewilligte nicht nur den REA-Damm, sie entzog der Naturschutzkommission auch jede künftige Mitsprache bei der Planung von Kraftwerken. Es hat also den Anschein, dass das verbleibende Kanugewässer des Flambeau, so wie jedes andere Wildwasser im Staat, letzten Endes für Elektrizität genutzt werden soll.

Doch unsere Enkel werden vielleicht die Möglichkeit, ein Kanu ins singende Gewässer zu lassen, nicht vermissen, da sie nie einen wilden Fluss gesehen haben.

Busfahrt in Illinois

Ein Farmer ist mit seinem Sohn draußen im Hof, sie ziehen eine Trummsäge durch die Eingeweide einer alten Pappel. Der Baum ist so groß und so alt, dass nur ein Fuß vom Sägeblatt zum Ziehen bleibt.

Es gab eine Zeit, da war dieser Baum eine Boje im Meer der Prärie. George Rogers Clark hat unter ihm vielleicht sein Lager aufgeschlagen; Büffel haben in seinem Schatten vielleicht Fliegen verscheuchend ihr Mittagschläfchen gehalten. Jedes Frühjahr hat er flatternde Tauben beherbergt. Er ist die beste historische Bibliothek außerhalb des State College, doch einmal im Jahr wirft er Pappelwolle auf die Fliegengitter des Farmers. Nur dieser zweite Umstand ist bedeutsam.

Das State College erzählt den Farmern, dass Sibirische Ulmen die Fenstergitter nicht verstopfen und deshalb den Pappeln vorzuziehen sind. Es doziert auch über Kirschkonserven, die Bang'sche Krankheit, Getreidekreuzungen und die Verschönerung des Farmhauses. Nur *woher* die Farmen stammen, ist ihm nicht bekannt. Sein Job besteht darin, Illinois für Sojabohnen zu sichern.

Ich sitze in einem Sechzig-Meilen-die-Stunde-Bus und rolle über einen Highway, der ursprünglich für Pferde und Kutschen ausgerichtet war. Das Betonband wurde verbreitert und nochmals verbreitert, bis die Zäune am Feld in die Straßeneinschnitte zu stürzen drohten. In den schmalen Grasschnüren zwischen den kahlgeschorenen Rändern und den umstürzenden Zäunen wachsen die Überreste des einstigen Illinois: die Prärie.

Im Bus sieht niemand diese Überreste. Ein besorgter Farmer, dem eine Düngerrechnung aus der Hemdtasche ragt, betrachtet verständnislos die Lupinen, den Buschklee und die Färberhülsen, die ursprünglich Stickstoff aus der Prärieluft in seine schwarzen lehmigen Felder pumpten. Er kann sie nicht von den Queckenemporkömmlingen unterscheiden, zwischen denen sie wachsen. Würde ich ihn fragen, warum sein Mais hundert Scheffel abwirft, das von prärielosen Staaten mal gerade dreißig, würde er wahrscheinlich antworten, dass Illinois besseren Boden hat. Würde ich ihn nach dem Namen der weißen Ähre dieser erbsenähnlichen Blumen fragen, die den Zaun umarmen, würde er den Kopf schütteln. Vermutlich ein Unkraut.

Ein Friedhof rauscht vorbei, an seinen Rändern leuchten die Ackersteinsamen. Anderswo gibt es keine Steinsamen; Hundskamille und Gänsedistel liefern das *gelbe Motiv* der modernen Landschaft. Steinsamen unterhalten sich nur mit den Toten. Durchs offene Fenster höre ich das herzergreifende Pfeifen eines Prärieläufers; früher folgten seine Ahnen den Büffeln, wenn diese bis zu den Schultern versunken durch einen unermesslichen Garten voll vergessener Blumen trotteten. Ein Junge erspäht den Vogel und bemerkt zu seinem Vater: Da läuft eine Schnepfe.

* * *

Auf dem Schild steht: »Sie betreten das Green-River-Bodenschutzgebiet«. In kleinerer Schrift eine Aufzählung der Mitwirkenden, die Buchstaben sind zu klein, als dass man sie von einem fahrenden Bus aus lesen könnte. Es muss sich um eine Liste des *Who's Who* im Naturschutz handeln.

Das Schild ist hübsch bemalt. Es steht auf einer Wiese am Bachufer, die schmal genug für ein Golfspiel ist. Daneben liegt die anmutige Schlaufe eines alten ausgetrockneten Bachbetts. Der neue Lauf wurde linealgerade ausgehoben; der Landingenieur hat ihn ›entkringelt‹, um den Abfluss zu beschleunigen. Auf dem Hügel im Hintergrund zeichnen sich Reihenkulturen ab, die von den Erosionsingenieuren ›gekringelt‹ wurden, um den Abfluss zu verlangsamen. Das Wasser muss von diesen vielen Ratschlägen ganz verwirrt sein.

* * *

Alles auf dieser Farm bedeutet Geld für die Bank. Das Gehöft strotzt vor frischer Farbe, Stahl und Beton. Ein Datum über der Scheune erinnert an die Gründerväter. Das Dach starrt vor Blitzableitern, der Wetterhahn prangt neu vergoldet. Sogar die Schweine sehen kreditwürdig aus.

Die alten Eichen im Wald haben keine Nachkommen. Es gibt keine Hecken, keine Gebüsche, keine Zaunstreifen oder andere Anzeichen unbeholfener Landwirtschaft. Im Maisfeld befinden sich fette Rinder, aber wahrscheinlich keine Wachteln. Die Zäune stehen auf schmalen Grasstreifen; wer auch immer sie nahe des Stacheldrahts gepflügt hat, hat bestimmt gesagt: »Spare in der Zeit, so hast du in der Not.«

Auf der Wiese am Bach hängt Schwemmgut hoch oben in den Sträuchern. Die Bachufer liegen blank; Brocken haben sich von Illinois abgelöst und treiben zum Meer. Riesige Ambrosia markiert die Stellen, an denen das Hochwasser den Schlick, den es nicht mitführen kann, abgeladen hat. Wer ist kreditwürdig? Und für wie lange?

* * *

Der Highway zieht sich wie ein straffer Klebestreifen durch Mais-, Hafer- und Kleefelder; der Bus bringt die opulenten Meilen hinter sich; die Passagiere schwatzen und schwatzen und schwatzen. Worüber? Über Baseball, Steuern, Schwiegersöhne, Filme, Autos und Beerdigungen, aber nie über die wogende Dünung von Illinois, die gegen die Fenster des dahinrasenden

Busses klatscht. Illinois hat keinen Ursprung, keine Geschichte, keine Untiefen oder Tiefen, keine Gezeiten von Leben und Tod. Für sie ist Illinois nichts weiter als ein Meer, auf dem man zu unbekannten Häfen segelt.

Strampelnde rote Beine

Wenn ich mir meine frühesten Eindrücke ins Gedächtnis rufe, frage ich mich, ob der Vorgang, den man meist als Heranwachsen bezeichnet, nicht in Wahrheit ein *Herabwachsen* ist; ob die Erfahrung, die Erwachsene als das anpreisen, was den Kindern fehlt, nicht in Wahrheit eine schrittweise Verwässerung des Wesentlichen durch Alltagsbanalitäten ist. So viel ist zumindest sicher: Meine frühesten Eindrücke von wilden Tieren und der Jagd behalten lebhafte Schärfe der Gestalt, Farbe und Stimmung, die auch ein halbes Jahrhundert Berufserfahrung mit Wildtieren nicht auszulöschen oder zu übertreffen vermochte.

Man gab mir, wie den meisten angehenden Jägern, bereits in frühen Jahren eine einläufige Flinte und die Erlaubnis zur Kaninchenjagd. An einem Samstag im Winter bemerkte ich auf dem Weg zu meinem Lieblingskaninchenplatz, dass am See, den damals Eis und Schnee bedeckten, an der Stelle ein kleines ›Luftloch‹ entstand, wo die Windmühle warmes Wasser vom Ufer abfließen ließ. Sämtliche Enten waren längst nach Süden aufgebrochen, doch ich formulierte an Ort und Stelle meine erste ornithologische Hypothese: Wenn ein Erpel oder eine Ente in dieser Region verblieben waren, würden sie früher oder später zwangsläufig bei diesem Luftloch vorbeischauen. Ich unterdrückte meinen Appetit auf Kaninchen (damals keine geringe Leistung), setzte mich auf den gefrorenen Schlamm in den kalten Knöterich und wartete.

Ich wartete den ganzen Nachmittag, und mit jeder vorbeiziehenden Krähe, mit jedem rheumatischen Stöhnen der sich abrackernden Windmühle wurde mir kälter. Bei Sonnenuntergang kam schließlich eine einsame schwarze Ente aus dem Westen, setzte ihre Flügel, ohne auch nur vorläufig über dem Luftloch zu kreisen, und kippte abwärts.

An den Schuss kann ich mich nicht erinnern; ich erinnere mich nur meiner unaussprechlichen Freude, als meine erste Ente dumpf aufs Eis prallte und dort rücklings und mit strampelnden roten Beinen liegenblieb.

Als mein Vater mir die Flinte gab, sagte er, ich dürfe Rebhühner damit jagen, aber ich solle sie nicht von den Bäumen schießen. Er sagte, ich sei alt genug, um zu lernen, sie im Flug zu schießen.

Mein Hund war gut darin, Rebhühner auf Bäume zu treiben. Auf einen sicheren Schuss in den Baum zugunsten eines aussichtslosen Schusses auf den flüchtenden Vogel zu verzichten, war meine erste Übung in Sachen Moralkodex. Im Vergleich zu einem aufgebaumten Rebhuhn war der Teufel mit seinen sieben Reichen eine schwache Verführung.

Am Ende meiner zweiten federlosen Rebhuhnjagdsaison lief ich eines Tages durch ein Espendickicht, als ein gewaltiges Rebhuhn donnernd zu meiner Linken aufsprang, über die Espen stieg und hinter mich flog, erpicht auf den Zedernsumpf in nächster Nähe. Es war ein Schuss aus dem Schwung, von dem jeder Rebhuhnjäger träumt. Der Vogel taumelte in einem Regen aus Federn und goldenem Laub tot herab.

Heute könnte ich eine Karte von jedem roten Hartriegelgebüsch und jeder blauen Schleieraster zeichnen, die die vermooste Stelle schmückten, an der es lag, mein erstes Rebhuhn im Flug. Vermutlich geht meine heutige Liebe für Hartriegel und Astern auf jenen Augenblick zurück.

Oben

Als ich zum ersten Mal in Arizona lebte, war der White Mountain eine Reiterwelt. Von ein paar Hauptwegen abgesehen, war er zu zerklüftet für Fuhrwerke. Es gab keine Autos. Er war zu weitläufig für Fußmärsche; sogar die Schäfer ritten. Dadurch wurde das *county*-große Plateau, bekannt als ›oben‹, zur alleinigen Domäne der Berittenen: berittene Viehzüchter, berittene Schafhirten, berittene Forstbeamte, berittene Trapper und jene nicht klassifizierten Berittenen unbekannter Herkunft und ungewisser Bestimmung, die man überall an den Grenzen fand. Die heutige Generation hat Schwierigkeiten, den auf dieser Transportart beruhenden Adel des Raums zu verstehen.

Dergleichen existierte in den Eisenbahnstädten zwei Tagesreisen nördlich nicht, wo man die Wahl hatte zwischen Reisen mit Ledersohle, Packesel, Viehtriebpferd, offener Kutsche, Güterwagen, Personalwagen oder Pullmanwagen. Jede dieser Fortbewegungsweisen entsprach einer Gesellschaftsschicht, deren Mitglieder ihren je eigenen Jargon sprachen, ihre je eigene Kleidung trugen, ihre je eigenen Speisen aßen und ihre je eigenen Kneipen besuchten. Ihr einziger gemeinsamer Nenner waren die Demokratie der Schulden beim Gemischtwarenladen und der kommunale Reichtum an Arizonastaub und Arizonasonnenschein.

Je weiter man nach Süden über die Ebenen und Mesas zum White Mountain kam, desto mehr Fortbewegungsweisen wurden unmöglich, sodass diese Gesellschaftsschichten eine nach der anderen entfielen, bis schließlich nur die Reiter die Welt ›oben‹ beherrschten.

Henry Fords Revolution hat dies alles natürlich abgeschafft. Dank des Flugzeugs gehört Hinz und Kunz heute sogar der Himmel.

* * *

Im Winter war der Gipfel sogar den Reitern verwehrt, denn der Schnee häufte sich auf den Hochweiden, und die kleinen Canyons (zu denen die einzigen Wege hinaufführten) wehten bis zum Rande voll. Im Mai donnerten Eislawinen in den Canyons, doch bald danach konntest du ›an die Spitze‹ – vorausgesetzt, dein Pferd hatte den Mumm, einen halben Tag durch kniehohen Schlamm zu klettern.

In der kleinen Stadt am Fuße des Berges wurde jedes Frühjahr ein unausgesprochener Wettbewerb veranstaltet, wer der erste Reiter sein darf, der in die Höheneinsamkeit vordringt. Viele von uns versuchten es, aus Gründen, die wir endlos erörterten. Die Gerüchte gingen rasch um. Wer es zuerst schaffte, den umgab eine Art Reiter-Heiligenschein. Er war der ›Mann des Jahres‹.

Der Bergfrühling kam, entgegen den Erzählungen in Büchern, nicht auf einen Schlag. Milde Tage wechselten sich mit beißenden Winden ab, selbst nachdem die Schafe hinaufgetrieben waren. Mir sind nur wenige Anblicke bekannt, die kälter sind als eine triste graue Wiese, mit jammernden Zibben und halb erfrorenen Lämmern gefleckt, von Hagel und Regen geprügelt. Sogar die fröhlichen Tannenhäher buckelten ihre Rücken gegen diese Frühlingsstürme.

Im Sommer hatte der Berg ebenso viele Launen, wie es Tage und Witterungen gab; noch der stumpfsinnigste Reiter – und auch sein Pferd – spürte diese Launen bis ins Mark.

An einem schönen Morgen lud dich der Berg ein, dich auszustrecken und in seinen frischen Gräsern und Blumen zu wälzen (das weniger verklemmte Pferd machte es ebenso, wenn man die Zügel nicht straff hielt). Alles, was lebendig war, sang, zirpte und knospte. Gewaltige Kiefern und Tannen, viele Monate lang vom Sturm gepeitscht, sogen die Sonne in ragender Würde ein. Aberthörnchen, mit Pokergesicht, aber lebhaft in Stimme und Schweif, erzählten dir beharrlich, was du längst wusstest: dass es nie zuvor einen so außergewöhnlichen Tag und eine so köstliche Einsamkeit gegeben hat, die man auskosten sollte.

Eine Stunde später hatten vielleicht schon Gewitterwolken die Sonne ausgelöscht, während dein ehemaliges Paradies sich vor der drohenden Knute von Blitz, Regen und Hagel duckte. Düsternis schwebte darüber wie

CHARLES W
SCHWARTZ

eine Bombe mit brennender Lunte. Dein Pferd zuckte vor jedem rollenden Stein, jedem knacksenden Zweig. Drehtest du dich im Sattel, um deinen Regenmantel aufzuschnüren, scheute, schnob und zitterte es, als würdest du die Schriftrolle der Apokalypse öffnen. Höre ich jemanden sagen, er fürchte kein Gewitter, denke ich insgeheim: Er ist nie im Juli auf DEN BERG geritten.

Die Einschläge sind schon fürchterlich, schlimmer sind jedoch die rauchenden Steinsplitter, die an deinem Ohr vorbeisurren, wenn der Blitz in die Steilkante kracht. Und noch schlimmer sind die umherfliegenden Spleiße, wenn der Blitz eine Kiefer zerbersten lässt. Ich erinnere mich an einen – weißglühend, fünfzehn Fuß lang –, der sich vor mir tief in die Erde bohrte und dort wie eine Stimmgabel summte.

Ein Leben in Freiheit von Furcht muss armselig sein.

* * *

Der Berggipfel war eine große Wiese, einen halben Tagesritt breit, man darf ihn sich aber nicht als Amphitheater aus Gras vorstellen, das ein Kiefernwall säumte. Die Ränder dieser Wiese waren verschnörkelt, verwickelt und eingekerbt durch unendlich viele Nischen und Ausbuchtungen, Zacken und Balken, Halbinseln und Parks, von denen jede einzelne sich von den übrigen unterschied. Niemand kannte sie alle, und jeder Ritt bot täglich die Chance, eine neue zu finden. Ich sage »neu«, weil man oft das Gefühl hatte, wenn man in eine dieser blumenübersäten Buchten ritt, dass jemand, der hier zuvor war, zwangsläufig ein Lied gesungen oder ein Gedicht geschrieben hat.

Das Gefühl, dass man soeben den unglaublichen Wert des Überflusses an Initialen, Daten und Viehbrandzeichen entdeckt hat, die der geduldigen Espenrinde an jedem Lagerplatz in den Bergen eingeschrieben war. Aus diesen Inschriften konnte man täglich die Geschichte des *Homo texanus* und seiner Kultur herauslesen, nicht in kalten anthropologischen Kategorien, sondern im Hinblick auf den persönlichen Werdegang von einem der Gründerväter, dessen Initialen man erkannte – sie gehörten jenem Mann, dessen Sohn dich beim Pferdehandel überbot oder mit dessen Tochter du einmal getanzt hast. Hier waren seine schlichten Initialen, datiert aus den 1890ern, ohne Brandzeichen, wahrscheinlich eingeritzt, als der umherziehende Cowboy zum ersten Mal allein in den Bergen war. Ein Jahrzehnt später darunter seine Initialen samt Brandzeichen; er war nun ein solider Bürger, mit einer gewissen ›Ausstattung‹, erworben durch Sparsamkeit, natürlichen Zuwachs und vielleicht ein geschicktes Lasso. Darunter fanden sich, erst ein paar Jahre alt, die Initialen seiner Tochter, von einem verliebten Jugendlichen eingeritzt, der nicht bloß die Hand der Dame, sondern auch wirtschaftlichen Erfolg begehrte.

Inzwischen ist der alte Mann gestorben; in späteren Jahren schlug sein Herz nur fürs Bankkonto und die Anzahl seiner Herden. Doch die Espe enthüllte, dass er in seiner Jugend auch die Herrlichkeit des Bergfrühlings gespürt hatte.

Die Geschichte des Bergs war allerdings nicht nur der Espenrinde eingeschrieben, sondern auch den Ortsnamen. Ortsnamen im Rinderland sind anzüglich, humorvoll, ironisch oder sentimental, aber selten einfallslos. Meist sind sie so subtil, dass sie die Nachforschungen von Neuankömmlingen wecken, wodurch dieses Gewebe aus Erzählungen gesponnen wird, das letztlich die lokale Folklore ausmacht.

Es gab zum Beispiel ›The Boneyard‹, den Knochenacker, eine reizende Wiese, auf der Glockenblumen über den halb verschütteten Schädeln und verstreuten Wirbeln längst verstorbener Kühe hingen. In den 1880er Jahren hatte hier ein törichter Viehzüchter, frisch aus den warmen texanischen Tälern eingetroffen, auf die Verlockungen des Bergsommers gesetzt und versucht, seine Herde mittels Bergheu über den Winter zu bringen. Als die Novemberstürme wüteten, war er mit seinem Pferd davongestolpert, seine Kühe jedoch nicht.

Dann gab es den ›Campbell Blue‹, einen Quellfluss des Blue River, wohin ein früher Viehzüchter seine Braut mitführte. Gelangweilt von den Felsen und Bäumen, hatte die Dame ein Klavier herbeigesehnt. Also wurde ein Klavier beschafft, ein Klavier von Campbell. Es gab nur ein Maultier weit und breit, das in der Lage war, es zu tragen, und einen Träger, der die beinahe übermenschliche Aufgabe bewältigen konnte, eine solche Ladung im Gleichgewicht zu halten. Aber das Klavier brachte keine Befriedigung; die Dame brach ihre Zelte ab; und die Hütte der Ranch war längst eine Ruine mit durchhängenden Balken, als man mir die Geschichte erzählte.

Außerdem gab es die ›Frijole Cienega‹, den Bohnensumpf, eine morastige Wiese, umschlossen von Kiefern, unter denen zu meiner Zeit eine kleine Blockhütte stand, die die Vorbeikommenden zur Übernachtung nutzten. Für den Besitzer einer solchen Immobilie lautete ein ungeschriebenes Gesetz, Mehl, Schmalz und Bohnen zu hinterlassen, und für den Passanten, die Vorräte möglichst wieder aufzufüllen. Ein unglücklicher Wanderer, den Stürme eine Woche lang gefangen hielten, hatte nur Bohnen vorgefunden. Diese Verletzung der Gastfreundschaft war derart bemerkenswert, dass sie in der Geschichte als Ortsname überliefert ist.

Schließlich war da noch die ›Paradise Ranch‹, eine offensichtliche Plattitüde, wenn man es auf der Karte las, doch etwas vollkommen anderes, wenn man dort nach einem schwierigen Ritt eintraf. Sie lag versteckt an der entlegenen Flanke eines Hochgipfels, wie jedes echte Paradies. Durch die grünen Wiesen schlängelte sich ein Forellenflüsschen. Ein Pferd, das man für einen Monat auf dieser Wiese ließ, wurde so fett, dass sich das Regenwasser in einer Lache auf seinem Rücken sammelte. Nach meinem ersten Besuch der Paradise Ranch dachte ich: Wie sollte man sie sonst nennen?

* * *

Ungeachtet mehrerer Gelegenheiten bin ich nie mehr zum White Mountain zurückgekehrt. Ich möchte lieber nicht sehen, was Touristen, Straßen, Sägemühlen und deren Bahnen mit ihm getan oder vielmehr ihm angetan haben. Ich höre, wie junge Leute, die noch nicht geboren waren, als ich ›nach oben‹ ritt, ausrufen, welch ein wundervoller Ort das sei. Dem stimme ich zu, mit einem unausgesprochenen Vorbehalt.

Wie ein Berg denken

Ein tiefes volltönendes Gebrüll hallt von Steilhang zu Steilhang, röhrt den Berg hinab und verklingt in der fernen Schwärze der Nacht. Es ist der Ausbruch einer wilden kühnen Trauer und Verachtung allen Ungemachs der Welt.

Alles, was lebt (und vielleicht auch vieles, das tot ist), beachtet diesen Ruf. Für den Weißwedelhirsch ist es eine Erinnerung an den Weg allen Fleisches, für die Kiefer eine Vorahnung auf mitternächtliche Balgereien und Blut im Schnee, für den Kojoten eine Verheißung künftiger Beute, für den Viehzüchter die Gefahr roter Zahlen auf dem Konto, für den Jäger der Kampf zwischen Reißzahn und Kugel. Aber hinter diesen naheliegenden, unmittelbaren Hoffnungen und Ängsten steckt ein tieferer Sinn, der allein dem Berg bekannt ist. Nur der Berg hat lange genug gelebt, um dem Wolfsgeheul objektiv zu lauschen.

Wer die verborgene Bedeutung nicht entziffern kann, weiß trotzdem, dass es sie gibt, denn man spürt sie im gesamten Wolfsland, das sich von allen anderen Ländern unterscheidet. Sie kribbelt all jenen im Rücken, die Wölfe bei Nacht hören oder ihre Spuren am Tage untersuchen. Selbst ohne den Anblick oder den Klang des Wolfs zeigt sie sich in hundert kleinen Vorfällen: dem mitternächtlichen Wiehern des Packpferds, dem Gerassel rollender Steine, dem Sprung eines fliehenden Rehs, der Art und Weise, wie die Schatten unter den Fichten liegen. Nur ein unbelehrbarer Anfänger nimmt die Anwesenheit oder Abwesenheit von Wölfen oder den Umstand, dass Berge eine heimliche Meinung über sie haben, nicht wahr.

Meine Haltung dazu geht auf den Tag zurück, an dem ich einen Wolf sterben sah. Wir aßen zu Mittag auf einer hohen Steilklippe, an deren Fuß sich ein turbulenter Fluss seinen Weg bahnte. Was wir für eine Hirschkuh hielten, watete durch die Flut, ihre Brust vom weiß schäumenden Wildwasser umspült. Als sie ans gegenüberliegende Ufer stieg und ihren Schwanz schüttelte, erkannten wir unseren Irrtum: es war eine Wölfin. Ein halbes Dutzend Jungwölfe sprangen aus den Weidenbäumen, vermengten sich zu einem Willkommensgewühl aus wedelnden Schwänzen und spielerischen Bissen. Es war buchstäblich ein Wolfshaufen, der sich inmitten einer Lichtung am Fuße unseres Steilfelsens drehte und purzelte.

In jenen Tagen ließ sich niemand die Gelegenheit, einen Wolf zu töten, entgehen. Eine Sekunde später pumpten wir Blei in das Rudel, eher begeistert als treffsicher – es ist immer schwierig, an einer Steilwand hinab zu zielen. Als unsere Gewehre leer waren, lag die alte Wölfin niedergestreckt da und ein Welpe schleppte sich in unzugängliches Geröll.

Wir erreichten die alte Wölfin noch rechtzeitig, sodass wir ein wildes grünes Feuer in ihren Augen verlöschen sahen. Damals erkannte ich, und weiß seitdem, dass in jenen Augen etwas für mich Neues lag – etwas, das nur sie und der Berg kannten. Damals war ich jung und schießwütig; ich dachte, dass weniger Wölfe mehr Wild bedeuten und dass keine Wölfe das Paradies für den Jäger wären. Doch nachdem ich das grüne Feuer erlöschen sah, fühlte ich, dass weder der Wolf noch der Berg mit dieser Ansicht übereinstimmten.

* * *

Seitdem habe ich in meinem Leben gesehen, wie ein Staat nach dem anderen seine Wölfe ausrottet. Ich habe in das Antlitz vieler neuerdings wolfloser Berge geblickt und gesehen, wie die Südhänge ein Labyrinth frischer Wildspuren furcht. Ich habe gesehen, wie jeder essbare Strauch und Sämling verbissen wurde, zunächst zu anämischer Unbrauchbarkeit, dann zu Tode. Ich habe gesehen, wie jeder essbare Baum bis auf Sattelhornhöhe entlaubt wurde. Ein solcher Berg sieht aus, als habe jemand Gott eine neue Gartenschere geschenkt und ihm alle anderen Betätigungen verboten. Am Ende bleichen die verhungerten Skelette der erhofften Wildtierherden, die an der eigenen Überfülle starben, zusammen mit den toten Salbeiskeletten oder vermodern unterm geschälten Wacholder.

Vermutlich lebt ein Hirschrudel in derselben Todesangst vor den Wölfen wie der Berg vor dem Wild. Und womöglich aus triftigerem Grund, denn ein von Wölfen gerissener Bock kann in zwei, drei Jahren ersetzt werden, während es vielleicht misslingt, ein Gebirge, das die Überfülle an Wild niedergerissen hat, in genauso vielen Jahrzehnten zu ersetzen.

Nicht anders ist es mit den Kühen. Ein Viehzüchter, der sein Weideland

von Wölfen befreit, erkennt nicht, dass er die Arbeit des Wolfs, die Herde zu stutzen, damit sie zur Weide passt, übernimmt. Er hat nicht gelernt, wie ein Berg zu denken. Deshalb haben wir staubtrockene Gebiete und Flüsse, die die Zukunft ins Meer spülen.

* * *

Wir alle streben nach Sicherheit, Erfolg, Bequemlichkeit, langem Leben und Trägheit. Die Hirsche streben danach mit ihren geschmeidigen Beinen, der Viehzüchter mit Falle und Gift, der Politiker mit dem Stift, die meisten von uns mit Maschinen, Wahlzetteln und Dollar, doch es läuft alles auf dasselbe hinaus: Friede zu unserer Zeit. Ein gewisses Maß an Erfolg genügt und ist vielleicht nötig für das objektive Denken, doch zu viel Sicherheit bringt auf lange Sicht nur Gefahr. Vielleicht steckt das hinter Thoreaus Ausspruch: Die Rettung der Welt findet sich in der Wildnis. Vielleicht steckt darin die verborgene Bedeutung des Wolfsgeheuls, das seit Langem in den Bergen bekannt ist, aber selten unter den Menschen gehört wird.

Escudilla

Das Leben in Arizona wurde unten durch Moskitogras, oben durch den Himmel und am Horizont durch den Escudilla begrenzt.

Nördlich des Bergs ritt man über honigfarbene Ebenen. Egal, wann und wo man aufblickte, man sah den Escudilla.

Östlich des Bergs ritt man über ein Gewirr bewaldeter Mesas. Jeder Talkessel schien ein eigene kleine Welt zu sein, von Sonne durchtränkt, nach Wacholder duftend, heimelig durchs Geschnatter der Nacktschnabelhäher. Doch oben auf dem Kamm war man sofort bloß ein Fleck in der Unermesslichkeit. An deren Rand hing der Escudilla.

Im Süden lag das Canyonwirrwarr des Blue River, voll Weißwedelhirsche, wilder Truthähne und noch wilderen Rindern. Wenn man einen frechen Hirsch verfehlte, der zum Abschied am Horizont winkte, und am Visier entlangschaute, um sich zu fragen, warum, dann blickte man auf einen fernen blauen Berg: den Escudilla.

Im Westen waberten die Ausläufer des Apache National Forest. Dort machten wir Forstinventuren, indem wir die schlanken Kiefern in Notizbuchzahlen umwandelten, die hypothetische Bauholzstöße darstellten. Während der Gutachter den Canyon hinaufkeuchte, fühlte er das seltsame Missverhältnis zwischen der Distanziertheit seiner Notizbuchsymbole und der Unmittelbarkeit der schweißigen Hände, Akaziendornen, Bremsenbisse und zeternden Eichhörnchen. Aber auf dem nächsten Felsgrat blies ein kalter Wind, der über das grüne Meer der Kiefern rauschte, seine Zweifel fort. Am fernen Gestade schwebte der Escudilla.

Der Berg beschränkte nicht nur unsere Arbeit und Freizeit, sondern auch unsere Versuche, an ein gutes Abendessen zu gelangen. An Winterabenden bemühten wir uns oft, in der Flussebene eine Stockente in den Hinterhalt zu locken. Die wachsamen Schwärme kreisten im rosaroten Westen, im stahlblauen Norden, dann verschwanden sie in der Tintenschwärze des Escudilla. Tauchten sie dann mit gespannten Flügeln wieder auf, hatten wir einen fetten Erpel für den Schmortopf. Erschienen sie nicht wieder, gab es abermals Speck und Bohnen.

Tatsächlich sah man den Escudilla nur von einer Stelle aus nicht am Horizont: vom Gipfel des Escudilla. Dort oben konnte man den Berg zwar nicht sehen, aber man konnte ihn fühlen. Der Grund dafür war der Bär.

Old Bigfoot war ein Räuberbaron und der Escudilla seine Burg. Jedes Frühjahr, wenn warme Winde die Schatten überm Schnee besänftigt hatten, kroch der alte Grizzly aus seiner Winterschlafhöhle im Felsgeröll und schlug beim Aufstieg auf den Berg einer Kuh den Schädel ein. Er labte sich, kletterte zu seinen Felsen zurück und verbrachte dort friedlich den Sommer mit Murmeltieren, Kaninchen, Beeren und Wurzeln.

Ich sah einmal eine seiner Tötungen. Schädel und Hals der Kuh waren zermatscht, als wäre sie kopfüber mit einem Güterschnellzug zusammengestoßen.

Niemand hat den alten Bären jemals zu Gesicht bekommen, aber in den schlammigen Quellen am Fuße der Klippen sah man seine unglaublichen Spuren. Ihr Anblick ließ selbst die abgebrühtesten Cowboys sich des Bären bewusst werden. Wo auch immer sie ritten, sahen sie den Berg; und wenn sie den Berg sahen, dachten sie an den Bären. Die Gespräche am Lagerfeuer drehten sich um Rindfleisch, Tanzvergnügen und um den Bären. Bigfoot beanspruchte für sich nur eine Kuh pro Jahr und ein paar Quadratmeilen nutzloser Felsen, aber seine Persönlichkeit erfüllte den ganzen Landkreis.

In jenen Tagen hielt der Fortschritt erstmals Einzug ins Rinderland. Der Fortschritt hatte viele Abgesandte.

Der erste transkontinentale Automobilfahrer war einer davon. Die Cowboys verstanden diesen Straßenbrecher, denn er war ein ebenso windiger Draufgänger wie alle Pferdebrecher.

Sie verstanden die hübsche Dame nicht, aber sie hörten ihr zu und betrachteten sie, die in schwarzem Samt kam, um sie mit ihrem Bostoner Akzent über das Frauenwahlrecht aufzuklären.

Sie bestaunten auch den Telefontechniker, der Leitungen über den Wacholder spannte und Blitznachrichten aus der Stadt brachte. Ein alter Mann fragte, ob ihm der Draht eine Speckschwarte bringen könnte.

In einem Frühling schickte der Fortschritt noch einen weiteren Abgesandten, einen Trapper der Regierung, eine Art heiliger Georg in Montur, der Drachen auf Kosten der Regierung erschlagen wollte. Er fragte, ob es gefährliche Tiere gebe, die getötet werden müssten. Ja, den großen Bären.

Der Trapper bepackte sein Maultier und zog zum Escudilla.

Nach einem Monat war er zurück, das Maultier schwankte unter dem schweren Pelz. In der Stadt gab es nur eine einzige Scheune, die groß genug war, um ihn zum Trocknen aufzuhängen. Der Trapper hatte Fallen, Gift und die üblichen Tricks vergebens ausprobiert. Dann hatte er ein Selbstschussgewehr in einem Hohlweg aufgestellt, den nur der Bär passieren konnte, und gewartet. Der letzte Grizzly lief in die Schnur und erschoss sich.

Es war Juni. Der Balg war faul, fleckig und wertlos. Es schien uns fast eine Beleidigung, dass dem letzten Grizzly die Chance verwehrt wurde, als Denkmal für seine Gattung ein gutes Fell zu hinterlassen. Alles, was er hinterließ, waren ein Schädel im Nationalmuseum und ein Streit unter Wissenschaftlern über den lateinischen Namen des Schädels.

Erst nachdem wir über diese Dinge gegrübelt hatten, begannen wir uns zu fragen, wer die Regeln für den Fortschritt festgelegt hatte.

* * *

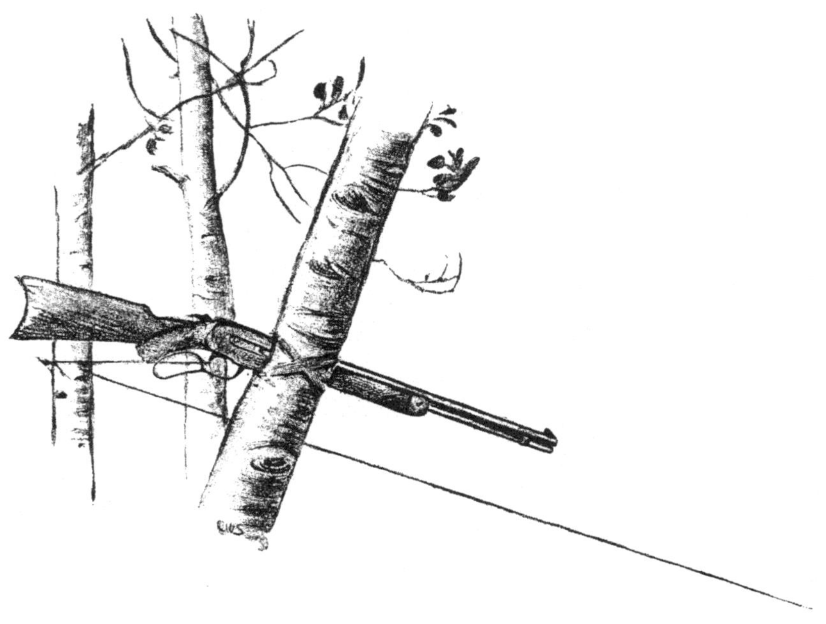

Von Anbeginn hatte die Zeit am Basaltkoloss des Escudilla genagt, zerstörerisch, abwartend, gestaltend. Die Zeit gestaltete drei Dinge an dem alten Berg: das ehrwürdige Aussehen, die Gemeinschaft kleinerer Tiere und Pflanzen – und den Grizzly.

Der Regierungstrapper, der den Grizzly zur Strecke brachte, wusste, dass er den Escudilla für Kühe sicher gemacht hatte. Er wusste nicht, dass er damit die Turmspitze von einem Gebäude gerissen hatte, das sich im Bau befand, seit die Sterne des Morgens gemeinsam sangen.

Der Leiter der Behörde, der den Trapper geschickt hatte, ein Biologe, kannte sich in der Architektur der Evolution aus, wusste jedoch nicht, dass Türme ebenso wichtig wie Kühe sein können. Er ahnte nicht, dass das Rinderland innerhalb von zwei Jahrzehnten zu einem Touristenland werden würde, das größeren Bedarf an Bären als an Beefsteaks hat.

Die Kongressabgeordneten, die Gelder zur Säuberung des Bergs von Bären bewilligten, waren die Söhne von Pionieren. Sie begrüßten die überlegenen Tugenden der Grenzansiedler, bemühten sich aber mit aller Gewalt, der Grenze ein Ende zu machen.

Wir Forstbeamten, die die Auslöschung der Bären hinnahmen, kannten einen hiesigen Rancher, der einen Dolch hervorgepflügt hatte, worin der Name von einem der Hauptmänner Coronados eingraviert war. Wir sprachen unfreundlich über die Spanier, die in ihrer Gier nach Gold und Konvertiten die eingeborenen Indianer ohne Notwendigkeit ausgelöscht hatten. Es kam uns nicht in den Sinn, dass auch wir die Hauptmänner einer Invasion waren, die sich ihrer eigenen Rechtschaffenheit nur allzu sicher war.

Der Escudilla schwebt noch immer am Horizont, doch man denkt bei seinem Anblick nicht mehr an den Bären. Er ist jetzt bloß ein Berg.

Guacamaja

Die Physik der Schönheit ist ein naturwissenschaftliches Gebiet, das sich noch im Mittelalter befindet. Nicht einmal die Strippenzieher des gekrümmten Raums haben versucht, ihre Gleichungen zu lösen. Jeder weiß zum Beispiel, dass die Herbstszenerie in den Wäldern des Nordens das Land plus ein roter Ahorn plus ein Kragenhuhn ist. In den Begriffen konventioneller Physik: Das Kragenhuhn steht nur für ein Millionstel der Masse oder der Energie eines Morgens Land. Subtrahiert man jedoch das Kragenhuhn, ist alles tot. Eine gewaltiger Teil der bewegenden Kraft ist verschwunden.

Man kann leicht sagen, der Verlust stehe nur vorm geistigen Auge, gibt es aber einen ernsthaften Ökologen, der zustimmen würde? Er weiß genau, dass es ein Umweltsterben gegeben hat, dessen Bedeutung sich nicht in den Begriffen zeitgenössischer Wissenschaft ausdrücken lässt. Ein Philosoph hat diese unwägbare Essenz das *Noumenon* der materiellen Dinge genannt. Es steht im Gegensatz zum *Phänomenon*, das noch bis zur Drehung und Wendung des entferntesten Sterns wägbar und berechenbar ist.

Das Kragenhuhn ist das Noumenon der Wälder des Nordens, der Blauhäher das der Hickoryhaine, der Meisenhäher das der Regenmoore, der Nacktschnabelhäher das der Wacholdervorgebirge. Ornithologische Abhandlungen erwähnen diese Fakten nicht. Ich vermute, dass sie der Wissenschaft neu sind, obwohl dem scharfsichtigen Wissenschaftler offenkundig. Wie dem auch sei, ich erwähne hier die Entdeckung des Noumenons der Sierra Madre: den Arasittich.

Er ist nur deshalb eine Entdeckung, weil so wenige seinen Aufenthalt besucht haben. Ist man erst einmal dort, könnten nur Blinde und Taube nicht bemerken, welche Rolle er für das Leben im Gebirge und für die Landschaft spielt. Du hast tatsächlich kaum dein Frühstück beendet, ehe die schnatternden Schwärme ihre Schlafplätze auf den Steilhängen verlassen und eine Art Morgenübung in den höchsten Dämmerungsbezirken aufführen. Wie Kranichgeschwader drehen und kreisen sie, laut untereinander über die Frage diskutierend (die auch dich beschäftigt), ob dieser neue Tag, der langsam über die Canyons kriecht, blauer und goldener als seine Vorgänger ist oder nicht. Da das Votum unentschieden ausfällt, begeben sie sich zum Kiefernsamen-Frühstück-aus-der-Halbschale in verschiedenen Kompanien zu den Hochebenen. Bislang haben sie dich noch nicht gesehen.

Etwas später jedoch, wenn du mit dem steilen Aufstieg aus dem Canyon beginnst, erspähen einige scharfäugige, vielleicht eine Meile entfernte Arasittiche dieses seltsame Wesen, das den Weg hinaufschnauft, den zu bereisen nur Hirsch oder Löwe, Bär oder Truthahn vorbehalten ist. Das Frühstück ist vergessen. Mit einem Schlacht- und Freudenruf ist die ganze Bande auf den Flügeln und nähert sich dir. Wenn sie über deinem Kopf kreisen, wünschst du dir dringend ein Arasittich-Wörterbuch. Wollen sie wissen, welches verdammte Geschäft dich hierhertreibt? Oder möchten sie bloß wie eine Handelskammer der Vögel sichergehen, dass du die Schönheiten ihrer Heimatstadt würdigst, ihr Wetter, ihre Bürger und ihre im Vergleich zu allen anderen Zeiten und jeglichen Orten gloriose Zukunft? Es könnte das eine oder beides sein. Und es schießt dir die düstere Vorahnung durch den Kopf, was wohl geschieht, wenn die Straße gebaut sein wird und dieses randalierende Empfangskomitee zum ersten Mal die Touristen-mit-dem-Gewehr begrüßt.

Bald steht fest, dass du ein tumber sprachloser Bursche bist, unfähig, anders als mit einem Pfeifen den üblichen Annehmlichkeiten des Sierra-Morgens zu antworten. Schließlich sind mehr Kiefernzapfen in den Wäldern, als bereits geöffnet wurden, beenden wir also das Frühstück! Diesmal hocken sie auf einem Baum unterhalb des Steilfelsens und geben dir somit die Chance, zum Rand zu schleichen und hinabzuspähen. Dort siehst du zum ersten Mal Farben: samtgrüne Uniformen mit scharlachroten und gelben Epauletten und schwarzen Helmen, die lärmend von Kiefer zu Kiefer schwirren, stets jedoch in Formation und gleicher Anzahl. Nur einmal sah ich eine Fünferbande oder irgendeine andere, nicht aus Paaren bestehende Gruppe.

Mir ist nicht bekannt, ob die nistenden Paare ebenso laut sind wie die krakeelenden Schwärme, die mich im September begrüßten. Ich weiß aber, dass man es bald erfährt, ob Arasittiche im September auf dem Berg sind. Als echter Ornithologie sollte ich den Ruf zu beschreiben versuchen. Flüchtig gehört gleicht er dem von Nacktschnabelhähern, aber die Musik der Piñoneros ist so sanft und wehmütig wie der Nebel, der in ihren heimischen Canyons hängt, während die Guacamajas lauter sind und voll des beißenden Überschwangs der Hohen Komödie.

Man erzählte mir, dass ein Paar im Frühling eine Spechthöhle in irgendeiner hohlen abgestorbenen Kiefer aufspürt und die Pflicht ihrer Gattung in zeitweiliger Isolation erfüllt. Doch welcher Specht bohrt ein Loch, das groß genug ist? Der Guacamaja (wie die Eingeborenen den Arasittich wohlklingend nennen) ist so dick wie eine Wandertaube und kann sich kaum in eine Spechtunterkunft quetschen. Verbreitert er sie mit seinem kräftigen Schnabel? Oder ist er von den Löchern des Kaiserspechts abhängig, der in dieser Gegend auftauchen soll? Ich vermache einem künftigen Besucher mit ornithologischer Erfahrung die vergnügliche Aufgabe, darauf eine Antwort zu finden.

Die grünen Lagunen

Es ist klug, eine Wildnis nicht zweimal zu besuchen, denn je goldener eine Lilie scheint, desto wahrscheinlicher ist es, dass sie jemand vergoldet hat. Eine Rückkehr verdirbt nicht nur den Ausflug, sie trübt auch die Erinnerung. Nur im Geist leuchtet das glänzende Abenteuer für immer hell. Aus diesem Grunde habe ich das Delta des Colorado nie wieder besucht, seit mein Bruder und ich es im Jahre 1922 mit dem Kanu erforscht hatten.

Nach allem, was wir wussten, lag das Delta vergessen da, seit Hernando de Alarcón hier 1540 angelegt hatte. Als wir in dem Ästuar kampierten, in dem angeblich seine Schiffe vor Anker gegangen waren, hatten wir seit Wochen keinen Menschen und keine Kuh, keinen Axthieb und keinen Zaun gesehen. Einmal kreuzten wir eine alte Wagenspur, ihr Urheber unbekannt, ihr Auftrag wohl finster. Und einmal fanden wir eine Blechbüchse; wir fielen über das wertvolle Utensil her.

Helmwachteln, die in den über unserem Lager hängenden Mesquitebäumen schliefen, pfiffen die Morgendämmerung herbei. Als die Sonne über die Sierra Madre spähte, fiel sie auf hundert Meilen herrlicher Trostlosigkeit, eine breite flache Senke voller Wildnis, deren Saum zerklüftete Gipfel einfassten. Auf der Karte teilte der Fluss das Delta in zwei Teile, in Wirklichkeit jedoch war der Fluss überall und nirgends, denn er konnte sich

nicht entscheiden, welche der hundert grünen Lagunen den angenehmsten und gemächlichsten Weg zum Golf bot. Also bereiste er sie alle, und wir taten es ihm nach. Er trennte und vereinte sich, er drehte und wendete sich, er mäanderte durch schreckliche Urwälder, nur im Kreis lief er nie, er flirtete mit reizenden Hainen, verlor sich und war froh darüber, und wir ebenso. Denn die beste Verzögerung ist es, mit einem Fluss zu reisen, der nur widerwillig seine Freiheit aufgibt im Meer.

»Er führet mich zum frischen Wasser«, war für uns nur ein Satz aus einem Buch, bis wir unser Kanu durch die grünen Lagunen stießen. Hätte nicht David den Psalm geschrieben, dann hätten wir unseren eigenen schreiben müssen. Die stillen Wasser waren dunkel smaragdfarben getönt, vermutlich durch Algen gefärbt, aber trotz alldem nicht weniger grün. Eine grüne Wand aus Mesquitebäumen und Weiden trennte den Flusslauf von der dornigen Wüste dahinter. An jeder Biegung sahen wir Reiher in den Tümpeln vor uns stehen, die weißen Statuen passten zu ihren weißen Spiegelbildern. Kormoranflotten schoben ihre schwarzen Buge auf der Suche nach flitzenden Meeräschen durchs Wasser; Säbelschnäbler, Schlammtreter und Gelbschenkel dösten auf einem Bein auf den Sandbänken; Stockenten, Pfeifenten und Krickenten flatterten ängstlich himmelwärts. Wenn die Vögel sich in die Lüfte geschwungen hatten, sammelten sie sich zu einer kleinen Wolke über unsern Köpfen, um dort zu bleiben oder hinter uns wieder einzufallen. Ein Trupp Reiher, der sich auf einer weit entfernten grünen Weide niederließ, glich einem verfrühten Schneesturm.

Dieser Vogel- und Fischreichtum existierte nicht allein zu unserem Vergnügen. Oft trafen wir auf einen Rotluchs, flach wie ein halb versunkenes Stück Treibholz, die Pfote zum Meeräschenfang ausgestreckt. Waschbärfamilien wateten durch die seichten Stellen und mampften Wasserkäfer. Kojoten beobachteten uns von kleinen Hügeln und warteten darauf, ihr Frühstück aus Mesquitebohnen fortzusetzen, das sich wohl gelegentlich mit einem lahmen Ufervogel, einer Ente oder einer Wachtel abwechselte. Bei jeder seichten Furt fanden sich Spuren eines Maultierhirschs. Wir untersuchten diese Spuren stets in der Hoffnung, Anzeichen für den Tyrannen des Deltas zu finden, den großen Jaguar, *el tigre*.

Wir sahen weder Haut noch Haar von ihm, aber seine Persönlichkeit erfüllte die Wildnis; kein lebendiges Tier vergaß seine mögliche Gegenwart, denn der Preis für Unachtsamkeit war der Tod. Kein Hirsch umrundete einen Busch oder knabberte Schoten unter einem Mesquitebaum, ohne vorsorglich nach *el tigre* zu schnuppern. Kein Lagerfeuer erlosch, ohne dass von ihm die Rede war. Kein Hund rollte sich nachts zusammen, es sei denn, zu Füßen seines Herrn; ihm brauchte man nicht zu erzählen, dass der König der Katzen noch immer die Nacht regierte; dass seine massigen Pranken einen Ochsen niederstrecken, seine Kiefer die Knochen wie eine Guillotine zerbrechen konnten.

Mittlerweile wurde das Delta wahrscheinlich für Rinder sicher und für abenteuerlustige Jäger langweilig gemacht. Die Freiheit von der Angst ist da, die Herrlichkeit der grünen Lagunen indessen verschwunden.

Als Kipling den Rauch der Abendmahlzeiten in Amritsar witterte, hätte er mehr über dies grüne irdische Feuerholz schreiben sollen, das kein anderer Dichter besungen oder gerochen hat. Die meisten Dichter mussten sich von Anthrazit ernähren.

Im Delta verbrennt man nur Mesquite, den aromatischsten Brennstoff überhaupt. Spröde von hundert Frösten und Fluten, gebacken von tausend Sonnen, sind die knorrigen unvergänglichen Knochen dieser uralten Bäume in jedem Lager stets verfügbar, schrägen blauen Rauch durch die Dämmerung zu schicken, ein Lied über Teekesseln zu singen, einen Brotlaib zu backen, eine Pfanne voller Wachteln zu braten und die Schienbeine von Mensch und Tier zu wärmen. Hat man die Mesquiteglut unter den Schmortopf geschaufelt, muss man aufpassen, dass man sich an dieser Stelle nicht mehr hinsetzt vorm Schlafengehen, damit man nicht mit einem Schrei aufspringt, der die über einem hockenden Wachteln erschreckt. Mesquiteglut hat sieben Leben.

Im Maisgürtel hatten wir mit Weißeichenholz gekocht, in den Wäldern des Nordens hatten wir unsere Töpfe mit Kiefernholz berußt, Rehrippen hatten wir überm Wacholder Arizonas gebraten, aber wir hatten keine Vollkommenheit gesehen, ehe wir nicht eine junge Gans mit dem Mesquite des Deltas gebraten hatten.

Diese Gänse verdienten die beste Bräunung, denn sie waren uns eine Woche lang voraus gewesen. Jeden Morgen beobachteten wir, wie die schnatternde Phalanx vom Golf ins Binnenland zog, um bald darauf zurückzukehren, vollgestopft und leise. Welches seltsame Futter in welcher der grünen Lagunen war das Ziel ihrer Suche? Immer wieder verlegten wir unser Camp in Richtung Gänse, in der Hoffnung, sie landen zu sehen, ihre Festtafel zu finden. Eines Morgens gegen acht Uhr sahen wir, dass eine Phalanx kreiste, seitwärts ausscherte und wie Ahornblätter zu Boden fiel. Ein Schwarm folgte auf den anderen. Wir hatten endlich ihren Sammelplatz gefunden.

Am nächsten Morgen lagen wir zur selben Zeit neben einem gewöhnlich aussehenden Tümpel, dessen Sandbänke mit den gestrigen Gänsespuren übersät waren, auf der Lauer. Vom Lager war es ein langer Weg gewesen, deshalb hatten wir schon wieder Hunger. Mein Bruder aß kalten Wachtelbraten. Die Wachtel befand sich auf halber Strecke zu seinem Mund, als uns ein Geschnatter am Himmel mit einem Ruck bis zur Reglosigkeit erstarren ließ. Die Wachtel hing in der Luft, der Schwarm kreiste gemächlich umher, debattierte, zögerte und flog schließlich herein. Die Wachtel fiel in den Sand, als die Gewehre sprachen, und die Gänse, die wir essen wollten, lagen strampelnd auf der Barre.

Es kamen noch mehr. Der Hund lag zitternd da. Nach Belieben verspeisten wir Wachteln, spähten durch den Sichtschutz, lauschten ihrem Geplauder. Diese Gänse verschlangen *Steinchen.* Als ein Schwarm sich abgefüllt hatte und davonflog, kam der nächste, begierig auf die leckeren Steine. Von all den Millionen Steinchen in den grünen Lagunen gefielen ihnen diese auf dieser speziellen Sandbank am besten. Anders als den Schneegänsen waren sie ihnen einen Flug von vierzig Meilen wert, eine lange Wanderung bis zu uns.

Im Delta gab es mehr Kleingetier, als man schießen konnte. In jedem Lager hängten wir nach einer Jagd von wenigen Minuten ausreichend Wachteln für den nächsten Tag auf. Eine gute Küche braucht unbedingt mindestens eine Frostnacht am Balken zwischen der Rast in Mesquite und dem Rösten über Mesquite.

Das Jagdwild war unglaublich dick. Jeder Hirsch hatte so viel Fett abgelagert, dass die Mulde auf seinem Rücken einen kleinen Eimer Wasser gefasst hätte, wenn er uns gestattet hätte, ihn hineinzuschütten – was er nicht tat.

Man musste nach dem Ursprung dieser Üppigkeit nicht lange suchen. Jeder Mesquitebaum und jeder Schraubenbohnenbaum war vollbeladen mit Schoten. Die ausgetrockneten Schlammebenen trugen ein ganzjähriges Gras, dessen getreideähnliche Samen in vollen Tassen gescheffelt werden konnten. Es gab große Flächen eines Hülsenfrüchtlers, der Ähnlichkeit mit der Zichorie hat; ging man hindurch, füllten sich einem die Hosentaschen mit Fruchthülsen.

Ich erinnere mich an einen Strich voll wilder Melonen, *calabasillas,* der mehrere Morgen Wattlands umfasste. Weißwedelhirsche und Waschbären hatten die gefrorenen Früchte geöffnet und die Samen freigelegt. Tauben und Wachteln flatterten über diesem Festmahl wie Fruchtfliegen über einer reifen Banane.

Wir konnten und wollten nicht essen, was die Wachteln und das Wild fraßen, dennoch teilten wir ihr offensichtliches Vergnügen an dieser Milch-und-Honig-Wildnis. Ihre festliche Stimmung übertrug sich auf uns; wir alle schwelgten in gemeinsamer Überfülle und gegenseitigem Wohlergehen. Ich kann mich nicht entsinnen, in besiedeltem Gebiet eine ähnliche Empfänglichkeit für die Stimmung des Landes verspürt zu haben.

Im Delta zu kampieren, war nicht nur eitel Sonnenschein. Wasser stellte ein Problem dar. Die Lagunen waren salzhaltig; der Fluss war dort, wo wir ihn finden konnten, zu schlammig, um daraus zu trinken. In jedem neuen Lager gruben wir einen neuen Brunnen. Allerdings lieferten die meisten Brunnen nur Salzwasser aus dem Golf. Wir lernten auf die harte Tour, wo wir nach Süßwasser graben mussten. Wenn wir wegen eines neuen Brunnens im Zweifel waren, setzten wir den Hund auf die Hinterpfoten. Trank er freiwillig, war es für uns das Zeichen, unser Kanu an den Strand zu ziehen, das Feuer zu entzünden und das Zelt aufzuschlagen. Dann saßen wir da, mit der Welt im Frieden, während die Wachtel im Topf brutzelte und die Sonne hinter der Sierra de San Pedro Mártir versank. Später, nach dem Abwasch, ließen wir den Tag Revue passieren und lauschten den Geräuschen der Nacht.

Das Morgen planten wir nie, denn wir hatten gelernt, dass in der Wildnis jeden Tag noch vorm Frühstück mit Sicherheit eine neue, unwiderstehliche Ablenkung auftaucht. Wie der Fluss konnten auch wir frei umherschweifen.

Das Delta nach Plan zu bereisen, ist keine einfache Angelegenheit; jedes Mal, wenn wir für den besseren Überblick auf eine Pappel kletterten, wurden wir daran erinnert. Die Sicht war so weit, dass einen der Mut zur längeren Prüfung verließ, vor allem Richtung Nordwesten, wo am Fuße der Sierra ein weißer Streifen in fortwährendem Trugbild flirrte. Es handelte sich um die große Salzwüste, in der Alexander Pattie im Jahre 1829 an Durst, Erschöpfung und den Moskitos starb. Pattie *hatte* einen Plan: das Delta nach Kalifornien zu durchqueren.

Anfangs hatten wir den Plan, uns von einer grünen Lagune zu einer noch grüneren zu begeben. Aufgrund der darüber schwebenden Vögel wussten wir, dass sie dort war. Die Entfernung betrug knapp dreihundert Meter durch einen Dschungel von *cachinilla,* ein hoher lanzenförmiger Strauch, der in unglaublich dichten Gestrüppen wächst. Die Fluten hatten die Lanzen heruntergebogen, die sich unserer Passage wie eine Mazedonische Phalanx entgegenstellten. Wir zogen uns diskret zurück, davon überzeugt, dass unsere Lagune ohnehin schöner war.

In einem Gewirr aus *cachinilla*-Phalangen eingeschlossen zu werden, war eine echte Gefahr, die niemand erwähnt hatte, die Gefahr, vor der man uns gewarnt hatte, blieb hingegen aus. Wenn wir unser Kanu hinter der Grenze zu Wasser ließen, gäbe es schreckliche Vorahnungen eines plötzlichen Todes. Man hatte uns gesagt, weit größere Boote wären durch die Flutwelle überrannt worden, eine Wassermauer, die vom Golf mit der einströmenden Tide den Fluss hinaufrast. Wir sprachen über die Welle, sponnen uns ausgeklügelte Pläne zurecht, sie zu umgehen, wir sahen sie sogar in unseren Träumen, einschließlich Delfinen, die auf ihrer Krone schwammen, und einer luftigen Eskorte schreiender Möwen. Als wir die Flussmündung erreichten, hängten wir unser Kanu in einen Baum und warteten zwei Tage, aber die Flutwelle ließ sich nicht sehen, sie traf nicht ein.

Da es im Delta keine Ortsnamen gab, mussten wir auf der Fahrt selbst welche erfinden. Wir nannten eine der Lagunen »The Rillito«, hier sahen wir Perlen am Himmel. Wir lagen flach auf dem Rücken, sogen die Novembersonne ein, starrten träge auf einen Bussard, der über uns dahinsegelte. Plötzlich zeigte der Himmel hinter ihm in großer Entfernung einen Kranz weißer, sich drehender Flecken, die bald zu sehen, bald nicht zu sehen waren. Ein leiser Trompetenton verriet uns, dass es Kraniche waren, die ihr Delta inspizierten und es für gut befanden. Meine ornithologischen Kenntnisse waren damals hausgemacht, deshalb war ich zufrieden, dass ich sie als Schreikraniche einordnen konnte, weil sie weiß waren. Es handelte sich jedoch ohne jeden Zweifel um Kanadakraniche. Aber das spielt keine Rolle. Wichtig ist, dass wir unsere Wildnis mit dem wildesten der lebenden Vögel teilten. Sie und wir hatten eine gemeinsame Heimat in den entlegenen Winkeln von Raum und Zeit gefunden; wir waren zurück im Pleistozän. Hätten wir es gekonnt, wir hätten ihren Gruß trompetend erwidert. Nach all den Jahren sehe ich noch immer vor mir, wie sie herumkreisen.

* * *

Das war vor langer Zeit an einem anderen Ort. Man hat mir erzählt, dass in den grünen Lagunen jetzt Cantaloupmelonen wachsen. Wenn das stimmt, dürfte ihnen der Geschmack nicht fehlen.

Menschen töten immer, was sie lieben, deshalb haben wir, die Pioniere, unsere Wildnis getötet. Manche sagen, wir mussten es tun. Wie auch immer, ich bin jedenfalls froh, dass ich niemals ohne ein wildes Land, in dem man jung sein kann, jung sein werde. Was nützen vierzig Freiheiten ohne einen weißen Fleck auf der Landkarte?

Das Lied des Gavilan

Für gewöhnlich bedeutet ›das Lied des Flusses‹ die Melodie, die das Wasser auf Fels, Wurzel und Stromschnelle spielt.

Der Rio Gavilan kennt ein solches Lied. Die wohlgefällige Musik zeugt von tanzenden Stromschnellen und fetten Regenbogenforellen unter den bemoosten Wurzeln von Platane, Eiche und Kiefer. Nützlich ist sie auch, denn das Geplätscher des Wassers erfüllt den schmalen Canyon, sodass Wild und Truthahn, die aus den Hügeln zum Trinken herabkommen, die

Schritte von Mensch und Pferd nicht hören. Pass auf, wenn du die nächste Flussbiegung umrundest, du könntest dir eine Kugel einfangen und auf diese Weise eine herzzerreißende Klettertour in die Hochebenen ersparen.

Das Lied des Wassers ist jedem Ohr vernehmlich, aber es gibt noch andere Musik in diesen Hügeln, die keineswegs alle hören können. Um nur ein paar ihrer Töne zu erlauschen, muss man lange Zeit hier gelebt haben, muss außerdem die Sprache der Hügel und Flüsse verstehen. Dann muss man in einer stillen Nacht, wenn das Lagerfeuer heruntergebrannt ist und die Pleiaden über die Felskanten gestiegen sind, ruhig dasitzen und auf den heulenden Wolf hören und scharf an alles denken, was man gesehen und zu begreifen versucht hat. Dann hört man es vielleicht – eine weite pulsierende Harmonie, ihre Partitur den tausend Hügeln eingeschrieben, ihre Noten das Leben und der Tod der Pflanzen und Tiere, ihre Rhythmen über Sekunden und Jahrhunderte gespannt.

Das Leben eines jeden Flusses singt sein eigenes Lied, doch meist ist das Lied längst durch die Disharmonien des Missbrauchs entstellt. Überweidung schädigt zuerst die Vegetation, dann den Boden. Flinte, Gift und Fallen dezimieren die größeren Vögel und Säugetiere; dann kommt ein Park oder ein Wald mit Straßen und Touristen. Parks sollen die Musik zu vielen Leuten bringen, doch bis viele darauf eingestimmt sind, sie zu hören, ist kaum etwas anderes als Lärm geblieben.

Es gab einmal eine Zeit, in der die Menschen einen Fluss bewohnen konnten, ohne die Harmonie seines Daseins zu zerstören. Sie müssen zu Tausenden am Gavilan gelebt haben, denn ihre Werke sind überall. Steigt man irgendeine Rinne hinauf, die in irgendeinen der Canyons austritt, klettert man über kleine Felsterrassen oder Geröllsperren, deren Krone sich auf einer Stufe mit dem Fuß der nächsthöheren befindet. Hinter jeder Sperre liegt ein kleines Bodenareal, das früher ein Feld oder Garten war, überspült von den Regengüssen, die auf die angrenzenden Hänge fielen. Auf dem Felskamm findet man die Steinfundamente eines Turms; hier bewachte der Bergfarmer wahrscheinlich seine hingetupften Parzellen. Das Wasser für den Haushalt muss er vom Fluss heraufgetragen haben. Haustiere besaß er offenbar keine. Welche Früchte hat er angebaut? In welcher Vorzeit? Das einzige Bruchstück einer Antwort sind die 300 Jahre alten Kiefern, Eichen und Wacholderbäume, die jetzt in den kleinen Feldern wurzeln. Offensichtlich liegt es länger zurück, als die ältesten Bäume alt sind.

Das Wild liebt es, auf diesen kleinen Terrassen zu liegen. Sie bieten ein ebenes, steinfreies Bett, gepolstert mit Eichenblättern und hinter einem Sträuchervorhang versteckt. Nur ein Sprung über die Sperre, schon ist das Wild für den Eindringling außer Sicht.

Mit Unterstützung des brüllenden Windes pirschte ich mich eines Tages an einen auf den Damm gebetteten Hirschbock heran. Er lag im Schatten einer großen Eiche, deren Wurzeln das alte Mauerwerk umklammerten. Sein Geweih und seine Ohren zeichneten sich gegen das goldene Moskitogras hinter ihm ab, in dem die grüne Rosette eines Peyotlkaktus wuchs. Die ganze Szene war ausbalanciert wie ein wohlgedeckter Tisch. Ich schoss übers Ziel hinaus, mein Pfeil zersplitterte an den Felsen, die die alten Indianer dorthin gelegt hatten. Als der Bock mit einem Abschiedswink seines schneeweißen Wedels den Berg hinabsprang, erkannte ich, dass wir beide die Darsteller in einer Allegorie waren. Staub zu Staub, Steinzeit zu Steinzeit, doch stets die ewige Jagd! Es war gut, dass ich nicht traf, denn wenn eine große Eiche in dem wächst, was heute mein Garten ist, hoffe ich, dass sich Hirschböcke eines Tages ins gefallene Laub betten und Jäger sich anschleichen und danebenschießen und sich fragen, wer die Gartenmauer errichtet hat.

Eines Tages wird mein Bock eine .30-30-Patrone zwischen die glänzenden Rippen bekommen. Ein plumper Ochse wird sein Bett unter der Eiche aufschlagen und das goldene Moskitogras aufmampfen, bis es durch Unkraut ersetzt ist. Dann wird ein Hochwasser die alte Geröllsperre davonreißen und die Steine am Fluss unten bei einer Touristenstraße auftürmen. Lastwagen werden den Staub vom alten Pfad wirbeln, auf dem ich gestern noch Wolfsspuren gesehen habe.

Vordergründig betrachtet ist der Gavilan ein harter, steiniger Landstrich, voll grässlicher Hänge und Klippen, die Bäume zu knorrig für Pfosten oder Bretter, die Berge zu steil für die Beweidung. Aber die alten Terrassen-Erbauer ließen sich nicht täuschen; aus Erfahrung wussten sie, dass es ein Land ist, in dem Milch und Honig fließen. Diese krummen Eichen und Wacholderbäume liefern jedes Jahr Mastfutter, das die Wildtiere ausscharren. Das Wild, die Truthähne und Pekaris verbringen ihre Tage wie Ochsen im

Maisfeld und verwandeln das Futter in saftiges Fleisch. Die goldenen Gräser verbergen unter ihrem wogenden Gefieder einen unterirdischen Garten voller Zwiebeln und Knollen, einschließlich wilder Kartoffeln. Öffnet man den Kropf der kleinen Montezumawachtel, findet man ein Herbarium an unterirdischer Nahrung, die aus dem steinigen Boden gekratzt wurde, den man selbst für unfruchtbar hielt. Diese Nahrung stellt die Antriebskraft dar, die die Pflanzen durch das große Organ namens Fauna pumpen.

Jede Gegend hat ein Lebensmittel, das ihre Üppigkeit versinnbildlicht. Die Hügel des Galivan finden ihren kulinarischen Inbegriff auf folgende Weise: Schieß einen gemästeten Hirschbock, nicht vor November, nicht später als Januar. Häng ihn für sieben Fröste und sieben Sonnen in eine Lebenseiche. Dann schneide die halbgefrorenen ›Riemen‹ aus ihrem Talgbett unter dem Rücken und portioniere sie schräg als Steaks. Reibe jedes Steak mit Salz, Pfeffer und Mehl ein. Wirf sie in einen Schmortopf über Lebenseichenkohle, in dem Bärenfett brutzelt. Angle die Steaks beim ersten Anzeichen von Bräune heraus. Gib ein wenig Mehl ins Fett, dann eiskaltes Wasser, dann Milch. Leg ein Steak auf den Scheitel eines dampfenden Sauerteigbrötchens und tunke beides in die Soße.

Das ist ein symbolischer Aufbau. Der Bock liegt auf seinem Berg, und die goldbraune Soße ist der Sonnenschein, der bis zum Ende über seine Tage flutet.

Nahrung ist das Bindeglied im Lied des Gavilan. Damit meine ich natürlich nicht nur unsere Nahrung, sondern auch die Nahrung der Eiche, die den Hirschbock ernährt, der den Puma ernährt, der unter einer Eiche stirbt und wiederum in Eicheln für seine vormalige Beute eingeht. Dies ist einer der vielen Nahrungskreisläufe, die mit den Eichen beginnen und enden, denn die Eiche ernährt auch den Häher, der den Habicht ernährt, nach dem der Fluss benannt ist, den Bären, dessen Fett unsere Bratensoße ausmacht, die Wachtel, die uns eine Lektion in Botanik erteilt, und den Truthahn, der einem täglich durchs Netz schlüpft. Das Ende vom Lied ist, dass alles den Quellrinnsalen des Gavilan hilft, wieder ein Krümelchen Boden vom breiten Koloss der Sierra Madre abzutrennen, damit eine weitere Eiche entsteht.

Es gibt Menschen, die mit der Aufgabe betraut sind, den Aufbau der Pflanzen, Tiere und Böden zu untersuchen, die die Instrumente des großen Orchesters sind. Diese Menschen nennt man Professoren. Jeder wählt sich ein Instrument und verbringt sein Leben damit, es auseinanderzunehmen und seine Saiten und Resonanzböden zu beschreiben. Der Prozess solcher Zergliederung heißt Forschung. Der Ort dieser Zergliederung heißt Universität.

Ein Professor kann die Saiten des eigenen Instruments zupfen, aber niemals die eines anderen, und falls er einmal der Musik lauscht, darf er das auf keinen Fall seinen Kollegen oder Studenten gegenüber eingestehen. Denn alle hält ein eisernes Tabu zurück, das verfügt, dass der Aufbau der Instrumente die Domäne der Wissenschaft, das Aufspüren der Harmonie jedoch die Domäne der Dichter sein müsse.

Professoren dienen der Wissenschaft, und die Wissenschaft dient dem Fortschritt. Sie dient dem Fortschritt dermaßen gut, dass viele der komplizierteren Instrumente zertreten und zerbrochen werden in der Hektik, den Fortschritt in die rückständigen Hinterländer zu bringen. So wird eine Strophe nach der anderen aus dem Hohelied gestrichen. Wenn es dem Professor gelingt, jedes Instrument zu klassifizieren, ehe es in Stücke geht, ist er schon hochzufrieden.

Die Wissenschaft trägt moralische und materielle Segnungen zur Welt bei. Ihr bedeutender moralischer Beitrag ist die Objektivität, der wissenschaftliche Blickwinkel. Das heißt, alles anzuzweifeln außer die Fakten; das heißt, die Fakten zu bearbeiten, auch wenn die Späne überall hinfallen. Ein Faktum, das die Wissenschaft zugerichtet hat, lautet: Jeder Fluss braucht mehr Menschen, und alle Menschen brauchen mehr Erfindungen und somit auch mehr Wissenschaft; ein gutes Leben hängt von der unendlichen Verlängerung dieser logischen Kette ab. Dass ein gutes Leben am Fluss ebenso von der Wahrnehmung seiner Musik und von der Bewahrung der Musik für eine solche Wahrnehmung abhängt, ist eine Form des Zweifels, den die Wissenschaft bislang nicht gehegt hat.

Die Wissenschaft ist beim Gavilan noch nicht angekommen, deshalb spielt der Otter Fangen in seinen Kolken und Stromschnellen und jagt den fetten Regenbogenforellen unterhalb der bemoosten Ufer nach, ohne je an die Flut zu denken, die das Ufer eines Tages in den Pazifik spülen wird, oder an den Angler, der ihm eines Tages sein Recht auf Forellen streitig machen wird. Genau wie der Wissenschaftler zweifelt er die eigene Vorstellung vom Leben nicht an. Er meint, der Gavilan werde ewig für ihn singen.

Die Dachtrespe übernimmt

So wie es Ehre unter Dieben gibt, so gibt es Solidarität und Zusammenarbeit zwischen Pflanzen und tierischen Schädlingen. Wo das eine Ungeziefer durch natürliche Barrieren aufgehalten wird, erscheint ein anderes, um denselben Wall mit neuem Ansturm zu durchbrechen. Am Ende erhält jede Region und jede Ressource ihren Anteil an ungeladenen ökologischen Gästen.

Darum folgte auf den Haussperling, unschädlich geworden durch den Schwund der Pferde, der Star, welcher im Gefolge der Traktoren gedeiht. Der Kastanienfäule, die die Westgrenze der Kastanien nicht überschritt, schloss sich das Ulmensterben an, das alle Möglichkeiten hat, sich bis zur Ulmengrenze im Westen auszubreiten. Dem Weymouthskiefern-Blasenrost, der auf seinem Marsch westwärts durch die baumlosen Ebenen aufgehalten wurde, gelang eine erneute Landung durch die Hintertür, nun tobt er von Idaho die Rockies hinab nach Kalifornien.

Ökologische blinde Passagiere kamen mit den ersten Siedlern. Der schwedische Botaniker Peter Kalm fand heraus, dass die meisten europäischen Gräser sich bereits 1750 in New Jersey und New York etabliert hatten. Sie breiteten sich genauso schnell aus, wie ihnen der Pflug der Siedler ein passendes Saatbeet bereitete.

Später folgten andere aus dem Westen und fanden Tausende Quadratmeilen fertige Saatbeete vor, bereitet von den trampelnden Hufen des Weideviehs. In solchen Fällen ging die Ausbreitung oft so rasch vonstatten, dass sie einer Aufzeichnung entkam; man wachte eines schönen Frühlings auf und stellte fest, dass ein neues Unkraut die Weide beherrschte. Ein bemerkenswertes Beispiel war die Invasion der Sand- oder Dachtrespe (*Bromus tectorum*) in den intermontanen und nordwestlichen Gebirgsausläufern.

Damit kein allzu optimistischer Eindruck von dieser neuen Zutat im Schmelztiegel entsteht, will ich sagen, dass die Trespe kein Gras ist, das eine lebendige Narbe bildet. Sie ist ein einjähriges Unkraut aus der Familie der Süßgräser, wie Fuchsschwanztrespe oder Fingerhirse, die in jedem Herbst abstirbt und sich im Herbst oder nächsten Frühjahr neu aussät. In Europa ist sie im faulenden Stroh der Strohdächer beheimatet. Das lateinische Wort für Dach lautet *tectum*, daher die Bezeichnung »Dachtrespe«. Eine Pflanze, die auf einem Hausdach überlebt, kann auch auf dieser üppigen, allerdings trockenen Bedachung des Kontinents gedeihen.

Heute erhalten die honigfarbenen Hügel, die an die Gebirge im Nordwesten grenzen, ihren Farbton nicht vom üppigen, nützlichen Horstgras und Weizengras, mit denen sie früher bedeckt waren, sondern von der minderwertigen Dachtrespe, die die ursprünglichen Gräser ersetzt hat. Der Automobilist, der aufjauchzt wegen der fließenden Konturen, die seinen Blick zu den fernen Gipfeln emporführen, ist sich dieses Austauschs nicht bewusst. Es kommt ihm nicht in den Sinn, dass auch Hügel schlechte Haut mit ökologischem Gesichtspuder bedecken.

Der Grund für diesen Austausch ist Überweidung. Als die viel zu großen Herden und Scharen das Fell der Vorgebirge kahlgefressen und niedergetrampelt hatten, musste etwas die grobe erodierende Erde bedecken. Das tat die Dachtrespe.

Die Dachtrespe wächst in dichten Beständen, jeder Halm trägt eine Unmenge stacheliger Grannen, sodass die reife Pflanze ungenießbar für das Vieh ist. Um das Dilemma einer Kuh zu ermessen, die reife Dachtrespen zu fressen versucht, muss man nur in Halbschuhen hindurchgehen. Im Trespenland tragen alle Feldarbeiter hohe Stiefel. Nylonstrümpfe sind hier auf Trittbretter und Asphaltwege verbannt.

Die stachligen Grannen bedecken die Herbsthügel mit einem gelben Laken, das genauso leicht entflammbar ist wie Baumwolle. Es ist ganz und gar unmöglich, das Trespenland vor Feuer zu schützen. Folglich werden die Überreste guter Weidepflanzen wie Salbei- und Antilopenstrauch bis zu den Höhenlagen, wo sie als Winterfutter von geringerem Nutzen sind, verbrannt. Die niedrigeren Kiefernzonen, die Hirsche und Vögel im Winter zum Schutz brauchen, werden ebenfalls bis in die Höhenlagen abgesengt.

Dem Sommertouristen mag das Verbrennen einiger Sträucher in den Gebirgsausläufern ein kleiner Verlust scheinen. Ihm ist nicht bewusst, dass der Schnee im Winter Nutzvieh und Wild gleichermaßen aus dem Hochgebirge verbannt. Nutzvieh kann auf den Ranchen im Tal gefüttert werden, Hirsch und Wapiti müssen ihre Nahrung jedoch in den Vorgebirgen finden, sonst verhungern sie. Der bewohnbare Überwinterungsgürtel ist schmal, und je weiter man nach Norden kommt, desto größer ist der Unterschied zwischen den Bereichen von Winter- und Sommerweide. Daher sind diese verstreuten Gruppen aus Antilopenstrauch, Salbei und Eiche, die heute unterm Ansturm der Trespenfeuer rasch dahinschwinden, der Schlüssel zum Überleben der Tierwelt in der gesamten Region. Zudem beherbergen diese verstreuten Gebüsche unter ihrem Schutz oft die Überbleibsel des ursprünglichen ganzjährigen Grases. Werden die Sträucher verbrannt, unterliegen diese Grasreste dem Vieh. Während die Jäger und Viehzüchter darüber streiten, wer zuerst verschwinden sollte, um die Winterweide zu entlasten, lässt die Dachtrespe immer weniger Winterweide übrig, um die man streiten müsste.

Die Dachtrespe gibt Anlass zu allerhand kleineren Ärgernissen, die meisten wohl nicht so bedeutend wie hungerndes Wild oder Trespenwunden in Kuhmäulern, aber doch der Erwähnung wert. Die Dachtrespe dringt in alte Luzernenfelder ein und verdirbt das Heu. Sie versperrt den frisch geschlüpften Entenküken den lebenswichtigen Weg vom Nest im Hochland zum Wasser im Tiefland. Sie dringt in die tiefer gelegenen Waldränder ein, wo sie Kiefernsämlinge erstickt und älteren Nachwuchs mit Schnellfeuern bedroht.

Ich habe selbst ein solches Ärgernis erlebt, als mein Wagen und mein Gepäck am ›Einfuhrhafen‹ an der nordkalifornischen Grenze von einem Quarantänebeamten durchsucht wurden. Höflich erklärte er mir, dass Kalifornien Touristen willkommen heiße, sich jedoch absichern müsse, dass sie in ihrem Gepäck kein pflanzliches oder tierisches Ungeziefer einführten. Ich fragte ihn: Welches Ungeziefer? Er zählte eine lange Liste mit potenziellem Garten- und Obsthainbefall auf, erwähnte aber nicht das gelbe Dachtrespenlaken, das sich bereits von seinen Füßen bis zu den fernen Anhöhen in alle Richtungen erstreckte.

Nicht anders als beim Karpfen, beim Star, beim Ruthenischen Salzkraut machen die trespenbefallenen Regionen aus der Not eine Tugend und finden den Eindringling nützlich. Frisch gesprossene Dachtrespen sind, solange sie zart sind, ein gutes Futter; als hätte sich das Lammkotelett, das man zu Abend isst, in den linden Frühlingstagen nicht von Dachtrespen ernährt. Dachtrespen verringern die Erosion, die sonst auf Überweidung folgt, die wiederum die Dachtrespe hereingelassen hatte. (Dieser ökologische Ringelreihen verdient eine lange Betrachtung.)

Ich habe sorgsam auf Hinweise gelauscht, ob der Westen die Dachtrespe als notwendiges Übel akzeptiert hat, mit dem man leben muss, bis das Himmelreich kommt, oder ob er sie als eine Herausforderung betrachtet, um die früheren Fehler bei der Bodennutzung zu berichtigen. Beinahe überall stieß ich auf Hoffnungslosigkeit. Bis jetzt gibt es keinen Stolz auf die Haltung wilder Pflanzen und Tiere, keine Scham über das Eigentumsrecht an einer kranken Landschaft. Wir kämpfen in der Kongresshalle und in Zeitungsredaktionen im Namen des Naturschutzes gegen Windmühlen, aber im eigenen Hinterhof leugnen wir, auch nur eine Lanze zu besitzen.

Clandeboye

Ich befürchte, Bildung bedeutet, eine Sache sehen zu lernen, indem man blind einer anderen gegenüber wird.

Eines, wofür die meisten von uns blind geworden sind, ist der Wert von Marschen. Ich wurde daran erinnert, als ich einem Besucher einen besonderen Gefallen tat und ihn zur Clandeboye mitnahm, nur um herauszufinden, dass sie ihm noch einsamer anzuschauen und schwieriger zu befahren schien als andere Sumpfgebiete.

Das ist merkwürdig, denn jeder Pelikan, jeder Wanderfalke, jede Schnepfe oder jeder Renntaucher weiß, dass Clandeboye eine entlegene Marsch ist. Warum sonst ziehen sie sie anderen Marschen vor? Warum sonst verübeln sie mir mein Eindringen auf ihr Gelände nicht bloß als Verstoß, sondern als eine Art kosmische Unbotmäßigkeit?

Das Geheimnis ist wohl dieses: Clandeboye ist eine Marsch, die nicht nur räumlich, sondern auch zeitlich entlegen ist. Nur die unkritischen Konsumenten einer längst aufgebrauchten Geschichte nehmen an, dass das Jahr 1941 gleichzeitig bei allen Marschen eintraf. Die Vögel wissen es besser. Ein Geschwader Pelikane auf dem Weg nach Süden muss nur den Auftrieb einer Präriebrise über Clandeboye spüren, und sofort merken sie, dass hier ein Landeplatz in der geologischen Vergangenheit ist, eine Zuflucht vor dem erbarmungslosesten Angreifer: der Zukunft. Mit seltsam vorsintflutlichem Ächzen setzen sie ihre Flügel und steigen in majestätischen Kreisen zu den willkommen heißenden Ödnissen einer längst verflossenen Ära nieder.

Andere Flüchtlinge sind bereits hier, jeder akzeptiert auf seine Weise den Aufschub vor dem Lauf der Zeit. Forsterseeschwalben schreien wie fröhliche Kinderscharen über den Wattflächen, als ließe der erste Frost, der von der zurückweichenden Eisdecke abschmolz, die Wirbelsäulen ihrer Elritzenbeute erzittern. Eine Reihe Kanadakraniche trompetet Verachtung gegenüber allem hinaus, was Kraniche misstrauisch beäugen und fürchten. Eine Schwanenflotte durchquert die Bucht in stiller Würde, wobei sie das Verschwinden des Schwanenhaften beklagt. Aus dem Wipfel einer sturmzerzausten Pappel, dort, wo die Marsch in den großen See ausströmt, stößt ein Wanderfalke spielerisch auf ein vorbeiziehendes Federvieh nieder. Er ist mit Entenfleisch vollgestopft, aber es amüsiert ihn, die kreischenden Krickenten zu erschrecken. Auch als der Lake Agassiz in früheren Tagen die Prärien bedeckte, war dies sein Verdauungssport.

Es ist leicht, den Standpunkt eines jeden dieser Wildlinge zu bestimmen, denn sie tragen ihr Herz auf der Zunge. Doch es gibt in Clandeboye einen Flüchtling, dessen Geist ich nicht lesen kann, weil er keinen Lastwagen voll menschlicher Eindringlinge erträgt. Andere Vögel plappern leicht ihr Vertrauen zu den Neureichen in Overalls heraus, nicht jedoch der Renntaucher! Schleicht man sich vorsichtig an den Schilfsaum, wie ich es werde, bekommt man nichts weiter zu sehen als einen Silberblitz, der geräuschlos in die Bucht niedergeht. Und dann läutet er hinterm Binsenvorhang des gegenüberliegenden Ufers ein Glöckchen, um alle Artgenossen vor etwas zu warnen. Doch wovor?

Ich konnte es nie erraten, denn zwischen diesem Vogel und der Menschheit steht irgendeine Barriere. Einer meiner Gäste entließ den Renntaucher, indem er seinen Namen in der Vogelliste abstrich und eine Silbenumschrift des Gebimmels notierte: »*crick-crick*« oder eine ähnliche Ungereimtheit. Der Mann spürte nicht, dass es hier mehr gab als einen Vogelruf, nämlich eine *geheime* Botschaft, die nicht nach Wiedergabe in nachgeäfften Silben, sondern nach Übersetzung und Verständnis verlangte. Leider war – und bin – ich ebenso hilflos, es zu übersetzen oder zu verstehen wie dieser Mann.

Kommt der Frühling, ertönt die Glocke beharrlich; in der Morgen- und Abenddämmerung bimmelt sie von jeder Wasserfläche. Ich schließe daraus, dass die jungen Renntaucher jetzt in ihre Wasserlaufbahn eingeführt werden und elterliche Unterweisung in Renntaucherphilosophie erhalten. Aber dieses Schulzimmer *zu sehen*, ist nicht ganz leicht.

Eines Tages grub ich mich bäuchlings in den Dreck einer Bisamratten-Behausung ein. Während meine Kleidung die Lokalfarbe aufsog, sogen meine Augen die Weisheit der Marsch ein. Ein Rotkopfentenweibchen schwamm mit seinem Entenkükenkonvoi vorüber, rosaschnäblige grüngoldene Flaumbällchen. Eine Virginiaralle streifte beinahe meine Nase. Der Schatten eines Pelikans segelte über einem Tümpel, auf dem ein Gelbschenkel mit pfeifendem Getriller landete; mir schien, der Gelbschenkel *lief* ein besseres Gedicht, bloß indem er den Fuß hob, als ich eines kraft gewaltiger Hirntätigkeit *schrieb*.

Ein Nerz schlüpfte hinter mir ans Ufer, die Nase in der Luft, eine Spur witternd. Sumpfzaunkönige unternahmen einen Ausflug nach dem anderen zu einem Loch in den Rohrkolben, von wo das Geschrei der Nestlinge erscholl. Ich begann in der Sonne einzudösen, als aus dem offenen Tümpel ein wildes rotes Auge auftauchte, das aus einem Vogelkopf starrte. Nachdem es festgestellt hatte, dass alles ruhig war, tauchte der silberne Körper auf: groß wie eine Gans, mit den Streifen eines schlanken Torpedos. Ehe ich wusste wann oder woher, war ein zweiter Renntaucher dort, ein Weibchen, auf dessen breitem Rücken zwei perlmuttsilberne Küken saßen, eng umschlossen von eingekrümmten Flügeln. Sie hatten allesamt eine Biegung umrundet, bevor ich noch Atem holen konnte. Und nun hörte ich das Glöckchen hell und höhnisch hinter dem Binsenvorhang.

Ein Gespür für Geschichte sollte das kostbarste Geschenk der Wissenschaft und Künste sein, doch ich vermute, der Renntaucher, der beides nicht hat, weiß mehr über Geschichte, als wir es tun. Sein dämmriges Urhirn weiß nicht, wer die Schlacht von Hastings gewonnen hat, aber es scheint zu spüren, wer den Kampf gegen die Zeit gewonnen hat. Wäre die Gattung Mensch ebenso alt wie die Gattung Renntaucher, könnten wir die Tragweite seines Rufs besser verstehen. Welche Überlieferungen, welchen Stolz, welche Verachtung, welche Weisheiten bringen uns bereits wenige sich ihrer selbst bewusste Generationen! Und welche stolze Kontinuität treibt dann erst diesen Vogel an, der bereits Äonen, bevor es den Menschen gab, ein Renntaucher war.

Wie dem auch sei, der Ruf des Renntauchers ist auf Grund besonderer Autorität der Klang, der den Marschlandchor dominiert und zusammenhält, eine unvordenkliche Autorität vielleicht, die den Stock über die gesamten Biota schwingt. Wer schlägt den Takt für die Brecher am Seeufer, wenn sie

Riff um Riff für eine Marsch nach der anderen bauen, wenn sich das Wasser auf einen Jahrhundert um Jahrhundert niedriger werdenden Pegel zurückzieht? Wer gibt Kamm-Laichkraut und Rohrkolben ihre Aufgabe, die Sonne und die Luft einzusaugen, damit die Bisamratten im Winter nicht hungern und das Schilf die Marsch nicht zu einem leblosen Dschungel erdrosselt? Wer rät den brütenden Enten am Tag zur Geduld und spornt nachts die marodierenden Nerze zum Blutdurst an? Wer mahnt den Speer der Reiher zur Präzision und die Faust des Falken zur Schnelligkeit? Weil all diese Geschöpfe ihre verschiedenen Aufgaben ohne für uns hörbaren Tadel erfüllen, nehmen wir an, dass sie keinen erhalten, dass ihre Fähigkeiten angeboren und ihr Fleiß automatisch ist, dass die wilden Tiere keine Müdigkeit kennen. Vielleicht ist Müdigkeit nur den Renntauchern nicht bekannt; vielleicht sind es die Renntaucher, die alle anderen daran erinnern, dass sie unaufhörlich fressen und kämpfen, brüten und sterben müssen, wenn sie überleben wollen.

Das Marschland, das sich einst über die Prärie vom Illinois bis zum Athabasca erstreckt hat, zieht sich nun nach Norden zurück. Der Mensch kann nicht allein von der Marsch leben, deshalb muss er ohne Marsch leben. Der Fortschritt kann es nicht ertragen, dass Farmland und Marschland, Wildes und Gezähmtes, in gegenseitigem Verständnis und Einklang existieren.

Also haben wir mit Bagger und Deich, Ziegel und Fackel den Maisgürtel und jetzt den Weizengürtel trockengelegt. Blauer See wird grüner Sumpf, grüner Sumpf wird krustiger Schlamm, krustiger Schlamm wird Weizenfeld.

Eines Tages wird meine Marsch, eingedeicht und leergepumpt, vergessen unter Weizen liegen, so wie das Heute und das Gestern vergessen unter den Jahren liegen. Ehe der letzte Hundsfisch sich zum letzten Mal im letzten Tümpel schlängelt, werden die Seeschwalben der Clandeboye ihr Lebwohl zukreischen, werden sich die Schwäne in schneeiger Würde himmelwärts schrauben, werden die Reiher zum Abschied blasen.

Bumerangs

Aberthörnchen nagen Kiefernzweige ab. Warum? Keiner weiß es. Offenbar besitzen sie einen eichhorntypischen Sinn für Humor.

Kiefernzweige fallen zu Boden. Warum? Sie können nicht anders.

Eine alte Kuh kommt vorbei und frisst sie. Warum? Aus demselben Grund, aus dem Menschen Kaugummi kauen – bloß um etwas zu tun.

Das Kiefernzweigmahl bekommt der alten Kuh nicht. In vielen Fällen verursacht es eine Frühgeburt des Kalbs.

Der Viehzüchter kommt vorbei und ist wütend. Auch er hat Sinn für Humor, aber in diesen Zeiten ist ein fehlgeborenes Kalb ein ziemlich ernster Streich.

Aberthörnchen spielen dem Förster ähnliche Streiche, indem sie Millionen unreifer Kiefernzapfen abnagen, die die Quelle der notwendigen Samenproduktion sind. Nebenbei bemerkt, dieser Streich ist ein Bumerang für die *törichten* Aberthörnchen, die die Kiefernsamen als Nahrung brauchen. Was kann man unternehmen, um die Aberthörnchen zu bestrafen?

Der angerichtete Schaden nimmt nur an Orten mit abnormem Zuwachs an Aberthörnchen bedenkliche Ausmaße an. Warum ist die Zahl der Aberthörnchen abnorm angestiegen? *Wegen der selbstmörderischen Metzeleien nützlicher Habichte und Eulen.*

Über die ausgedehnten baumlosen Ebenen von San Augustine verlaufen eine Telefonleitung und eine Straße. Tausende wandernder Habichte landen zur Rast auf den Telefonmasten. Hunderte von Automobilen rasen über die Straße, in jedem befindet sich ein Gewehr. Unter jedem Telefonmast liegen ein bis sechs tote Habichte. Mögen diese Raser die Geschichte lesen.

Zwei von drei toten Habichten gehören zu Arten, die fast ausschließlich von Präriehunden, Erdhörnchen, Eichhörnchen und anderen Nagern leben.

Zwei von drei der habichtmordenden Automobile gehören Viehzüchtern, die gegen Nager wüten.

Lasst uns über die törichten ABERTHÖRNCHEN *reden!*

Blue River

Ich hielt an, unsicher, ob die alte Kuh tot war oder im Sterben lag. Vermutlich war sie zum Trinken von den verdorrten Hügeln heruntergekommen. Nun lag sie hier, ganz ruhig, auf der heißen Sandbank. Ein Schwarm grünglänzender Fliegen umschwirrte ihren Schädel und drangsalierte ihre Augen und ihr Maul. Sie hatte ihren Hals gereckt – der Abdruck war noch im Sand –, wie für einen letzten Blick die grausamen Klippen des Blue River hinauf.

Ich grübelte gerade darüber – besonders über die ghulischen Fliegen –, als es passierte. Ein zinnoberroter Blitz – ein sanft plätscherndes Gezwitscher –, dann schwebte ein rotes Vögelchen über dem Kopf der alten Kuh, schnappte sich rechts und links die Fliegen, eine nach der andern, für jede ein Schrei der Ekstase, in höchster Lebensfreude. Dann verschwand es mit einem raschen karmesinroten Flügelschlag in die grünen Tiefen der Pappeln.

Sah die alte Kuh den Vogel? Nein. Ihre toten Augen starrten die Klippen hinauf. Irgendwo dort oben war ihr Kalb.

Ich betrachtete die alte Kuh eine Weile und dachte über das rote Vögelchen nach. Dann fuhr ich weiter den Blue River hinab.

Das Arboretum und die Universität

Länger als zweitausend Jahre beruhte alles zivilisatorische Denken auf einer grundlegenden Prämisse: Es sei die Bestimmung des Menschen, die Erde auszubeuten und zu versklaven. Die biblische Aufforderung »Seid fruchtbar und mehret euch« ist nur eine von vielen Lehren, die auf eine solche Haltung von philosophischem Imperialismus hinauslaufen.

Dennoch hat während der letzten Jahrzehnte eine neue Wissenschaft namens Ökologie unbemerkt einen Hauch des Zweifels über diese bis dahin unangefochtene ›Weltsicht‹ gelegt. Die Ökologie sagt uns, dass kein Tier – und auch kein Mensch – als unabhängig von seiner Umgebung betrachtet werden kann. Pflanzen, Tiere, Menschen und Böden sind eine Gemeinschaft voneinander abhängiger Teile, ein Organismus. Kein Organismus kann den Verfall eines seiner Glieder überleben. Mr. Babbitt ist ebenso wenig eine getrennte Entität wie sein linker Arm oder eine einzelne Zelle seines Bizeps. Auch die Ansammlungen von Menschen und Erde, die wir Madison oder Wisconsin oder Amerika nennen, sind es nicht. Es mag unserem Ego schmeicheln, dass wir Menschenkinder genannt werden, doch es käme der Wahrheit näher, wenn wir uns selbst als Geschwister unserer Felder und Wälder bezeichneten.

Die unglaublichen Maschinen, in denen wir zu unserer Welteroberung eilen, haben natürlich noch nichts von diesen ökologischen Wortklaubereien gehört; ebenso wenig haben es die ungläubigen Techniker. Diese Maschinen sind zweischneidige Schwerter. Sie könnten für ein ökologisches Zusammenspiel eingesetzt werden; doch sie werden für eine ökologische Zerstörung von beinahe geologischem Ausmaß benutzt. In Wisconsin zum Beispiel haben von Menschen entfachte Feuer die Nordhälfte des Staates für die nächsten beiden Generationen teilweise unbewohnbar gemacht, während die südwestliche Ecke durch die von Menschen verursachte Erosion für das kommende Jahrhundert verdorben ist. Im mittleren Wisconsin zerstörte 1930 ein einziges Feuer den Boden im fruchtbareren Teil von zwei Landkreisen.

Als nüchterne Tatsache lässt sich festhalten, dass die Mentalität der *Eisernen Ferse* die Möglichkeit Wisconsins, ein gemeinschaftliches Zusammenspiel von Menschen, Tieren und Pflanzen während der nächsten hundert Jahre zu unterstützen, bereits um die Hälfte reduziert hat. Darüber hinaus hat sie uns eine Instandsetzungsrechnung aufgebürdet, deren Ausmaß wir gerade erst zu erfassen beginnen.

Würde ein fremder Eindringling eine derartige Ausbeutung in Angriff nehmen, stünde die ganze Nation bis zum letzten Mann und Dollar dagegen auf. Doch solange wir uns selbst ausbeuten, rechnen wir die Demütigung einem »krassen Individualismus« zu und versuchen, sie zu vergessen. Aber vollends können wir das nicht. Es gibt eine schwache Minderheit namens Naturschützer, die sich empört. Sie fangen gerade erst an zu erkennen, dass ihre Aufgabe eher die Neuorganisation der Gesellschaft einschließt als die Verabschiedung einiger Wild- und Jagdgesetze.

Was hat dies alles mit dem Arboretum zu tun? Ganz einfach: Besteht die Zivilisation im Zusammenspiel von Pflanzen, Tieren, Böden und Menschen, braucht eine Universität, die bemüht ist, dieses Zusammenspiel zu definieren, zum Nutzen ihrer Fakultät und ihrer Studenten Orte, die zeigen, wie das Land war, wie es ist und wie es sein sollte. Das Arboretum kann als Ort betrachtet werden, an dem wir im Laufe der Zeit ein Muster dessen anlegen, was gewesen ist und was sein sollte. Wegen der verschwommenen Vision seines künftigen Schicksals haben wir den Großteil des Arboretums einer Rekonstruktion des ursprünglichen Wisconsin gewidmet, statt einer ›Sammlung‹ importierter Bäume.

Die Mentalität der *Eisernen Ferse* hat natürlich kein Interesse daran, wie Wisconsin einmal ausgesehen hat. Exakt dies ist der Grund, warum es die Universität nicht geben kann. Ich sage hier, dass die Erfindung einer harmonischen Beziehung zwischen Mensch und Land eine anspruchsvollere Aufgabe ist als die Erfindung von Maschinen und dass ihre Durchführung ohne visuelles Wissen über die Geschichte des Landes unmöglich ist. Nehmen wir an dieser Stelle die Grasmarsch in den Blick: Vom Rückzug des Gletschers bis zu den Tagen des Pelzhandels war sie ein Tamaracklärchensumpf – Stämme und Stubben sind dort noch immer im Boden. In den Torfschichten sind sowohl die Pollen, die die Vegetation des Sumpfs und der ihn umgebenden Landschaft verzeichnen, als auch die Knochen der Tiere eingelagert. Während einer Dürre haben von Menschen verursachte Feuer die Lärchen verbrannt, die zunächst Gräsern und Büschen, dann – unter anhaltendem Abbrennen und Abweiden – dem schieren Gras wichen. Nicht anders sehen die Geschichte und der Zustand tausend anderer Marschen aus. Was wird passieren, wenn der zersetzte Oberflächentorf vollständig verbrannt ist? In welcher Phase der Rückentwicklung vom Wald zur Wiese ist die Marsch von größtem Nutzen für die Tiergemeinschaft? Wie erreicht und erhält man diesen wünschenswerten Zustand? Welche Rolle spielt die

Entwässerung? Diese Fragen sind von nationaler Bedeutung. Sie bestimmen über die künftige Bewohnbarkeit der Erde, körperlich und geistig. Sie sind ebenso wichtig wie die Frage eines Anschlusses an den Völkerbund – nur unser Eisenfersen-Erbe lässt diesen Vergleich lächerlich erscheinen. Der Wissenschaftler kennt die Antwort nicht, er war zu sehr damit beschäftigt, Maschinen zu erfinden. Die Zeit ist gekommen, dass sich die Wissenschaft selbst mit der Erde beschäftigt. Der erste Schritt ist die Rekonstruktion eines Beispiels dessen, womit wir beginnen müssen. Kurzum, *das* ist das Arboretum.

Wenn der Juni kommt

Imperien verbreiten sich über die Kontinente, zerstören Böden, Flora und Fauna, zerstören einander. Doch die Bäume wachsen.

Philosophien verbreiten sich über die Imperien, lehren mittels Panzer und Bombe das gute Leben. Maschinen kriechen über die Imperien, befördern Waren. Waren werden untergepflügt oder verbrannt. Waren werden verhökert über den Äther und längs der Wege, an denen Whitman morgens und abends blühende Robinien gerochen hat. Streitigkeiten über Waren entstehen baumdick an allen Flüssen Amerikas. Der Warenabfall strömt die Flüsse hinab, setzt sich in den Schwimmlöchern fest. Von Waren erstickte Fische treiben rücklings in den Untiefen. Deiche, die Waren wachsen lassen sollten, trocknen die Wasservögel aus. Dämme, die Waren entstehen lassen sollten, hemmen den Zug der Lachse, nicht aber die Kähne, die Waren transportieren. Eisenbahnen, die Waren transportieren, überholen die Kähne. Lastwagen, die Waren transportieren, überholen die Eisenbahnen. Automobile, die die Konsumenten der Waren befördern, überholen die Lastwagen. Doch die Bäume wachsen.

Die Tradition der Waren füllt die Lehrpläne. Farmer lernen in einer Fabrik das Farmhandwerk. Chemiker und Physiker nutzen die Elektrizität, Biologen nutzen die Pflanzen und Tiere – alles für die Waren. Literatur und die Künste schildern das Drama der Besitzenden und der Habenichtse.

Forschung soll nicht das Universum entschlüsseln, sondern die Produktion beschleunigen. Doch die Bäume wachsen.

Der Regen, der auf Gerechte wie Ungerechte fällt, spült den Schlamm von den Fabrikfarmen. Die Bäche, die die Wiesen begrünen, speisen die Flüsse mit Schlamm. Die Täler, die in versonnener Stille daliegen, speisen die Bäche mit Schlamm. Die Hügel, felsgeriffelt und alt wie die Sonne, speisen die Täler mit Schlamm. Doch die Bäume wachsen.

Jefferson Davis' Kiefern

Ich besitze eine Farm auf einem der Sandländer in Mittelwisconsin. Ich habe sie gekauft, weil ich einen Ort wollte, wo ich Kiefern anpflanzen kann. Ein Grund für die Wahl meiner Farm war ihre Nachbarschaft zu dem einzig verbliebenen Bestand an voll entwickelten Kiefern im Bezirk.

Dieser Kiefernhain ist eine historische Landmarke. Es ist die Stelle (oder in deren Nähe), wo ein junger Lieutenant namens Jefferson Davis im Jahr 1828 Kiefernstämme für den Bau von Fort Winnebago geschlagen hat. Er flößte sie auf dem Wisconsin River zum Fort. Im folgenden Jahrhundert trieben tausend andere Kiefernstammflöße an diesem Wald vorbei, um jenes Reich roter Scheunen zu errichten, das heute Mittlerer Westen heißt.

Der Hain ist zudem eine ökologische Landmarke. Er ist der naheste Punkt für den stadtmüden Flüchtling aus dem Süden, an dem er den Wind im hohen Holz singen hören kann. Er beherbergt einen der besten Überreste an Weißwedelhirschen, Kragenhühnern und Helmspechten im südlichen Wisconsin.

Mein Nachbar, der Eigentümer des Waldes, ist eher zurückhaltend mit ihm umgegangen. Als sein Sohn geheiratet hatte, lieferte der Hain das Bauholz für das neue Haus, und er konnte solche leichten Einschläge verkraften. Als jedoch der Krieg den Holzpreis in die Höhe trieb, war die Versuchung, ihn zu verkleinern, allzu stark. Heute liegt der Hain darnieder, seine langen Stämme nähren die hungrige Säge.

Nach allen anerkannten Regeln des Forstwesens hatte mein Nachbar das Recht, den Wald zu verkleinern. Der Bestand war gleichaltrig, voll entwickelt und von Kernfäule durchdrungen. In seinem Herzen wüsste allerdings jeder Schuljunge, dass es irgendwie falsch ist, den letzten Überrest an Kiefernholz im Land auszuradieren. Besitzt ein Farmer eine Rarität, sollte er als ihr Verwalter eine gewisse Verpflichtung fühlen; und die Gemeinschaft sollte sich verpflichtet fühlen, ihm dabei zu helfen, die finanziellen Kosten der Verpflichtung zu tragen. Gegenwärtig schweigt jedoch unser Landnutzungsgewissen zu solchen Fragen.

Die Weißwedelschneise

Eines heißen Nachmittags im August faulenzte ich unter einer Ulme, als ich sah, wie ein Weißwedel die kleine Lichtung eine Viertelmeile östlich durchquerte. Ein Hirschwechsel verläuft über unsere Farm, und dort ist jeder Weißwedel für einen Moment von der Hütte aus zu erkennen.

Ich bemerkte erst eine halbe Stunde bevor ich meinen Stuhl an diese für eine Beobachtung des Hirschwechsels am besten geeignete Stelle schob, dass ich dies aus Gewohnheit seit Jahren getan hatte, ohne mir dessen richtig bewusst zu sein. Das brachte mich auf den Gedanken, dass ich den Bereich der Sichtbarkeit durch Beschneiden einiger Büsche verbreitern könnte. Noch vorm Abend war die Schneise geschlagen, und innerhalb eines Monats spürte ich mehrere Weißwedel auf, die sonst unsichtbar vorbeigezogen wären.

Eine Reihe von Wochenendgästen wurde auf die neue Weißwedelschneise hingewiesen, damit ich ihre spätere Reaktion beobachten konnte. Bald war klar, dass die meisten sie rasch vergaßen, während einige andere sie beobachteten, so wie ich selbst, wann immer sich die Möglichkeit ergab. Das Fazit war die Erkenntnis, dass es vier Kategorien von Frischluftfanatikern gibt: Wildjäger, Entenjäger, Vogeljäger und Nichtjäger. Diese Kategorien sind unabhängig von Alter oder Geschlecht oder Ausrüstung; sie repräsentieren vier verschiedene Sehgewohnheiten des Menschen. Ein Wildjäger beobachtet gewöhnlich die nächste Flussbiegung; ein Entenjäger beobachtet den Horizont; ein Vogeljäger beobachtet den Hund; ein Nichtjäger beobachtet nichts.

Wenn sich der Wildjäger hinsetzt, dann setzt er sich dorthin, wo er Sicht nach vorne hat und etwas im Rücken. Der Entenjäger setzt sich hinter etwas, wo er Sicht nach oben hat. Der Nichtjäger setzt sich dorthin, wo er es bequem hat. Von ihnen achtet keiner auf den Hund. Der Vogeljäger beobachtet nur den Hund und weiß stets, wo er sich befindet, egal, ob er in diesem Moment zu sehen oder nicht zu sehen ist. Die Nase des Hundes ist sein Auge. Viele bewaffnete Jäger haben in der Saison nie gelernt, auf den Hund zu achten oder seine Reaktionen auf einen Geruch zu deuten.

Es gibt gute Frischluftmenschen, die solchen Kategorien nicht entsprechen. Zum Beispiel der Ornithologe, der mit dem Ohr jagt und das Auge nur zur Verfolgung dessen nutzt, was sein Ohr entdeckt hat. Zum Beispiel der Botaniker, der mit dem Auge jagt, aber in viel näherem Umfeld; er ist ein Genie im Aufspüren von Pflanzen, sieht jedoch selten einmal Vögel oder Säugetiere. Zum Beispiel der Förster, der nur Bäume sieht und die Insekten und Pilze, die von den Bäumen leben; gegenüber allem Übrigen ist er blind. Und schließlich gibt es noch den Jäger, der nur die Beute sieht; alles andere ist für ihn von geringem Interesse und Wert.

Eine abweichende Jagdmethode gibt es, die ich nicht ausschließlich mit diesen Gruppen in Verbindung bringe: die Suche nach Losungen, Fährten, Federn, Bauen, Schlafplätzen, Abrieben, Scharrungen, Nahrung, Kampf oder Beute, die unter Förstern insgesamt als »Spurensuche« bekannt ist. Diese Fertigkeit ist selten und steht anscheinend oft in umgekehrtem Verhältnis zum Bücherwissen.

Das Pendant zum Tierspurlesen existiert auch für das Pflanzenreich, aber die Fähigkeit taucht ebenso selten auf und ist ebenso dezent verbreitet. Zum Beweis zitiere ich den Afrikaforscher, der in zwanzig Fuß Höhe die alten Kratzspuren eines Löwen in der Rinde eines Baums entdeckte. Er sagte, die Kratzspuren entstanden, als der Baum noch jung war.

Der biologische Hansdampf-in-allen-Gassen namens Ökologe versucht all dies zu sein und zu tun. Unnötig zu erwähnen, dass er keinen Erfolg hat; die Jagdmethoden zu ändern, ist noch das Beste, was er tun kann. Ich stelle fest, dass ich als Pflanzenjäger nur mäßig auf die Tiere achten kann und *vice versa*. Der Ökologe kann sich entscheiden, mit Vergrößerungsglas, Gewehr, Axt oder Schaufel aufzubrechen, um Auge und Geist den vorhandenen Werkzeugen anzupassen.

Alle Jäger haben als gemeinsamen Nenner die Erkenntnis, dass es immer etwas zu jagen gibt. Die Welt wimmelt von Kreaturen, Prozessen und Ereignissen, die versuchen, sich einem zu entziehen; es gibt immer einen Weißwedel und immer eine Schneise, auf der man ihn sehen kann. Jedes Gebiet ist ein Jagdgebiet, ob es sich nun zwischen dir und dem Rinnstein befindet oder in den unermesslichen Wäldern, in denen der Oregon fließt. Die letzte Prüfung besteht für den Jäger darin, ob er erpicht darauf ist, auf einem leeren Grundstück zu jagen.

DRITTER TEIL

Das Ende vom Lied

Naturschutzästhetik

Abgesehen von Liebe und Krieg werden nur wenige Unternehmungen mit solcher Hingabe, von so vielen unterschiedlichen Personen und mit einer derartig widersprüchlichen Mischung aus Gier und Altruismus durchgeführt wie jene Nebentätigkeiten, die man als Erholung an der frischen Luft (»outdoor recreation«) kennt. Nach allgemeinem Verständnis ist es eine gute Sache, wenn die Leute zurückkehren zur Natur. Doch worin besteht die Qualität, und was kann man tun, um dieses Bestreben zu fördern? Bei der Lösung dieser Fragen herrscht Uneinigkeit, und bloß die unkritischsten Geister hegen keinerlei Zweifel.

Erholung wurde zum Problem namentlich in den Tagen von Roosevelt sr., als die Eisenbahnen, die das Land aus der Stadt verbannt hatten, damit anfingen, Stadtbewohner *en masse* aufs Land zu fahren. Man erkannte allmählich, dass der Pro-Kopf-Anteil an Frieden, Einsamkeit, Wildnis und Landschaft immer kleiner und die Fahrt, sie zu erreichen, immer länger wurde, je umfangreicher der Exodus war.

Das Automobil hat dieses früher geringe und örtlich begrenzte Dilemma bis an die äußersten Grenzen der guten Straßen ausgedehnt – es hat im Hinterland etwas selten gemacht, das im letzten Winkel früher einmal in Hülle und Fülle vorhanden war. Aber dieses Etwas muss dennoch gefunden werden. Wie von der Sonne abgestrahlte Ionen schießen die Wochenendler aus den Städten, wobei sie allenthalben Hitze und Reibung erzeugen. Die Tourismusindustrie sorgt für Unterkunft und Verpflegung, um noch mehr Ionen zu ködern, schneller und weiter. Reklame auf Fels und Fluss teilt jedermann die Lage neuer Zufluchtsorte, Landschaften, Jagdgebiete und Angelteiche mit, direkt hinter denen, die kürzlich überrannt wurden. Behörden bauen Straßen in neues Hinterland und kaufen dann weiteres

Hinterland, das den durch die Straßen beschleunigten Exodus aufnehmen soll. Eine Zubehörindustrie dämpft die Zusammenstöße mit der grausamen Natur; Waidmannskunst wird zur Kunst, das Zubehör zu verwenden. Und als Krönung der Banalitätenpyramide jetzt auch noch der Wohnwagen. Wer in den Wäldern und Bergen nur das sucht, was Reisen oder Golfspiel bieten, für den ist die gegenwärtige Situation erträglich. Für den, der mehr sucht, ist Erholung jedoch zu einem beinahe zerstörerischen Vorgang geworden, bei dem man sucht, aber nicht richtig findet: eine der wesentlichen Frustrationen der technisierten Gesellschaft.

Der Rückzug der Wildnis unterm Sperrfeuer motorisierter Touristen ist keine örtlich begrenzte Angelegenheit: Hudson Bay, Alaska, Mexiko, Südafrika weichen gerade zurück, Südamerika und Sibirien folgen als Nächstes. Die Trommeln am Mohawk sind heute das Gehupe längs der Flüsse in aller Welt. Der *Homo sapiens* lungert nicht mehr unterm eigenen Weinstock oder Feigenbaum herum; er hat die angestaute Motorik zahlloser Geschöpfe, die jahrhundertelang danach strebten, zu neuen Weidegründen zu zockeln, in seinen Benzintank gegossen. Ameisengleich durchwimmelt er die Kontinente.

Das ist neueste Variante der Erholung an der frischen Luft.

Wer erholt sich denn, und was sucht er? Uns fallen einige Beispiele dazu ein.

Werfen wir zunächst einen Blick auf die Entenmarsch. Eine Kette geparkter Autos umgibt sie. An jeder Stelle ihres Schilfrandes kauert irgendeine ›Stütze der Gesellschaft‹, das automatische Gewehr im Anschlag, den Abzugsfinger juckt es, notfalls alle Gesetze von Gemeinschaft und Gemeinwohl zu brechen, um eine Ente zu töten. Dass sie bereits überfüttert ist, dämpft nicht seine Gier, ihr Fleisch zu raffen von Gott.

In den nahen Wäldern streift eine weitere ›Stütze‹ umher, auf der Jagd nach seltenen Farnen oder neuen Singvögeln. Da diese Art der Jagd selten Diebstahl oder Plünderung erfordert, verachtet sie den Killer. Doch höchstwahrscheinlich war auch sie in der Kindheit einer.

Im benachbarten Urlaubsort gibt es einen weiteren Naturliebhaber, einen von der Sorte, die schlechte Verse in Birkenrinde ritzt. Überall findet sich der fachlich nicht spezialisierte Motorist, dessen Erholung der Tachostand ist; in einem einzigen Sommer hat er die Nationalparks abgehakt, jetzt ist er unterwegs nach Mexico City und weiter südlich.

Schließlich ist da noch der Experte, er trachtet danach, durch zahllose Naturschutzverbände der natursuchenden Öffentlichkeit das zu geben, was sie will, oder sie wollen zu lassen, was er zu bieten hat.

Man könnte fragen, warum diese unterschiedlichen Leute in *einer* Kategorie zusammengefasst werden sollten. Weil jeder auf seine Weise ein Jäger ist. Und warum nennen sie sich Naturschützer? Weil die wilden Dinge, denen sie nachjagen, sich ihrem Zugriff entzogen haben, und weil sie hoffen, sie durch irgendeine Nekromantie der Gesetze, Fördermittel, Regionalpläne, Neuordnung der Ministerien oder eine andere Form von Massenbegehren zum Bleiben veranlassen zu können.

Erholung wird gemeinhin als wirtschaftliche Ressource bezeichnet. Senatsausschüsse berichten uns mit eindrucksvollen Zahlen, wie viele Millionen die Öffentlichkeit zu diesem Zweck ausgegeben hat. Sie hat tatsächlich einen wirtschaftlichen Aspekt: Ein Häuschen neben einem Angelteich – oder auch nur ein Enten-Ansitz auf der Marsch – kostet ebenso viel wie die gesamte benachbarte Farm.

Sie hat auch einen ethischen Aspekt. Im Gerangel um unberührte Orte entwickeln sich Regeln und Gebote. Wir hören von »Verhalten im Freien«. Wir unterweisen die Jugend. Wir drucken Definitionen von »Was ist ein Jäger?« und hängen eine Kopie davon jedem an die Wand, der einen Dollar für die Verbreitung des Glaubens zahlen möchte.

Jedoch ist deutlich, dass diese wirtschaftlichen und ethischen Ausprägungen die Resultate und nicht die Ursachen der bewegenden Kräfte sind. Wir suchen Kontakt mit der Natur, weil wir daraus Vergnügen ziehen. Nicht anders als bei der Oper wird eine kommerzielle Maschinerie betrieben, um die Räumlichkeiten zu erschaffen und zu erhalten. Nicht anders als bei der Oper leben Fachleute davon, diese zu erschaffen und zu bewahren, es wäre jedoch falsch zu behaupten, dass ihre Motivation, die *raison d'être,* eine kommerzielle ist. Der Entenjäger in seinem Versteck und der Opernsänger auf der Bühne tun beide dasselbe, trotz ihrer unterschiedlichen Ausrüstung. Im Spiel erweckt jeder ein Drama zu neuem Leben, das früher zum Alltag gehörte. Schlussendlich sind beides ästhetische Übungen.

Die öffentliche Politik ist hinsichtlich der Erholung an der frischen Luft zwiegespalten. Bürger, die in gleichem Maße pflichtbewusst sind, haben gegensätzliche Ansichten darüber, worin sie besteht und was getan werden sollte, um ihre Grundlagen zu schützen. Im Namen der Erholung möchte die *Wilderness Society* Straßen aus dem Hinterland verbannen, und die Handelskammer möchte sie ausweiten. Im Namen der Jagd mit Schrotflinte beziehungsweise Feldstecher tötet der Vogelzüchter Habichte, während der Vogelfreund sie schützt. Die verschiedenen Lager beschimpfen sich gegenseitig mit kurzen, hässlichen Namen, wobei in Wahrheit jedes mit einem anderen Element des Erholungsvorgangs befasst ist. Diese Elemente *klaffen in ihren Ausprägungen und Eigenschaften weit auseinander.* Eine vorhandene Richtlinie mag richtig für den einen, aber falsch für den anderen sein.

Deshalb scheint es an der Zeit, die Komponenten zu trennen und die besonderen Eigenschaften und Merkmale einer jeden zu untersuchen.

Beginnen wir mit den einfachsten und offensichtlichsten: mit den materiellen Gegenständen, die der Naturliebhaber suchen, finden, fangen und davontragen kann. In dieser Kategorie befinden sich Jagdwild und Fische, zudem die Symbole und Zeichen des Erfolgs, Köpfe, Felle, Fotografien und Präparate.

Sie alle beruhen auf der Idee der *Trophäe.* Das Vergnügen, das sie uns bereiten oder bereiten sollen, ist das Aufspüren ebenso wie das Erlangen. Die Trophäe, sei es nun ein Vogelei, eine Forellenmahlzeit, ein Korb Pilze, das Foto eines Bären, eine gepresste Wildblume oder die in einen Steinhaufen geklemmte Nachricht auf dem Berggipfel, ist ein *Zeugnis.* Sie bestätigt, dass ihr Eigentümer irgendwo gewesen ist und etwas getan hat – dass er Können, Ausdauer oder Scharfblick für das jahrhundertealte Meisterstück des Überwältigens, Überlistens und Ergreifens besitzt. Solche Konnotationen von Trophäen gehen meist weit über ihren materiellen Wert hinaus.

Trophäen reagieren jedoch unterschiedlich, wenn sie massenhaft begehrt werden. Die Erträge an Wild und Fisch lassen sich durch Vermehrung und Management steigern, sodass jeder Jäger mehr bekommt oder mehr Jäger gleich viel erhalten. Im letzten Jahrzehnt ist der Beruf des Wildtiermanagers entstanden. Eine Reihe von Universitäten lehrt dessen Methoden, führt Untersuchungen für größere und bessere Wilderträge durch. Allerdings, übertreibt man das, unterliegt die Steigerung dem Gesetz vom abnehmenden Ertragszuwachs. Sehr intensive Bewirtschaftung von Wild und Fisch vermindert den Wert der einzelnen Trophäe durch Unnatürlichkeit.

Man denke etwa an eine Zuchtforelle, die in einem überfischten Fluss ihre neue Freiheit erhält. Der Fluss ist zur natürlichen Forellenerzeugung nicht mehr fähig. Verschmutzung hat sein Wasser verdorben, Abholzung und Herumgetrampel haben es erwärmt oder verschlammt. Niemand würde behaupten, diese Forelle habe denselben Wert wie eine vollkommen wilde, die in einem unbewirtschafteten Fluss hoch oben in den Rockies gefangen wurde. Ihre ästhetischen Konnotationen wären geringer, selbst wenn der Fang ein gewisses Geschick erfordert. (Ein Experte meint, die Leber sei ebenfalls so degeneriert durch Zuchtfutter, dass sie einen vorzeitigen Tod prophezeie.) Trotzdem sind heute mehrere überfischte Bundesstaaten vollends von solchen künstlich gezüchteten Forellen abhängig.

Es gibt alle Zwischenstufen von Künstlichkeit, aber der zunehmende Massenverbrauch verschiebt die Skala der Naturschutzmethoden insgesamt allmählich hin zur Künstlichkeit und den Wert der Trophäe nach unten.

Um die teure, künstliche und mehr oder weniger hilflose Zuchtforelle zu retten, fühlt sich die Naturschutzkommission gezwungen, alle Reiher und Seeschwalben zu töten, die die Zuchtstation aufsuchen, sowie auch alle Gänsesäger und Ottern, die den Fluss bewohnen, in dem sie freigelassen wurde. Der Angler empfindet es vielleicht nicht als Verlust, eine Wildtierart für eine andere zu opfern, aber der Ornithologe könnte vor Wut auf einen Nagel beißen. Die künstliche Bewirtschaftung hat das Angeln praktisch auf Kosten eines anderen, vielleicht höheren Erholungswertes erkauft; sie hat *einem* Bürger Dividenden aus einem Grundkapital gezahlt, das *allen* gehört. Dasselbe biologische Herumspekulieren bestimmt auch das Wildtiermanagement. Aus Europa, wo Abschuss-Statistiken für längere Zeiträume zur Verfügung stehen, kennen wir sogar den ›Wechselkurs‹ von Wildarten gegen Raubtiere. So wird in Sachsen ein Habicht für jeweils sieben Stück erlegtes Federwild und ein Raubtier für jeweils drei Stück Niederwild getötet.

Die Beschädigung der Pflanzenwelt folgt in der Regel auf die künstliche Tierbewirtschaftung – etwa Forstschäden durch Hirsche. Dies kann man in Norddeutschland, im Nordosten Pennsylvanias, im Kaibab und in Dutzenden anderer, weniger publik gemachter Regionen sehen. Nachdem in jedem dieser Fälle das Wild seiner natürlichen Feinde beraubt wurde, hat dessen Überhandnahme verhindert, dass seine Nahrungspflanzen überleben oder sich vermehren. Buche, Ahorn, Eibe in Europa, Kanadische Eibe und weiße Scheinzypresse in den östlichen Bundesstaaten, Bergmahagoni und Antilopenstrauch im Westen sind Nahrungspflanzen, die durch das künstlich vermehrte Wild bedroht sind. Die Zusammensetzung der Flora, von den Wildblumen bis zu den Waldbäumen, verarmt allmählich, was wiederum geringeres Wachstum des Wilds durch Mangelernährung verursacht. Heutzutage findet man in den Wäldern keine Geweihe mehr, die jenen an den Wänden der Adelsschlösser gleichen.

Im englischen Heideland behindern Kaninchen, die im Zuge der Jagd auf Rebhühner und Fasane übermäßig geschont wurden, die Fortpflanzung der Bäume. Auf Dutzenden tropischer Inseln haben Ziegen, die man des Fleisches und der Jagd wegen eingeführt hat, die Flora und Fauna zerstört. Es ist nicht leicht, die wechselseitigen Schäden von und unter Säugetieren, die ihrer natürlichen Feinde beraubt wurden, und des Weidelands, das seiner natürlichen Futterpflanzen entkleidet ist, aufzurechnen. Landwirtschaftliche Erträge, die zwischen die Mühlsteine des ökologischen Missmanagements gerieten, rettet man nur durch dauernde Entschädigungen und Stacheldraht.

Wir können also verallgemeinern, dass Massennutzung die Qualität solcher biologischer Trophäen wie Wild und Fisch schwächt und andere Ressourcen wie nicht jagdbare Tiere, natürliche Vegetation und Farmkulturen schädigt.

Diese Schwächung und Schädigung zeigt sich nicht bei der Erbeutung ›indirekter‹ Trophäen, etwa bei Fotografien. Vereinfacht gesagt, eine Landschaft, die täglich von einem Dutzend Touristenkameras geknipst wird, ist dadurch physisch nicht beeinträchtigt. Auch andere Ressourcen leiden nicht, selbst wenn die Zahl auf hundert anstiege. Die Fotoindustrie ist einer der wenigen harmlosen Parasiten in der freien Wildbahn.

Wir haben hier also eine fundamental andere Reaktion auf die Massennutzung als bei den zwei Kategorien physischer Objekte, die als Trophäen gejagt werden.

Betrachten wir nun einen anderen Aspekt der Erholung, der subtiler und komplexer ist: das Gefühl der Abgeschiedenheit in der Natur. Die Kontroverse um Wildnisgebiete bestätigt, dass es sich dabei um einen von manchen überaus geschätzten Seltenheitswert handelt. Die Verfechter der Wildnis sind mit den Straßenbaubehörden, in deren Obhut die Nationalparks und -wälder stehen, zu einem Kompromiss gelangt. Sie haben dem offiziellen Schutz von Arealen ohne Straßen zugestimmt. Von jedem Dutzend neu erschlossener wilder Gebiete darf sich eines offiziell »Wildnis« nennen, zu dem Straßen nur bis an den Rand führen. Dann wird es als einzigartig angepriesen, was es auch tatsächlich ist. Doch über kurz oder lang sind die Pfade überfüllt, es wird rausgeputzt, damit die CCCs Arbeit haben. Oder ein unerwartetes Feuer erfordert es, das Gebiet durch eine Straße für die Brandbekämpfung in zwei Teile zu zerschneiden. Oder die von der Werbung verursachte Überfüllung treibt den Preis für Führer und Packer in die Höhe, woraufhin irgendwer entdeckt, dass die Wildnispolitik undemokratisch ist. Oder die örtliche Handelskammer, die zunächst untätig wegen eines neuen Hinterlands war, das man offiziell als »wild« bezeichnet, leckt plötzlich Touristengeldblut. Und will dann mehr davon, Wildnis hin oder her.

Kurzum, die große Seltenheit wilder Orte in Wechselwirkung mit den *Unsitten* von Werbung und Reklame macht jede bewusste Anstrengung zunichte, diese Orte noch seltener werden zu lassen.

Ohne weitere Diskussion ist klar, dass Massennutzung die Möglichkeit zur Einsamkeit unmittelbar trübt; dass wir fälschlicherweise darüber sprechen, wenn wir von Straßen, Campingplätzen, Wegen und Toiletten als ›Erschließung‹ der Erholungsressourcen sprechen. Derartige Bequemlichkeiten erschließen (im Sinne von ›erweitern‹ oder ›erschaffen‹) nichts. Im Gegenteil, sie sind nur weiteres Wasser, das man in die ohnehin schon dünne Suppe schüttet.

Nun stellen wir dem Aspekt der Einsamkeit einen gänzlich anders gearteten, jedoch simplen Aspekt gegenüber, den man ›Frischluft und Tapetenwechsel‹ nennen könnte. Massennutzung zerstört oder schwächt diesen Wert nicht. Der tausendste Tourist, der das Tor zum Nationalpark zuschnappen lässt, atmet ungefähr dieselbe Luft und erlebt denselben Kontrast zum Büromontag, wie es der erste getan hat. Man könnte sogar annehmen, der

Ansturm der Herde auf die freie Wildbahn verstärke den Kontrast. Deshalb dürfen wir behaupten, dass der Aspekt von Frischluft und Tapetenwechsel der Fototrophäe gleicht – er hält der Massennutzung ohne Beschädigung stand.

Wir kommen nun zu einem weiteren Aspekt: der Wahrnehmung natürlicher Prozesse, durch die das Land und die Lebewesen darauf ihre charakteristische Gestalt erhalten haben (Evolution) und durch welche sie ihr Dasein aufrechterhalten (Ökologie). Dabei stellt die sogenannte ›Naturkunde‹, trotz des Schauders, der dem Auserkorenen dabei durchs Rückenmark fährt, ein erstes Tasten des noch unentwickelten Hirns der Masse hin zur Wahrnehmung dar.

Die außergewöhnliche Eigenschaft der Wahrnehmung besteht darin, dass sie keine der Ressourcen aufbraucht oder abschwächt. Das Herabstoßen eines Habichts nimmt der eine zum Beispiel als Drama der Evolution wahr. Für den anderen ist es nur eine Bedrohung der vollen Bratpfanne. Das Drama kann hundert Zuschauer nacheinander fesseln; die Bedrohung nur einen – denn er beantwortet sie mit dem Gewehr.

Die Wahrnehmung zu befördern, ist der einzige wahrhaft schöpferische Teil der Freizeitindustrie.

Dies ist eine wichtige Tatsache, und ihre potenzielle Kraft, das ›gute Leben‹ noch zu verbessern, wurde nur in Umrissen verstanden. Als Daniel Boone zum ersten Mal die Wälder und Prärien des »dunklen blutigen Bodens« betrat, machte er sich die reine Essenz des *Outdoor America* zu eigen. Er nannte es nicht so, doch er fand, was wir heute suchen, deshalb haben wir es hier mit Dingen, nicht mit Namen zu tun.

Erholung ist nicht die freie Natur, sondern unsere Reaktion darauf. Daniel Boones Reaktion hing nicht bloß vom Wert des Gesehenen ab, sondern vielmehr von der Beschaffenheit des inneren Auges, mit dem er es betrachtete. Die wissenschaftliche Ökologie hat einen Wandel des inneren Auges bewirkt. Sie hat die Ursprünge und Funktionsweisen dessen enthüllt, was für Boone nichts als Gegebenheiten waren. Sie hat die Mechanismen dessen enthüllt, was für Boone bloße Merkmale waren. Wir verfügen über keinen Maßstab, um diesen Wandel zu ermessen, aber wir können mit Sicherheit sagen, dass Boone, verglichen mit dem qualifizierten Ökologen unserer Tage, nur die Oberfläche der Dinge gesehen hat. Die unglaubliche Komplexität der Pflanzen- und Tiergemeinschaft – die intrinsische Schönheit des Amerika genannten Organismus, der damals in voller Blüte stand – war für Daniel Boone so unsichtbar und unverständlich, wie sie es heute für Mr. Babbitt ist. Der einzige echte Fortschritt bei den Erholungsmöglichkeiten Amerikas ist das fortgeschrittene Wahrnehmungsvermögen der Amerikaner. Alle anderen Taten, die wir mit einer solchen Bezeichnung schmücken, sind bestenfalls Versuche, den Prozess der Verwässerung zu verlangsamen oder zu verschleiern.

Niemand ziehe daraus den voreiligen Schluss, dass Babbitt nur seinen Doktor in Ökologie machen muss, damit er sein Land ›sehen‹ kann. Im Gegenteil, der Gelehrte kann abstumpfen wie ein Leichenbestatter gegenüber den Geheimnissen, mit denen er sich befasst. Die Wahrnehmung kann wie alle Reichtümer des Geistes in unendlich kleine Teile aufgespalten werden, ohne dass sie ihren Wert verliert. Die Wildkräuter auf einem Bauplatz in der Stadt lehren dasselbe wie die Mammutbäume; der Farmer sieht vielleicht auf seiner Viehweide, was dem Wissenschaftler bei einem Südseeabenteuer nicht gewährt wird. Kurzum, Wahrnehmung kann man weder mit akademischen Graden noch mit Dollars erwerben; sie entwickelt sich daheim ebenso wie im Ausland; und wem wenig zur Verfügung steht, der kann es genauso zu seinem Vorteil einsetzen wie der, dem viel zur Verfügung steht. Ein Massenansturm auf die Erholung als Suche nach Wahrnehmung ist unbegründet und unnötig.

Schließlich gibt es einen fünften Aspekt: das Gespür für Landbau und Tierhaltung. Dem Naturfreund, der für den Naturschutz eher mit seiner Wählerstimme als mit seinen Händen arbeitet, geht es ab. Verwirklicht wird es nur, wenn jemand mit einer Wahrnehmung die Kunst der Bewirtschaftung auf das Land anwendet. Das bedeutet, die Freude daran ist Grundbesitzern, die zu arm sind, sich den Zeitvertreib zu erkaufen, und Landverwaltern mit Scharfblick und ökologischer Gesinnung vorbehalten. Der Tourist, der für den Zutritt zur Landschaft bezahlt, lässt es völlig vermissen; ebenso der Jäger, der den Staat oder irgendeinen Handlanger für die Hege anheuert. Die Regierung, die versucht, privates Betreiben von Erholungsgebieten durch öffentliches zu ersetzen, gibt unbeabsichtigt einen Großteil dessen, was sie den Bürgern bieten möchte, an ihre Außendienstbeamten ab. Wir, die Förster und Wildtiermanager, sollten folglich für unsere Arbeit als Aufseher über die Wildbestände zahlen, statt bezahlt zu werden.

Dass ein Gespür für Landbau und Tierhaltung beim Hervorbringen der Erträge ebenso wichtig ist wie die Erträge selbst, wird in der Landwirtschaft bis zu einem gewissen Grad erkannt, nicht jedoch im Naturschutz. Amerikanische Jäger halten wenig von der intensiven Wilderlegung auf den schottischen Mooren und in den deutschen Wäldern, und in mancher Hinsicht haben sie recht. Sie übersehen jedoch völlig den Sinn der Bewirtschaftung, wie sie die europäischen Grundbesitzer durch das Erlegen entwickelt haben. Noch haben wir so etwas nicht. Es ist wichtig. Ziehen wir den Schluss, dass wir die Farmer mit Subventionen ködern müssen, um sie zur ›Aufzucht‹ eines Waldes zu veranlassen, oder mit der Tageskasse, um sie zur Aufzucht von Wild zu bewegen, gestehen wir damit nur ein, dass das Vergnügen der Bewirtschaftung in der Wildnis sowohl den Farmern als auch uns selbst bislang unbekannt ist.

Wissenschaftler haben einen Sinnspruch: Ontogenese wiederholt Phylogenese. Damit meinen sie, dass die Entwicklung eines jeden Individuums die Evolutionsgeschichte einer gesamten Rasse wiederholt. Das trifft ebenso auf geistige wie auf körperliche Dinge zu. Der Trophäenjäger ist die Wiedergeburt des Höhlenmenschen. Die Trophäenjagd ist das Vorrecht der Jugend – einer Rasse oder eines Individuums – und nichts, wofür man sich entschuldigen müsste.

Beunruhigend am modernen Bild ist der Trophäenjäger, der nie erwachsen wird; bei ihm ist die Fähigkeit zur Einsamkeit, Wahrnehmung und Landpflege verkümmert oder verloren. Er ist eine motorisierte Ameise, die über den Kontinent ausschwärmt, ehe sie gelernt hat, den eigenen Hinterhof zu sehen; er zehrt die Befriedigungen der freien Natur auf, erschafft aber niemals neue. Für ihn verwässern die Freizeitingenieure die Wildnis und erfinden künstliche Trophäen im naiven Glauben, dass sie der Öffentlichkeit einen Dienst erweisen.

Wer Erholung im Trophäensammeln sucht, ist dermaßen eigentümlich, dass es auf subtile Weise zu seinem Verderben beiträgt. Um sich zu erfreuen, muss er besitzen, eindringen, sich aneignen. Deshalb hat eine Wildnis, die er nicht persönlich sehen kann, keinen Wert für ihn. Deshalb die allgemeine Annahme, ein ungenutztes Hinterland sei der Gesellschaft nicht zweckdienlich. Für diese Fantasielosen ist ein weißer Fleck auf der Landkarte eine nutzlose Ödnis und Verschwendung; für andere ist er indessen der wertvollste Bereich. (Hat mein Interesse an Alaska keinen Wert für mich, weil ich nie dort hinkomme? Brauche ich eine Straße, um mir die arktische Prärie, die Gänsewiesen am Yukon, den Kodiakbären, die Schafweiden hinterm McKinley vor Augen zu führen?)

Kurz gesagt, es scheint so, als würden die unteren Ränge der *Outdoor Recreation* ihre eigene Grundlage vernichten; und als würden die oberen Ränge, zumindest bis zu einem gewissen Grade, sich ihre Befriedigung mit nur geringem oder keinem Verschleiß von Land und Leben erschaffen. Die Ausweitung des Verkehrs ohne entsprechend wachsende Wahrnehmung bedroht uns durch den qualitativen Bankrott des Erholungsprozesses. Die Entwicklung von Erholungsmöglichkeiten ist eine Arbeit, bei der man nicht Straßen in eine angenehme Landschaft anlegt, sondern die Empfänglichkeit in den immer noch unangenehmen menschlichen Geist.

Wildtiere in der amerikanischen Kultur

Die Kultur der Naturvölker beruht häufig auf Wildtieren. So wurde der Büffel von den Indianern der Ebenen nicht nur gegessen, er bestimmte auch ihre Architektur, Kleidung, Sprache, Künste und Religion.

Die kulturelle Grundlage zivilisierter Völker tendiert in eine andere Richtung, dennoch behält die Kultur einen Teil ihrer wilden Wurzeln. Hier erörtere ich nun den Wert dieser Verwurzelung in der Wildnis.

Niemand kann eine Kultur abwägen oder ausmessen, deshalb werde ich keine Zeit damit vergeuden, es zu versuchen. Der Hinweis muss genügen, dass durch allgemeinen Konsens der Denkenden den Sportarten, Gebräuchen und Erfahrungen, die den Kontakt mit der Wildnis erneuern, ein kultureller Wert zugesprochen wird. Ich wage die Meinung zu äußern, dass diese drei Werte auch von dreierlei Beschaffenheit sind.

Zunächst einmal ist jede Erfahrung wertvoll, die uns an unsere unterschiedliche nationale Herkunft und Entwicklung erinnert, d.h. das Geschichtsbewusstsein anregt. Dieses Bewusstsein ist ein ›Nationalismus‹ im besten Sinne. In Ermangelung einer anderen knappen Bezeichnung werde ich das in diesem Fall ›zweigleisigen Wert‹ nennen. Zum Beispiel: Ein Pfadfinderjunge hat sich eine Waschbärenmütze gegerbt, mit der er Daniel Boone im Weidendickicht hinter den Gleisen spielt. Damit vollzieht er die amerikanische Geschichte nach. Insofern bereitet er sich kulturell darauf vor, der dunklen blutigen Realität der Gegenwart ins Auge zu blicken. Oder: Ein Farmersjunge kommt ins Klassenzimmer und riecht nach Bisamratte; vorm Frühstück hat er sich um seine Fallen gekümmert. Damit vollzieht er die Mär des Pelzhandels nach. Ontogenese wiederholt Phylogenese ebenso in der Gesellschaft wie im Individuum.

Zweitens ist jede Erfahrung wertvoll, die uns an unsere Abhängigkeit von der Nahrungskette Boden-Pflanze-Tier-Mensch und an die grundlegende Struktur der Biota erinnert. Die Zivilisation hat die elementare Beziehung des Menschen zur Erde dermaßen mit Zubehör und Mittelsmännern überhäuft, dass das Bewusstsein dafür allmählich eintrübt. Wir stellen uns vor, dass uns die Industrie ernährt, und vergessen, wovon die Industrie genährt wird. Es gab eine Zeit, in der sich die Erziehung zum Boden hin- und nicht von ihm wegbewegte. Das Wiegenlied vom Kaninchenfell, das man nach Hause mitbringt, um den pummeligen Säugling darin einzuwickeln, ist eines der vielen Volkslieder, die uns daran erinnern, dass der Mann früher gejagt hat, um seine Familie zu ernähren und zu kleiden.

Drittens ist jede Erfahrung wertvoll, die jene ethischen Beschränkungen trainiert, die man insgesamt als ›Sportsgeist‹ bezeichnet. Unsere Geräte für die Verfolgung von Jagdwild entwickeln sich schneller als wir selbst, und der Sportsgeist ist eine freiwillige Einschränkung beim Einsatz solcher Waffen. Der Zweck besteht darin, die Rolle der Fähigkeiten zu erweitern und die Rolle des Zubehörs bei der Jagd auf Dinge der Wildnis zu verringern.

Ein besonderer Vorteil für die Ethik der Jagd ist das fehlende Publikum, das dem Jäger vom Balkon herunter applaudiert oder sein Verhalten missbilligt. Was auch immer er tut, es wird von seinem eigenen Gewissen und nicht von einer Zuschauermeute diktiert. Man darf keinesfalls unterschätzen, wie wichtig dieser Umstand ist.

Freiwilliges Befolgen einer ethischen Norm erhöht das Selbstwertgefühl des Jägers, man sollte jedoch nicht vergessen, dass freiwilliges Missachten der Norm ihn verdirbt und verkommen lässt. Ein gemeinsamer Nenner aller Jagdnormen lautet zum Beispiel, dass man kein gutes Fleisch verschwenden soll. Heutzutage ist es allerdings eine nachweisliche Tatsache, dass Wisconsins Hirschjäger bei der Verfolgung freigegebener Böcke mindestens eine Hirschkuh, ein Kitz oder einen Spießbock für je zwei erlaubte Böcke töten und in den Wäldern zurücklassen. Mit anderen Worten, ungefähr die Hälfte aller Jäger erschießt mehrere Weißwedel, ehe nur ein freigegebenes Tier getötet ist. Die illegalen Kadaver lässt man dort liegen, wohin sie fallen. Eine solche Hirschjagd hat nicht nur keinen gesellschaftlichen Wert, sie stellt auch eine effektive Übung für die ethische Verderbnis an anderer Stelle dar.

So scheint es, dass die zweigleisigen oder Mensch-Erde-Erfahrungen einen Null- oder Pluswert und die ethischen Erfahrungen sogar einen Minuswert haben können.

Dies definiert grob drei verschiedene Arten kulturellen Nährstoffs für unsere Frischluftwurzeln. Daraus folgt nicht, dass die Kultur gut genährt ist. Eine Wertegewinnung geschieht nie automatisch; nur eine gesunde Kultur kann nähren und wachsen. Wird die Kultur durch unsere heutigen Formen der Erholung in freier Natur genährt?

In der Pionierzeit entstanden zwei Ideen, die Kernpunkte des zweigleisigen Wertes der Jagd sind. Die eine Idee heißt »leichtes Gepäck«, die andere »ein Schuss, ein Hirsch«. Der Pionier hatte zwangsläufig leichtes Gepäck. Er schoss sparsam und präzise, denn ihm fehlten die Transportmittel, das Geld und die für eine Maschinengewehrtaktik nötigen Waffen. Um es also deutlich zu sagen: Am Anfang wurden uns diese beiden Ideen aufgezwungen; doch wir haben aus der Not eine Tugend gemacht.

In ihrer weiteren Entwicklung wurden sie zur Norm für den Sportsgeist, eine der Jagd selbst auferlegte Beschränkung. Darauf basiert die typisch amerikanische Tradition von Selbstvertrauen, Unerschrockenheit, Waidmannskunst und Treffsicherheit. Diese Werte sind immateriell, aber nicht abstrakt. Theodore Roosevelt war ein großer Jäger, nicht weil er sich viele Trophäen an die Wand hängte, sondern weil er die immaterielle amerikanische Tradition mit Worten ausdrückte, die jeder Schüler verstehen konnte. Einen feinsinnigeren, genaueren Ausdruck findet man in den frühen Werken von Stewart Edward White. Es ist wohl nicht ganz verkehrt, wenn man sagt, dass diese Männer kulturelle Werte geschaffen haben, indem sie ihrer gewahr wurden und ihren Zuwachs exemplarisch darstellten.

Dann kam der Technikfreak, auch bekannt als Sportartikelhändler. Er hat den amerikanischen Naturburschen mit unendlich vielen Gerätschaften ausstaffiert, als Hilfsmittel für Selbstvertrauen, Unerschrockenheit, Waidmannskunst und Treffsicherheit angeboten, allzu oft aber als deren Ersatz fungierend. Mit Zubehör sind die Taschen vollgestopft, sie baumeln am Hals und am Gürtel. Ihr Überfluss füllt den Kofferraum und den Wohnwagen. Jedes Ausrüstungsstück wird leichter und nicht selten auch besser, aber das Gesamtgewicht ist tonnenschwer. Der Handel mit Zubehör beläuft sich auf astronomische Summen, die man nüchtern als »wirtschaftlichen Wert des Naturlebens« publiziert. Doch was ist mit den kulturellen Werten?

Als Schlusspunkt betrachte man den Entenjäger, der in einem Stahlboot hinter künstlichen Lockvögeln kauert. Ein Außenborder hat ihn ohne Anstrengung zu seinem Ansitz gebracht. Daneben steht ein Paraffinherd, um ihn bei kaltem Wind zu wärmen. Er spricht zu den vorbeiziehenden Schwärmen auf einer industriellen Lockpfeife mit (wie er hofft) verführerischen Tönen; häuslicher Unterricht mittels einer Schallplattenaufnahme hat es ihn gelehrt. Die Lockvögel funktionieren, trotz der Pfeife; ein Schwarm kreist herein. Er muss auf ihn schießen, ehe er zum zweiten Mal kreist, denn die Marsch wimmelt von anderen, ähnlich ausgerüsteten Jägern, die zuerst schießen könnten. Er eröffnet das Feuer bei 70 Yards, denn sein Polychoke ist auf unendlich eingestellt, und die Werbung hat ihm gesagt, dass Super-Z-Patronen, und zwar möglichst viele, eine große Reichweite haben. Der Schwarm fährt auf. Ein paar angeschossene Vögel scheren aus, um anderswo zu sterben. Nimmt dieser Jäger kulturelle Werte auf? Oder füttert er bloß Nerze? Der nächste Ansitz eröffnet das Feuer bei 75 Yards; wie sollte ein Kerl sonst zum Schuss kommen? Das ist die Entenjagd nach heutigem Stand. Sie ist typisch für alles öffentliche Gelände und für viele Vereine. Wo bleibt die Idee vom leichten Gepäck, die Eine-Kugel-Tradition?

Die Antwort ist nicht einfach. Roosevelt hat das moderne Gewehr nicht verschmäht; White verwendete freimütig einen Aluminiumtopf, ein Zelt aus Seide und Trockennahrung. Sie nutzten technische Hilfsmittel in Maßen, ohne von ihnen ausgenutzt zu werden.

Ich behaupte nicht, dass ich wüsste, was ›in Maßen‹ bedeutet oder wo die Grenze zwischen zulässigem und unzulässigem Zubehör verläuft. Dennoch ist klar, dass der Ursprung dieser Gerätschaften sehr viel mit ihren kulturellen Wirkungen zu tun hat. Handgefertigte Hilfsmittel für die Jagd oder das Leben in freier Wildbahn dramatisieren die Mensch-Erde-Beziehung oft, anstatt sie zu zerstören; wer eine Forelle mit der eigenen Fliege fängt, macht zwei Treffer auf einen Streich. Ich verwende selbst allerhand industriell hergestellte Gerätschaften. Dennoch muss es eine Grenze geben, hinter der bezahltes Jagdzubehör den kulturellen Wert der Jagd vernichtet.

Nicht jede Art der Jagd ist so degeneriert wie die Entenjagd. Noch immer gibt es Leute, die die amerikanische Tradition verteidigen. Vielleicht markieren die Pfeil-und-Bogen-Bewegung und die Wiederbelebung der Falknerei den Beginn eines Umschwungs. Der Trend geht allerdings eindeutig hin zu vermehrter Technisierung, mit entsprechendem Rückgang kultureller Werte, insbesondere der ›zweigleisigen‹ Werte und der ethischen Beschränkungen.

Ich habe den Eindruck, der amerikanische Jäger ist verwirrt; er versteht nicht, was ihm geschieht. Größere und bessere Geräte nutzen der Industrie, warum also nicht auch der Erholung in freier Natur? Ihm hat noch nicht gedämmert, dass Erholung in freier Natur grundsätzlich primitiv ist, atavistisch; dass ihr Wert in der Gegensätzlichkeit besteht; dass exzessive Technisierung die Gegensätze zerstört, indem sie die Fabrik in die Wälder oder in die Marschen verlegt.

Der Jäger hat keine Anführer, die ihm sagen, was falsch ist. Die Sportzeitungen repräsentieren nicht mehr den Sport; sie haben sich in Plakatwände für den Technikfreak verwandelt. Die Verwalter der Wildtiere sind zu beschäftigt damit, etwas zu produzieren, auf das man schießen kann, als dass sie sich viel um den kulturellen Wert der Jagd kümmern könnten. Von Xenophon bis Theodore Roosevelt hat jeder gesagt, dass der Jagd ein Wert innewohnt, also nimmt man an, dass dieser Wert unzerstörbar sei.

Bei den schießpulverlosen Sportarten hatte die Technisierung unterschiedliche Auswirkungen. Der moderne Feldstecher, der Fotoapparat und der Vogelring aus Aluminium haben den kulturellen Wert der Ornithologie sicherlich *nicht* verdorben. Das Angeln scheint, abgesehen von Außenbordmotor und Aluminiumkanu, weniger stark technisiert zu sein als die Jagd. Andererseits hat der motorisierte Verkehr die sportliche Wildniswanderung beinahe zerstört, weil er nur fliegendreckgroße Gebiete zum Wandern übriggelassen hat.

Die Fuchsjagd mit Hunden im alten Stil stellt ein anschauliches Beispiel für einen partiellen und vielleicht harmlosen Einzug der Technik dar. Sie ist eine der reinsten Jagdformen; sie hat die echte Würze der ›Zweigleisigkeit‹; sie ist ein Mensch-Erde-Drama ersten Ranges. Der Fuchs wird absichtlich nicht erschossen, somit ist eine ethische Beschränkung vorhanden. Aber nun gibt's die Verfolgungsjagd in Fords! Die Stimme von Bugle Ann vermischt sich mit der Hupe der Blechkisten! Allerdings wird wahrscheinlich niemand mechanische Hetzhunde erfinden oder dem Hetzhund einen Polychoke auf die Nase schrauben. Niemand wird Hunde mittels Schallplatte oder anderer müheloser Abkürzungen trainieren. Ich glaube, die lange Leine des Technikfreaks endet im Hundereich.

Es wäre nicht richtig, sämtliche Missstände des Jagdwesens den Erfindern materieller Hilfsmittel zuzuschreiben. Die Werbung erfindet Ideen, und Ideen sind selten so ernst zu nehmen wie Gegenstände, sogar wenn sie gleich unnütz sind. Eine von ihnen verdient besondere Erwähnung: das Ressort »Wohin man gehen sollte«. Die Kenntnis guter Jagd- und Angelgründe ist eine sehr persönliche Form des Besitzes. Sie gleicht dem Stock, dem Hund, dem Gewehr: sie ist etwas, das man aus privater Gefälligkeit leiht oder schenkt. Sie jedoch auf dem Marktplatz der Sportseite zur Auflagensteigerung zu verhökern, scheint mir etwas anderes zu sein. Sie allem und jedem als freien öffentlichen ›Service‹ zu überlassen, scheint mir etwas wirklich vollkommen anderes zu sein. Sogar die ›Naturschutz‹-Abteilungen sagen Hinz und Kunz jetzt, wo die Fische anbeißen und wo ein Entenschwarm für eine Mahlzeit zu landen gewagt hat.

All diese organisierten Zügellosigkeiten neigen dazu, eines der wesentlichen persönlichen Elemente der Natursportarten zu depersonalisieren. Mir ist nicht bekannt, welche Grenze zwischen zulässigen und unzulässigen Praktiken gezogen wird; doch ich bin überzeugt, dass der »Wohin man gehen sollte«-Service alle Grenzen der Vernunft überschritten hat.

Sind Jagd und Fischen einträglich, genügt der »Wohin man gehen sollte«-Service, um das erwünschte Übermaß an Jägern anzulocken. Sind sie jedoch nicht einträglich, muss die Werbung stärkere Geschütze auffahren. Die Anglerlotterie ist eines davon, bei dem ein paar Zuchtfische markiert werden und eine Prämie für den Angler ausgelobt wird, der die Gewinnzahl fängt. Dieser seltsame Zwitter aus Methoden von Wissenschaft und Spielhalle gewährleistet die Überfischung vieler ohnehin bereits erschöpfter Seen und bringt vielen kleinstädtischen Handelskammern einen Schimmer Bürgerstolz.

Müßig also, dass sich die professionellen Wildtier-Manager selbst außerhalb dieser Angelegenheiten wähnen. Der Fertigungstechniker und der Verkäufer gehören zum selben Betrieb, sie sind vom gleichen Schlag.

Wildtier-Manager versuchen, Jagdwild in der Wildnis zu züchten, indem sie dessen Umwelt beeinflussen, um auf diese Weise die Jagd vom Ausbeuten ins Erbeuten umzuwandeln. Fände diese Umwandlung statt, wie wirkte sie sich dann auf die kulturellen Werte aus? Man muss zugeben, dass die Würze der ›Zweigleisigkeit‹ und die massenhafte Ausbeutung historisch miteinander verbunden sind. Daniel Boone hatte wenig Geduld für landwirtschaftliche Ernten, von Wildtierbeute ganz zu schweigen. Vielleicht ist die sture Abneigung des ›provinzlerischen‹ Jägers, zur Idee des Erbeutens bekehrt zu werden, ein Ausdruck seines ›zweigleisigen‹ Erbes. Vielleicht wehrt man sich gegen das Erbeuten, weil es mit einem Aspekt der zweigleisigen Tradition unvereinbar ist: der freien Jagd.

Technisierung bietet, zumindest in meinen Augen, keinen sichtbaren kulturellen Ersatz für die zweigleisigen Werte, die sie zerstört. Erbeuten oder Verwalten bieten einen Ersatz, der meiner Meinung nach mindestens gleichwertig ist: die Wildnishege. Die Erfahrung beim Verwalten des Landes für Tiererträge hat denselben Wert wie jede andere Form der Landwirtschaft; sie erinnert an die Beziehung des Menschen zur Erde. Außerdem sind ethische Beschränkungen daran beteiligt; so verlangt etwa die Verwaltung der Wildtiere ohne Rückgriff auf Raubtierkontrollen nach einer besonders hohen ethischen Beschränkung. Daraus kann man folgern, dass die Jagdwilderbeutung den einen Wert (Zweigleisigkeit) vermindert, die beiden anderen jedoch steigert.

Betrachten wir die Jagd in freier Natur als einen Konflikt zwischen einem äußerst dynamischen Prozess der Technisierung und einer völlig statischen Tradition, dann sind die Aussichten für die kulturellen Werte tatsächlich düster. Doch warum kann unser Jagdkonzept nicht mit demselben Elan wie unsere Zubehörliste wachsen? Vielleicht liegt die Rettung des kulturellen Wertes darin, die Offensive anzutreten. Ich für meinen Teil glaube, dass die Zeit dafür reif ist. Die Jäger können selbst bestimmen, wie die Zukunft aussieht.

Das letzte Jahrzehnt hat beispielsweise eine vollkommen neue Form der Jagd eröffnet, die das Wildleben nicht zerstört, Zubehör nutzt, ohne dass sie von ihm ausgenutzt wird, das Problem des annoncierten Lands umgeht und die Aufnahmefähigkeit einer bestimmte Fläche im Hinblick auf Menschen stark erhöht. Diese Jagdform kennt kein Tagfanglimit, keine Schonzeit. Sie benötigt Lehrer und nicht Aufseher. Sie verlangt nach einer neuen Waidmannskunst von höchstem kulturellen Wert. Die Jagd, von der ich spreche, ist die Naturforschung.

Die Erforschung der Tierwelt hat als Fachwissen für Eingeweihte begonnen. Gewiss müssen die schwierigeren und aufwändigeren Forschungsaufgaben in professionellen Händen bleiben, aber es gibt eine Menge Aufgaben, die für alle Arten von Amateuren geeignet sind. Im Bereich technischer Erfindungen ist die Forschung seit Langem den Amateuren übertragen. Im Bereich der Biologie fängt man eben erst an, den sportlichen Wert der Amateurforschung zu erkennen.

Die Amateurornithologin Margaret Morse Nice hat Singammern in ihrem Hinterhof studiert. Sie wurde zur weltweiten Autorität für Vogelverhalten und hat viele professionelle Beobachter der Sozialordnung bei Vögeln in Theorie und Praxis übertroffen. Der Bankier Charles L. Broley hat Adler zum reinen Vergnügen beringt. Er entdeckte ein bislang unbekanntes Faktum: dass einige Adler im Winter im Süden nisten und dann zum Urlaub in die Wälder des Nordens fliegen. Norman und Stuart Criddle, Weizenbauern auf den Prärien von Manitoba, haben die Flora und Fauna ihrer Farm studiert und wurden anerkannte Autoritäten für alle Belange von der örtlichen Botanik bis zu den Wildtierzyklen. Elliott S. Barker, ein Viehzüchter in den Bergen New Mexicos, hat eines der beiden besten Bücher über jene scheue Katze – den Berglöwen – geschrieben. Lassen Sie sich aber von niemandem weismachen, diese Leute hätten das Spiel in Arbeit verwandelt. Sie haben einfach nur bemerkt, dass der größte Spaß darin besteht, das Unbekannte zu sehen und zu studieren.

Vogelkunde, Säugetierkunde und Botanik, wie sie die meisten Amateure heute kennen, sind nur Kindergartenspiele verglichen mit dem, was Amateuren in diesen Bereichen möglich wäre (und offenstünde). Einer der Gründe dafür ist das Bestreben der gesamten Struktur des Biologiestudiums (einschließlich der Wildtierkunde), das professionelle Forschungsmonopol dauerhaft zu erhalten. Dem Amateur werden nur Pseudoentdeckungsfahrten zugewiesen, die verifizieren sollen, was die professionellen Autoritäten längst wissen. Man müsste der Jugend sagen, dass gerade ein Schiff in *ih-*

rem geistigen Trockendock gebaut wird, ein Schiff, das frei auf den Meeren fahren darf.

Meiner Meinung nach ist die Förderung der Wildnisforschung die wichtigste Arbeit angesichts des beruflichen Wildtier-Managements. Wildnis hat noch immer einen anderen Wert, den heute nur einige wenige Ökologen erkennen, der aber potenziell wichtig für die gesamte menschliche Unternehmung ist.

Heute wissen wir, dass Tierpopulationen Verhaltensmuster haben, die dem individuellen Tier nicht bewusst sind, die es jedoch auszuführen mithilft. So sind etwa dem Kaninchen die Zyklen nicht bewusst, trotzdem ist es ein Träger solcher Zyklen.

Diese Verhaltensmuster können wir in Individuen oder kurzen Zeitabschnitten nicht erkennen. Selbst die intensivste Untersuchung eines einzelnen Kaninchens sagt uns nichts über die Zyklen. Das Konzept der Zyklen entspringt einer jahrzehntelangen Untersuchung der Massen.

Das wirft beunruhigende Fragen auf: Verfügen menschliche Populationen über Verhaltensmuster, die uns nicht bewusst sind, die wir jedoch bedienen? Sind Pöbel und Kriege, Unruhen und Revolutionen aus diesem Holz geschnitzt?

Viele Historiker und Philosophen deuten unser Massenverhalten beharrlich als das kollektive Resultat individueller Willensentscheidungen. Die gesamte Diplomatie setzt voraus, dass die politische Gruppe die Eigenschaften einer ehrenhaften Person besitzt. Andererseits interpretieren einige Ökonomen die Gesamtheit der Gesellschaft als Spielball von Abläufen, die wir hauptsächlich *ex post facto* erkennen.

Es ist nur vernünftig anzunehmen, dass unsere sozialen Prozesse einen höheren Willensanteil haben als beim Kaninchen, doch genauso vernünftig kann man annehmen, dass wir, als Spezies und Bevölkerung, Verhaltensmuster in uns tragen, über die nichts bekannt ist, weil keine Umstände sie je hervorgerufen haben. Und es mag andere geben, deren Bedeutung wir falsch verstanden haben.

Diese Zweifel über die Grundlagen des menschlichen Bevölkerungsverhaltens verleihen der einzig möglichen Entsprechung ein besonderes Interesse und eine besondere Bedeutung: den höheren Säugetieren. Neben anderen hat Errington den kulturellen Wert dieser animalischen Entsprechungen hervorgehoben. Jahrhundertelang war diese umfangreiche Wissensbibliothek für uns unzugänglich, weil wir nicht wussten, wo und wie wir nach ihr suchen sollten. Indem wir nun lernen, wie ein kleiner Teil der Biota funktioniert, können wir erahnen, wie der gesamte Mechanismus tickt. Die Fähigkeit, diese tieferen Bedeutungen zu erkennen und kritisch zu beurteilen, ist die Waidmannskunst der Zukunft.

Das Fazit lautet: Früher haben uns die Wildtiere ernährt und unsere Kultur geformt. Sie gewähren uns noch immer ein Vergnügen für Mußestunden, doch wir versuchen, dieses Vergnügen durch moderne Technik einzuheimsen, und vernichten damit einen Teil ihres Wertes. Eigneten wir es durch eine moderne Mentalität an, würde uns nicht nur Vergnügen, sondern auch Weisheit gewährt.

Wildnis

Die Wildnis ist das Rohmaterial, woraus der Mensch ein Kunstwerk namens Zivilisation gehämmert hat.

Die Wildnis ist nie ein homogenes Rohmaterial gewesen. Es war sehr vielfältig, sodass auch die daraus entstandenen Kunstwerke sehr vielfältig sind. Die Unterschiede bei den Endprodukten nennt man Kulturen. Die reiche Vielfalt der Kulturen der Welt spiegelt die entsprechende Vielfalt der Wildnisse, die sie hervorbrachten.

Nun stehen zum ersten Mal in der Geschichte der Gattung Mensch zwei Veränderungen bevor. Die eine ist die Entkräftung der Wildnis in den bewohnbareren Teilen der Erde, die andere ist die weltweite Hybridisierung der Kulturen durch das moderne Verkehrswesen und die Industrialisierung. Sie können beide nicht verhindert werden und sollten es vielleicht auch nicht, dennoch stellt sich die Frage, ob gewisse Werte, die andernfalls verloren gingen, durch leichte Aufbesserung der drohenden Veränderungen nicht zu bewahren sind.

Für den Arbeiter im Schweiße seines Angesichts ist das Rohmaterial auf dem Amboss ein Widersacher, den man besiegen muss. Auch für den Pionier war die Wildnis ein solcher Widersacher.

Aber für den Arbeiter, der sich ausruht und nur für einen kurzen Moment einen nachdenklichen Blick auf die Welt wirft, ist dasselbe Rohmaterial etwas, das man lieben und schätzen sollte, weil es dem Leben Sinn und Bedeutung verleiht. Dies ist ein Plädoyer für den Erhalt einiger Überreste der Wildnis, als Museumsstücke, zur Erbauung all jener, die eines Tages vielleicht die Ursprünge ihres kulturellen Erbes sehen, fühlen oder studieren möchten.

Die Überbleibsel

Viele der unterschiedlichen Wildnisse, aus denen wir Amerika gebosselt haben, sind bereits verschwunden; deshalb müssen die Flächen, die bewahrt werden sollen, in jedem praktikablen Programm im Hinblick auf deren Größe und auf den Grad der Wildheit stark variieren.

Niemand heute wird die Hochgrasprärie jemals wiedersehen, auf der ein Meer von Prärieblumen gegen die Steigbügel der Pioniere klatschte. Wir täten gut daran, hier und dort vierzig Morgen Land zu finden, auf denen die Präriepflanzen als Arten überleben können. Früher gab es hundert solcher oft außergewöhnlich schöner Pflanzen. Meist sind sie jenen völlig unbekannt, die ihr Reich geerbt haben.

Die Kurzgrasprärie dagegen, auf der Cabeza de Vaca den Horizont unter den Bäuchen der Büffel hindurch erblickte, existiert nur noch an wenigen 10 000 Morgen großen Stellen, obgleich stark abgefressen von Schafen, Rindern und Trockenfarmern. Sind es die *Neunundvierziger* wert, dass man ihrer an den Wänden der Staatskapitole gedenkt, ist dann nicht auch die Landschaft ihres gewaltigen Exodus wert, dass man ihrer in verschiedenen staatlichen Prärieschutzgebieten gedenkt?

Von den Küstenprärien existiert noch ein Stück in Florida und eines in Texas, doch die Ölfelder, Zwiebeläcker und Zitronenhaine rücken näher, bis an die Zähne bewaffnet mit Bohrgerät und Bulldozern. Es ist allerhöchste Zeit.

Niemand heute wird die unberührten Nadelwälder der Lake States jemals wiedersehen oder die Trockenkiefernwälder der Küstenebene oder die riesigen Laubwälder; hier werden Beispiele von je wenigen Morgen genügen müssen. Doch noch gibt es einige tausend Morgen große Blöcke mit Ahorn-Hemlocktanne und ähnliche Blöcke mit Appalachen-Laubhölzern, mit Moorwäldern im Süden, mit Sumpfzypressen und mit Amerikanischen Rotfichten in den Adirondacks. Wenige dieser Restbestände sind vor künftigen Fällungen sicher, noch weniger vor künftigen Touristenstraßen.

Eine der am schnellsten schrumpfenden Wildniskategorien sind die Küstenstreifen. Ferienhäuser und Touristenstraßen haben die wilden Küsten beider Ozeane nahezu vernichtet, und der Lake Superior verliert soeben das letzte weitläufige Überbleibsel eines wilden Ufers an den Großen Seen. Keine einzige Wildnis ist inniger mit der Geschichte verwoben und keine steht dichter davor, vollends zu verschwinden.

Im gesamten Nordamerika östlich der Rockies gibt es nur ein großes Gebiet, das offiziell als Wildnis geschützt ist: der Quetico-Superior International Park in Minnesota und Ontario. Dieses herrliche Kanuland, ein Mosaik aus Seen und Flüssen, liegt überwiegend auf kanadischer Seite, es könnte fast so groß sein, wie Kanada sich das wünscht, allerdings bedrohen zwei Entwicklungen jüngeren Datums seine Unversehrtheit: die Zunahme von Angelsportgebieten, versorgt durch Wasserflugzeuge, und ein gerichtlicher Streit darüber, ob der kleine Bereich in Minnesota insgesamt ein Nationalforst oder teilweise ein Staatsforst werden soll. Der ganzen Region drohen Staudämme zur Stromerzeugung, sodass die bedauerliche Kluft zwischen den Wildnisverfechtern am Ende dazu führen könnte, dass die Elektrizität die Oberhand behält.

In den Rocky-Mountains-Staaten werden rund zwanzig Gebiete in den Nationalforsten, zwischen hunderttausend und einer halben Million Morgen groß, als Wildnis ausgesondert und für Straßen, Hotels und andere schädliche Zwecke gesperrt. In den Nationalparks wird dasselbe Prinzip angewandt, allerdings ohne dass man bestimmte Grenzen absteckt. Zusammengenommen stellen diese bundesstaatlichen Gebiete das Rückgrat des Wildnisprogramms dar, sind aber nicht so sicher, wie das Papier einen glauben macht. Regionale Zwänge hinsichtlich neuer Touristenstraßen schneiden hier einen Schnipsel und dort ein Scheibchen ab. Es gibt die ganzjährige Notwendigkeit des Straßenausbaus zur Waldbrandkontrolle, und genau diese Straßen werden nach und nach zu öffentlichen Highways. Ungenutzte CCC-Camps stellten eine weitverbreitete Versuchung dar, neue und oft unnötige Straßen zu bauen. Die Holzknappheit während des Kriegs gab den Ausschlag für militärisch erforderliche Straßenerweiterungen, rechtmäßig oder auch nicht. Im Augenblick werden Skilifte und Skihotels in vielen Gebirgsregionen vorangetrieben, oftmals ohne Rücksicht auf deren frühere Bestimmung als Wildnis.

Eine der heimtückischsten Invasionen der Wildnis geschieht durch Raubtierüberwachung. Das funktioniert so: In einem Wildnisgebiet werden

Wölfe und Berglöwen im Interesse des Großwild-Managements ausgerottet. Die Großwildherden (zumeist Weißwedelhirsche oder Wapitis) vermehren sich dann so stark, dass sie den Bereich überweiden. Daraufhin müssen Jäger ermuntert werden, den Überschuss zu erlegen; da sich die modernen Jäger aber weigern, weit entfernt vom Auto zu agieren, muss eine Straße gebaut werden, die einen Zugang zum überschüssigen Wild gewährt. Immer wieder wurden Wildnisgebiete durch diesen Vorgang zersplittert; und es nimmt kein Ende.

Die Wildnisgebiete in den Rocky Mountains decken eine breite Skala von Waldtypen ab, von den Wacholderlichtungen des Südwestens zu den »grenzenlosen Wäldern, in denen der Oregon strömt«. In Wüstengebieten fehlen sie indessen, wahrscheinlich wegen der unmündigen ästhetischen Norm, die die Definition von ›Landschaft‹ auf Seen und Kiefern beschränkt.

In Kanada und Alaska existieren noch weite Gebiete unberührten Landes,

Wo namenlose Männer an namenlosen Flüssen wandern
Und allein in fremden Tälern fremden Todes sterben.

Eine repräsentative Reihe solcher Areale kann und sollte gehütet werden. Viele haben nur einen geringen oder negativen Wert für die wirtschaftliche Nutzung. Natürlich wird man behaupten, dass dazu keine durchdachte Planung notwendig sei; dass die entsprechenden Gebiete irgendwie überleben werden. Die gesamte jüngere Geschichte widerspricht einer derart besänftigenden Vermutung. Selbst wenn Wildnisflecken überleben, was ist dann mit ihrer Fauna? Das Karibu, die verschiedenen Bergschafrassen, der reinrassige Waldbison, der Barren-Ground-Grizzly, die Süßwasserrobben und die Wale sind sogar in diesem Moment bedroht. Was nützen Wildnisgebiete ohne ihre charakteristische Fauna? Das kürzlich gegründete Arktische Institut hat mit der Industrialisierung der arktischen Ödnisse begonnen, mit exzellenten Chancen, sie als Wildnis erfolgreich zu zerstören. Es ist höchste Zeit, sogar im hohen Norden.

Es bleibt abzuwarten, in welchem Umfang Kanada und Alaska ihre Möglichkeiten erkennen und ergreifen werden. Im Allgemeinen spotten Pioniere über jede Bemühung um eine dauerhafte Pionierarbeit.

Wildnis zur Erholung

Der physische Kampf um die Mittel zum Lebensunterhalt war seit unzähligen Jahrhunderten eine ökonomische Tatsache. Als er in dieser Form verschwand, hieß uns ein gesunder Instinkt, ihn in Gestalt von Sport und Spiel zu bewahren.

Der physische Kampf zwischen Mensch und Tier war ebenfalls eine ökonomische Tatsache, die man heute als Jagd und Sportfischen bewahrt.

Öffentliche Wildnisgebiete stellen zuallererst eine Möglichkeit dar, die recht männlichen und ursprünglichen Fähigkeiten bei der Pionierfahrt und beim Lebensunterhalt in sportlicher Form weiterzuführen.

Einige dieser Fertigkeiten sind Allgemeingut; die Details wurden der amerikanischen Landschaft angepasst, die Fertigkeit selbst aber gibt es weltweit. Zum Beispiel das Jagen, Fischen und das Wandern mit dem Rucksack.

Zwei sind allerdings so amerikanisch wie der Hickorybaum; sie wurden andernorts nachgeahmt, aber nur auf diesem Kontinent zur Vollendung gebracht. Die eine dieser Fertigkeiten ist das Kanuwandern, die andere das Reitwandern mit Packpferden. Beide verschwinden rapide. Heute besitzt der Hudson-Bay-Indianer einen Außenborder und der Bergsteiger einen Ford. Müsste ich meinen Lebensunterhalt mit dem Kanu oder dem Packpferd verdienen, würde ich es wohl genauso machen, denn beides ist eine Strapaze. Doch wir, die wir zum Vergnügen in der Wildnis wandern, fühlen uns betrogen, wenn man uns zwingt, mit technischen Behelfen Schritt zu halten. Es ist töricht, ein Kanu beim Krach der Motorboote umzutragen oder das Leitpferd auf die Wiese eines Sommerhotels zu treiben. Da bleibt man besser zu Hause.

Wildnisgebiete sind zuallererst Schutzgebiete für die ursprünglichen Künste der Wildniswanderung, insbesondere mit dem Kanu oder dem Packpferd.

Vermutlich wollen manche darüber streiten, ob es wichtig ist, diese primitiven Künste am Leben zu erhalten. Ich werde darüber nicht streiten. Entweder hat man es im Blut, oder man ist sehr, sehr alt.

Dem Jagen und Fischen auf europäische Art fehlt das, was die Wildnisgebiete in diesem Land bewahren könnten. Europäer kampieren, kochen oder arbeiten, wenn es sich vermeiden lässt, nicht in den Wäldern. Die Arbeit überträgt man Treibern oder Bediensteten, und eine Jagd hat eher die Stimmung eines Picknicks als einer Pioniertat. Der Nachweis der Fertigkeiten beschränkt sich weitgehend auf das direkte Erbeuten von Wild oder Fisch.

Es gibt einige, die solchen Wildnissport als ›undemokratisch‹ verschreien, weil die Erholungsleistung einer Wildnis, verglichen mit einem Golfplatz oder einem Zeltlager für Touristen, gering ist. Der grundlegende Irrtum einer solchen Argumentation besteht darin, dass sie die Philosophie der Massenproduktion auf das überträgt, was der Massenproduktion entgegenwirken soll. Der Wert der Erholung lässt sich nicht beziffern. Erholung ist so wertvoll wie die Intensität der Erfahrungen und in dem Maße, in dem sie sich vom Alltagsleben *unterscheidet* und *in Kontrast steht*. Unter solchen Gesichtspunkten sind technisierte Ausflüge bestenfalls saft- und kraftloses Gewese.

Technisierte Erholung hat bereits neun Zehntel der Wälder und Berge befallen; ein gebührender Respekt gegenüber Minderheiten sollte das verbliebene Zehntel der Wildnis überlassen.

Wildnis für die Wissenschaft

Die wichtigste Eigenschaft eines Organismus ist seine Fähigkeit zur inneren Selbsterneuerung, bekannt als Gesundheit.

Es gibt zwei Organismen, deren Selbsterneuerungsprozesse der menschlichen Beeinflussung und Kontrolle unterworfen wurden. Der eine ist der Mensch selbst (Medizin und Gesundheitswesen), der andere ist das Land (Ackerbau und Naturschutz).

Die Bemühung, die Gesundheit des Landes zu kontrollieren, ist nicht besonders erfolgreich gewesen. Inzwischen hat man überall begriffen, dass das Land krank ist, wenn der Boden seine Fruchtbarkeit verliert oder schneller davongespült als herangebildet wird und wenn die Gewässer ungewöhnliche Überflutungen oder Knappheiten zeigen.

Weitere Störungen sind faktisch bekannt, werden bislang aber nicht als Krankheitssymptome des Landes betrachtet. Das Verschwinden von Pflanzen- und Tierarten ohne erkennbaren Grund, trotz aller Schutzbemühungen, und das Eindringen von Schädlingen, trotz aller Kontrollbemühungen, müssen in Ermangelung einfacherer Erklärungen als Krankheitssymptome des Landorganismus angesehen werden. Sie treten allzu häufig auf, als dass man sie als normale evolutionäre Vorkommnisse abtun darf.

Wie es um die Überlegungen zu den Leiden des Landes bestellt ist, spiegelt sich in der Tatsache, dass unsere Therapie zumeist noch immer lokal begrenzt ist. Verliert ein Boden also seine Fruchtbarkeit, schütten wir Dünger darauf oder wechseln im besten Falle die Flora und Fauna aus, ohne den Umstand zu bedenken, dass diese wilde Flora und Fauna, die den Boden zunächst kultiviert hat, für deren Erhalt ebenso wichtig sein könnte. Erst vor Kurzem hat man zum Beispiel entdeckt, dass gute Tabakernten aus irgendeinem unbekannten Grund von der Vorbereitung des Bodens durch wildes Traubenkraut abhängen. Es kommt uns nicht in den Sinn, dass solche unerwarteten Abhängigkeitsketten in der Natur weit verbreitet sein könnten.

Vermehren sich Präriehunde, Erdhörnchen oder Mäuse zur Landplage, vergiften wir sie, schauen jedoch nicht über das Tierische hinaus, um den Grund für die Irruption zu finden. Wir nehmen an, dass tierische Probleme auch tierische Ursachen haben müssen. Der jüngste wissenschaftliche Befund deutet auf Störungen der *Pflanzen*gemeinschaft als wahren Grund für die Nagetierinvasionen hin, trotzdem werden nur wenige Erforschungen dieses Indizes angestrengt.

Viele Forstanpflanzungen bringen Bäume auf einem Boden hervor, auf dem ursprünglich doppelt so hohe Bäume wuchsen. Warum? Vernünftige Förster wissen, dass die Ursache dafür wahrscheinlich nicht bei den Bäumen, sondern in der Mikroflora des Bodens zu finden ist, und dass es mehr Jahre braucht, die Bodenflora wieder instand zu setzen, als es brauchte, sie zu zerstören.

Viele Schutzmaßnahmen sind eindeutig oberflächlich. Überflutungen kontrollierende Dämme stehen in keiner Beziehung zu den Ursachen der Überflutungen. Rückhaltedämme und Terrassen berühren die Ursachen der Erosion nicht. Wildschutzgebiete und Fischzuchten, die die Versorgung mit Wild und Fisch aufrechterhalten sollen, erklären nicht, warum die Versorgung sich nicht von selbst aufrechterhält.

Im Allgemeinen deuten die Anzeichen darauf hin, dass beim Land – genau wie im menschlichen Körper – die Symptome in dem einen Organ und die Ursache in einem anderen Organ zu finden sind. Die Methoden, die wir heutzutage Naturschutz nennen, sind in hohem Maße lokale Linderungen eines biotischen Schmerzes. Sie sind nötig, dürfen aber nicht mit Heilmitteln verwechselt werden. Die Kunst der Landverarztung wird voller Elan praktiziert, die Wissenschaft von der Gesundheit des Landes muss hingegen noch geboren werden.

Die Wissenschaft von der Gesundheit des Landes braucht vor allem einen Referenzpunkt für die Normalität, ein Bild davon, wie sich ein gesundes Land als Organismus selbst aufrechterhält.

Uns liegen zwei Regelfälle vor. Der eine findet sich dort, wo die Physiologie des Landes trotz jahrhundertelanger menschlicher Inbesitznahme weitgehend normal bleibt. Mir ist nur ein solcher Ort bekannt: Nordosteuropa. Es ist unwahrscheinlich, dass wir ihn vergebens erforschen werden.

Der andere, vollkommenste Regelfall ist die Wildnis. Die Paläontologie bietet zahlreiche Beweise dafür, dass sich die Wildnis für immens lange Zeiträume selbst erhalten hat; dass ihr Artenbestand selten verschwindet oder überhand nimmt; dass Wetter und Wasser den Boden ebenso schnell oder sogar schneller aufbauen, als er davongeschwemmt wird. Die Wildnis gewinnt somit eine unerwartete Bedeutung als Laboratorium zum Studium der Gesundheit des Landes.

Man kann die Physiologie Montanas nicht am Amazonas studieren; jede biotische Provinz benötigt ihre ganz eigene Wildnis für Vergleichsstudien von genutztem und ungenutztem Land. Natürlich ist es zu spät, etwas anderes als ein nicht ausbalanciertes System von Wildnisstudiengebieten zu retten, und die meisten dieser Überreste sind viel zu klein, als dass sie ihre Normalität in jeder Hinsicht bewahren könnten. Selbst die Nationalparks, die sich auf jeweils bis zu einer Million Morgen belaufen, sind nicht groß genug gewesen, um ihre heimischen Raubtiere zu erhalten oder durch Nutztiere eingeschleppte Krankheiten auszuschließen. Deshalb hat Yellowstone seine Wölfe und Pumas verloren mit dem Ergebnis, dass Wapitis vor allem auf den Winterweiden die Flora zerstören. Gleichzeitig geht die Zahl der Grizzlys und Bergschafe zurück, die der Letzteren durch Krankheiten.

Während sogar die größten Wildnisgebiete teilweise aus dem Gleichgewicht gerieten, benötigte J. E. Weaver nur ein paar Morgen wilden Landes, um zu entdecken, warum die Prärieflora dürreresistenter ist als die Agrarpflanzen, die sie verdrängt haben. Weaver hat herausgefunden, dass die Präriearten ein unterirdisches ›Teamwork‹ praktizieren, indem sie ihre Wurzelsysteme so verteilen, dass sie alle Bodenschichten durchdringen, während die Arten mit landwirtschaftlichem Fruchtwechsel eine Schicht überbeanspruchen und eine andere vernachlässigen, sodass ein zunehmendes Defizit entsteht. Weavers Untersuchungen haben ein wichtiges landwirtschaftliches Prinzip zum Vorschein gebracht.

Auch Togrediak benötigte nur ein paar Morgen Wildnis, um zu entdecken, warum Kiefern auf ehemaligen Feldern nie die Größe und Windbeständigkeit von Kiefern auf ungerodetem Waldboden erreichen. In letzterem Fall folgen die Wurzeln nämlich alten Wurzelkanälen und stoßen tiefer hinab.

In vielen Fällen wissen wir buchstäblich nicht, welch gute Leistung wir von gesundem Land erwarten dürfen, bis wir ein wildes Gebiet mit einem kranken vergleichen. Deshalb beschreiben die meisten frühen Reisenden im Südwesten die Gebirgsflüsse als ursprünglich klar – wobei ein Zweifel bleibt, denn sie könnten sie zufällig nur in den günstigen Jahreszeiten gesehen haben. Erosionstechniker hatten keinen Referenzwert, ehe man entdeckt hatte, dass exakt gleiche Flüsse in der Sierra Madre von Chihuahua, nie abgeweidet oder genutzt aus Furcht vor Indianern, im schlimmsten Zustand eine milchige Färbung aufweisen, die fürs Fliegenfischen nicht zu trüb ist. Moos wächst an ihren Ufern bis direkt ans Wasser. Die meisten entsprechenden Flüsse in Arizona und New Mexico sind Gesteinsbänder, mooslos, humuslos und beinahe baumlos. Die Erhaltung und Erforschung der Wildnis der Sierra Madre durch eine internationale Versuchsstation wäre als Regelfall für die Heilung des kranken Landes auf beiden Seiten der Grenze ein nachbarschaftliches Unterfangen, das in Betracht zu ziehen durchaus wert ist.

Kurzum, sämtliche vorhandenen Wildnisgebiete, die großen wie die kleinen, eignen sich als Normen für die Wissenschaft des Landes. Erholung ist nicht ihr einziger und nicht einmal ihr vornehmlicher Nutzen.

Wildnis für die Wildtiere

Die Nationalparks reichen nicht aus, um den Fortbestand der größeren Fleischfresser zu sichern; man bedenke den prekären Zustand der Grizzlybären und die Tatsache, dass das Nationalparksystem bereits wolflos ist. Sie reichen auch für die Bergschafe nicht aus; die meisten Schafherden schrumpfen inzwischen.

Die Gründe dafür sind in einigen Fällen klar, in anderen liegen sie im Dunkeln. Mit Sicherheit sind die Parks zu klein für eine weit umherstreifende Art wie den Wolf. Aus unbekannten Gründen scheinen viele Tierarten als isolierte Populationsinseln nicht zu gedeihen.

Der praktikabelste Weg, das für die Fauna der Wildnis zur Verfügung stehende Gebiet zu vergrößern, besteht darin, dass die wilderen Bereiche der Nationalwälder, die in der Regel die Parks umgeben, den bedrohten Spezies *als Parks* dienen. Der tragische Fall des Grizzlybären zeigt, dass sie diese Funktion bislang nicht hatten.

Als ich den Westen zum ersten Mal besuchte, im Jahre 1909, gab es Grizzlys in jedem größeren Gebirgsmassiv, man konnte jedoch monatelang wandern, ohne einen Naturschutzbeamten anzutreffen. Heute steht irgendein Beamter ›hinter jedem Busch‹, trotzdem zieht sich mit der Zunahme der Naturschutzbehörden unser herrlichstes Säugetier stetig weiter an die kanadische Grenze zurück. Von den sechstausend offiziell auf dem Gebiet der Vereinigten Staaten gemeldeten Grizzlys leben fünftausend in Alaska. In nur fünf Staaten gibt es überhaupt welche. Anscheinend nimmt man stillschweigend an, dass es allemal reicht, wenn Grizzlys in Kanada und Alaska überleben. Aber mir reicht das nicht. Die Bären in Alaska sind eine andere Spezies. Grizzlys nach Alaska zu verbannen wäre ungefähr so, als würde man die Freude in den Himmel verbannen –: man kann sie nie erreichen.

Die Rettung des Grizzlys erfordert eine Reihe großflächiger Gebiete, in denen Straßen und Nutztiere verboten sind oder in denen Schaden am Viehbestand erstattet wird. Die einzige Möglichkeit, solche Gebiete zu erschaffen, ist der Aufkauf verstreuter Viehranchen; trotzdem haben die Naturschutzbehörden mit ihren weitreichenden Befugnissen zum Kauf und

Tausch von Land in dieser Hinsicht praktisch nichts zustande gebracht. Ich habe gehört, dass der Forest Service ein Grizzlyschutzgebiet in Montana eingerichtet hat, ich weiß aber auch von einer Bergkette in Utah, in der der Forest Service tatsächlich die Schafzucht unterstützt hat, obwohl dort das letzte Grizzlyvorkommen dieses Staates beheimatet ist.

Dauerhafte Grizzlyschutzzonen und dauerhafte Wildnisgebiete sind zwei verschiedene Namen für dasselbe Problem. Begeisterung für beides erfordert einen Naturschutz mit Weitblick und eine historische Perspektive. Nur wer das Schauspiel der Evolution sehen kann, von dem darf man auch erwarten, dass er ihre Bühne, die Wildnis, und ihre herausragende Leistung, den Grizzly, schätzt. Wenn die Bildung wirklich bildet, wird es mit der Zeit immer mehr Bürger geben, die begreifen, dass die Überreste des alten Westens die Bedeutung und den Wert des neuen Westens mehren. Die noch ungeborene Jugend wird den Missouri mit Lewis und Clark hinaufstaken oder die Sierras mit James Capen Adams erklimmen. Und jede Generation wird ihrerseits fragen: Wo ist der riesige graue Bär? Es wäre eine erbärmliche Antwort, müsste man sagen: Er ging zugrunde, während die Naturschützer nicht hinsahen.

Verteidiger der Wildnis

Wildnis ist eine Ressource, die schrumpfen, aber nicht wachsen kann. Eingriffe lassen sich aufhalten oder so abwandeln, dass das Gebiet zur Erholung und für die Wissenschaft und Wildtiere erhalten bleibt, eine Neuschöpfung von Wildnissen in vollem Wortsinn ist dagegen unmöglich.

Daraus folgt, dass jedes Wildnisprogramm eine Nachhut-Aktion ist, durch die Rückzüge auf ein Minimum reduziert werden. Die Wilderness Society wurde 1935 »zu dem einzigen Zweck gegründet, die Überbleibsel der Wildnis in Amerika zu retten«.

Es genügt aber nicht, dass eine solche Organisation existiert. Ehe nicht in sämtlichen Naturschutzbehörden wildnisbewusste Menschen sitzen, erfährt die Gesellschaft vielleicht nie etwas über neue Eingriffe, bis die Zeit zum Handeln vorbei ist. Außerdem muss eine militante Minderheit von

wildnisbewussten Bürgern überall im Lande auf der Hut sein und im Notfall handeln können.

In Europa, wo sich die Wildnis gegenwärtig in die Karpaten und nach Sibirien zurückgezogen hat, beklagt jeder vernünftige Naturschützer ihren Verlust. Sogar in Großbritannien, dem weniger Raum für Landluxus zur Verfügung steht als fast jeder anderen zivilisierten Nation, existiert eine wenngleich verspätete, jedoch entschlossene Bewegung zur Rettung einiger kleiner Flecken halbwilden Lands.

Die Fähigkeit, den kulturellen Wert der Wildnis zu erkennen, läuft letzten Endes auf eine Frage der intellektuellen Bescheidenheit hinaus. Der oberflächliche moderne Mensch, der seine Verwurzelung im Land verloren hat, meint, er habe bereits alles entdeckt, was wesentlich ist; ein solcher Mensch faselt von politischen oder wirtschaftlichen Imperien, die tausend Jahre währen. Nur dem Gebildeten ist klar, dass die gesamte Geschichte aus aufeinanderfolgenden Exkursionen von einem einzigen Ausgangspunkt besteht, zu dem man wieder und wieder zurückkehrt, um eine weitere Suche nach einem dauerhaften Wertemaßstab zu organisieren. Nur der Gebildete versteht, warum die raue Wildnis dem Unternehmen Mensch eine Bestimmung und Bedeutung verleiht.

Die Ethik des Landes

Als der gottähnliche Odysseus aus dem Trojanischen Krieg heimkehrte, knüpfte er ein Dutzend Sklavinnen aus seinem Haushalt, die er des ungebührlichen Betragens während seiner Abwesenheit verdächtigte, an einem einzigen Strick auf.

Beim Aufknüpfen ging es nicht um die Frage des Besitzes. Die Mädchen *waren* sein Besitz. Die Verfügung über Eigentum war damals wie heute eine Frage der Zweckmäßigkeit und nicht des Rechts oder Unrechts.

Die Begriffe Recht und Unrecht waren dem Griechenland des Odysseus keineswegs fremd: man beachte die Treue seiner Gattin in den langen Jahren, ehe sich die schwarzbugigen Galeeren durch die weindunklen Meere endlich heimwärts pflügten. Das ethische Konzept jener Tage schloss Ehefrauen mit ein, umfasste aber noch nicht das Humangut. Im Laufe der seitdem vergangenen dreitausend Jahre haben sich die ethischen Normen auf viele Verhaltensbereiche ausgeweitet, während jene, die nach bloßer Zweckmäßigkeit urteilten, einen entsprechenden Rückschritt erlitten.

Ethische Folgerichtigkeit

Die Ausweitung der Ethik, bislang nur von den Philosophen untersucht, ist tatsächlich ein Prozess der ökologischen Evolution. Die Folgen können sowohl in ökologischen als auch in philosophischen Begriffen gefasst werden. Ökologisch betrachtet ist die Ethik eine Beschränkung der Handlungsfreiheit im Kampf ums Dasein. Philosophisch betrachtet ist die Ethik der Unterschied zwischen sozialem und asozialem Verhalten. Es handelt sich um zwei Definitionen ein und derselben Sache. Diese hat ihren Ursprung in der

Neigung voneinander abhängiger Individuen oder Gruppen, Methoden der Zusammenarbeit zu entwickeln. Der Ökologe nennt sie: Symbiosen. Politik und Wirtschaft sind fortschrittliche Symbiosen, bei denen der ursprüngliche gegenseitige Wettbewerb teilweise durch Mechanismen der Zusammenarbeit mit ethischem Gehalt ersetzt wurde.

Die Komplexität von Mechanismen der Zusammenarbeit hat mit steigender Bevölkerungsdichte und mit der Effizenz der Mittel zugenommen. Es war beispielsweise einfacher, die asoziale Verwendung von Stöcken und Steinen in den Tagen des Mastodons zu definieren als diejenige von Gewehrkugeln und Plakatwänden im Motorenzeitalter.

Die ersten Ethiken befassten sich mit der Beziehung der Individuen untereinander; Moses' zehn Gebote sind ein Beispiel dafür. Spätere Erweiterungen befassten sich mit der Beziehung zwischen Einzelpersonen und der Gesellschaft. Die Goldene Regel versuchte, die Individuen in die Gesellschaft zu integrieren; die Demokratie versuchte, die gesellschaftliche Organisation in die Einzelperson zu integrieren.

Doch bis jetzt gibt es keine Ethik, die sich mit der Beziehung des Menschen zum Land und zu den darauf lebenden Tieren und Pflanzen befasst. Das Land ist noch immer ein Besitztum wie die Sklavinnen des Odysseus. Die Beziehung zum Land ist noch immer eine strikt wirtschaftliche, sie bringt Rechte mit sich, aber keine Pflichten.

Wenn ich den Befund richtig deute, ist die Ausweitung der Ethik auf dieses dritte Element in der menschlichen Umwelt eine evolutionäre Möglichkeit und eine ökologische Notwendigkeit. Es ist der dritte Schritt in einer Stufenfolge. Die beiden ersten wurden bereits getan. Einzelne Denker haben seit den Tagen Hesekiels und Jesajas beteuert, dass die Plünderung des Landes nicht nur töricht, sondern grundfalsch ist. Trotzdem hat die Gesellschaft diesen Glauben bislang nicht bekräftigt. Ich betrachte die gegenwärtige Naturschutzbewegung als eine solche Bekräftigung im Embryonalzustand.

Man kann diese Ethik als Leitfaden für den Umgang mit ökologischen Situationen ansehen, die so neu oder kniffelig sind oder solche verzögerten Reaktionen einschließen, dass die gesellschaftliche Zweckdienlichkeit für das Durchschnittsindividuum nicht erkennbar ist. Tierische Instinkte sind Leitfäden für den Einzelnen beim Umgang mit solchen Situationen. Die Ethik ist wahrscheinlich ein Gemeinschaftsinstinkt, der im Entstehen begriffen ist.

Das Konzept der Gemeinschaft

Jede bisher entwickelte Ethik beruht auf nur einer Prämisse: dass der Einzelne das Mitglied einer Gemeinschaft voneinander abhängiger Teile ist. Die Instinkte bewegen ihn dazu, um seinen Platz in dieser Gemeinschaft zu kämpfen, doch die Ethik drängt ihn zur Zusammenarbeit (vielleicht damit es einen Platz gibt, für den zu kämpfen sich lohnt).

Die Ethik des Landes erweitert schlicht die Grenzen der Gemeinschaft, sodass sie Böden, Gewässer, Pflanzen und Tiere umfasst, kurzum: das Land.

Das klingt einfach: Singen wir denn nicht bereits von unserer Liebe zum und unserer Verpflichtung für »das Land der Freien und die Heimat der Tapferen«? Ja, doch was oder wen lieben wir tatsächlich? Gewiss nicht den Boden, den wir Hals über Kopf den Fluss hinabschießen lassen. Gewiss nicht das Wasser, dass unserer Meinung nach keine andere Funktion hat als Turbinen anzutreiben, Lastkähne zu befördern oder Abwässer zu beseitigen. Gewiss nicht die Pflanzen, von denen wir ganze Artengemeinschaften ausmerzen, ohne mit der Wimper zu zucken. Gewiss nicht die Tiere, von denen wir bereits viele der größten und schönsten Spezies ausgerottet haben. Selbstverständlich kann eine Landethik die Veränderung, Bewirtschaftung und Nutzung dieser ›Ressourcen‹ nicht verhindern, doch sie bestätigt deren Recht auf dauerhafte Existenz und, zumindest an einigen Orten, auf dauerhafte Existenz im Naturzustand.

Mit einem Wort, die Ethik des Landes verwandelt die Rolle des *Homo sapiens* von der eines Eroberers der Landgemeinschaft in die eines bloßen Mitglieds und Bewohners. Das bedeutet auch Respekt gegenüber den andern Mitgliedern und Respekt gegenüber der Gemeinschaft als solcher.

Wir haben (wie ich hoffe) in der Geschichte des Menschen gelernt, dass die Rolle des Eroberers selbstzerstörerisch ist. Warum? Eine derartige Rolle impliziert, dass der Eroberer *ex cathedra* weiß, was das Uhrwerk der Gemeinschaft ticken lässt, wer und was nützlich, wer und was unnütz im Leben der Gemeinschaft ist. Es stellt sich aber immer heraus, dass er nichts davon weiß, und aus diesem Grund zerstören sich seine Eroberungen selbst.

In der biotischen Gemeinschaft existiert eine vergleichbare Situation. Abraham wusste genau, wozu das Land diente: Es sollte Milch und Honig in Abrahams Mund fließen lassen. Doch gegenwärtig steht die Gewissheit, mit der wir diese These betrachten, in umgekehrtem Verhältnis zum Grad unserer Bildung.

Der gewöhnliche Bürger von heute nimmt an, dass die Wissenschaft weiß, was das Uhrwerk ticken lässt; genauso sicher weiß der Wissenschaftler, dass er dies nicht tut. Er weiß, dass der biotische Mechanismus derart komplex ist, dass man seine Funktionsweisen vielleicht nie ganz verstehen wird.

Eine ökologische Interpretation der Geschichte zeigt, dass der Mensch in Wahrheit nur ein Mitglied in einem biotischen Gespann ist. Viele historische Ereignisse, die bislang allein mit Begriffen der Unternehmung Mensch erklärt wurden, waren tatsächlich Interaktionen zwischen der Bevölkerung und dem Land. Die Merkmale des Landes bestimmten die Fakten ebenso stark wie die Merkmale der Menschen, die auf ihm lebten.

Man denke etwa an die Besiedlung der Mississippiebene. In den Jahren nach dem Unabhängigkeitskrieg stritten drei Gruppen um deren Kontrolle: die eingeborenen Indianer, die französischen und englischen Händler und die amerikanischen Siedler. Historiker fragen sich, was geschehen wäre, wenn die Engländer bei Detroit ein wenig mehr Gewicht in die indianische Seite der taumelnden Waagschale geworfen hätten, die den Ausgang der Kolonialwanderung ins Schilfland von Kentucky entschieden hat. Nun wird es Zeit, über die Tatsache nachzudenken, dass das Schilfland sich ins Land des Wiesenrispengrases, des *Bluegrass,* verwandelte, als man es der speziellen Mischung von Einflüssen in Gestalt von Vieh, Pflug, Feuer und der Axt der Pioniere unterwarf. Doch was wäre gewesen, wenn die im dunklen blutigen Boden innewohnende Pflanzenfolge unter Einwirkung dieser Kräfte uns stattdessen wertlose Seggen, Sträucher oder Unkräuter beschert hätte? Hätten Boone und Kenton durchgehalten? Hätte es das Überschwappen nach Ohio, Indiana, Illinois und Missouri gegeben? Den Kauf Louisianas? Die transkontinentale Union neuer Bundesstaaten? Den Bürgerkrieg?

Kentucky war nur eine Zeile im Drama der Geschichte. Wir hören oft, was die menschlichen Akteure in diesem Drama zu unternehmen versuchten, aber wir hören selten, dass ihr Erfolg – oder der fehlende Erfolg – in hohem Maße von der Reaktion bestimmter Böden auf den Einfluss bestimmter, von dessen Bewohnern ausgeübten Kräfte abhing. Im Falle Kentuckys wissen wir nicht einmal, woher das Wiesenrispengras kam – ob es eine heimische Art oder ein blinder Passagier aus Europa ist.

Vergleichen wir im Rückblick das Schilfland mit dem Südwesten, wo die Pioniere ebenfalls tapfer, findig und beharrlich waren. Hier brachte der Einfluss der Bewohner kein Bluegrass mit sich oder eine andere Pflanze, die geeignet gewesen wäre, den Stößen und Schlägen einer starken Nutzung standzuhalten. Als diese Region von Vieh beweidet wurde, fiel sie durch immer minderwertigere Gräser, Sträucher und Unkräuter einem labilen Gleichgewicht anheim. Jeder Rückgang der Pflanzenarten verursachte Erosionen; jede Zunahme der Erosion verursachte einen weiteren Rückgang der Pflanzen. Das Ergebnis ist heute eine fortschreitende, wechselseitige Verschlechterung nicht nur der Pflanzen und Böden, sondern auch der Tiergemeinschaft, die sich davon ernährt. Das hatten die ersten Siedler nicht erwartet; einige legten auf den Ciénegas von New Mexico sogar Entwässerungsgräben an, was die Sache beschleunigte. Diese Entwicklung ging so unmerklich vonstatten, dass nur wenige Bewohner dieser Gegend ihrer gewahr wurden. Für den Touristen, dem diese zerstörte Landschaft farbenprächtig und bezaubernd erscheint – das ist sie tatsächlich, bloß hat sie kaum Ähnlichkeit mit dem Bild von 1848 –, ist das absolut nicht zu erkennen.

Diese Landschaft war bereits früher einmal ›entwickelt‹ worden, allerdings mit vollkommen anderen Resultaten. Die Pueblo-Indianer besiedelten den Südwesten in den Zeiten vor Kolumbus, aber sie hatten keinerlei Weidevieh besessen. Ihre Zivilisation verfiel, nicht jedoch, weil das Land verfiel.

In Indien wurden Regionen, denen es an Soden bildendem Gras mangelte, offensichtlich ohne Zerstörung des Landes besiedelt, indem man auf das einfache Mittel verfiel, das Gras zum Vieh zu bringen und nicht umgekehrt. (War es das Ergebnis tiefer Weisheit oder einfach nur pures Glück? Ich weiß es nicht.)

Mit einem Wort, die Pflanzenfolge bestimmte den Lauf der Geschichte;

die Pioniere haben so oder so nur zum Vorschein gebracht, welche Pflanzenfolgen schon im Land steckten. Lehrt man die Geschichte in diesem Sinne? Das wird man, sobald das Konzept vom Land als Gemeinschaft unser intellektuelles Leben wirklich durchdringt.

Das ökologische Gewissen

Naturschutz ist der harmonische Zustand zwischen Mensch und Land. Trotz eines beinahe ganzen Jahrhunderts der Propaganda kommt er immer noch bloß im Schneckentempo voran; Fortschritt besteht großenteils aus frommen Briefen und aus Reden auf Versammlungen. Im Hinterland gehen wir bei jedem Schritt vorwärts noch immer zwei Schritte zurück.

Die übliche Antwort auf dieses Dilemma lautet: »Mehr Bildung über den Naturschutz«. Niemand wird das bestreiten, aber ist es wirklich nur das *Ausmaß* der Bildung, das erhöht werden muss? Fehlt es nicht auch an *Gehalt*?

Schwierig, in Kurzform eine klare Zusammenfassung des Gehalts zu geben, aber so wie ich ihn verstehe, handelt es sich im Wesentlichen darum: Gehorche dem Gesetz, wähle richtig, tritt ein paar Organisationen bei und praktiziere *den* Naturschutz, der sich für dein eigenes Land lohnt; alles andere wird die Regierung übernehmen.

Ist dieses Rezept nicht zu einfach, um etwas zu erreichen, das der Mühe wert ist? Es definiert weder was richtig noch was falsch ist, weist keine Verpflichtungen zu, fordert keine Opfer, bedeutet keinen Wandel in der gegenwärtigen Wertephilosophie. Im Hinblick auf die Landnutzung mahnt es nur zu aufgeklärtem Eigennutz. Doch wie weit bringt uns eine solche Bildung? Vielleicht liefert uns ein Beispiel zum Teil eine Antwort.

Im Jahre 1930 war außer den ökologisch Blinden allen klar, dass die Humusschicht des südwestlichen Wisconsin in Richtung Meer glitt. Den Farmern sagte man 1933, dass die Öffentlichkeit ihnen, wenn sie fünf Jahre lang gewisse Sanierungsmaßnahmen vornähmen, die dafür einzusetzende Arbeit des CCC samt den notwendigen Maschinen und Materialien spendiert. Das Angebot wurde meist akzeptiert, aber die Maßnahmen hatte man am Ende des Vertragszeitraums meist vergessen. Die Farmer wandten nur diejenigen Maßnahmen weiterhin an, die einen unmittelbaren, sichtbaren Gewinn für sie abwarfen.

Das führte zu der Idee, dass die Farmer vielleicht schneller lernen würden, wenn sie selbst die Regeln aufstellen. Dementsprechend verabschiedete das Parlament von Wisconsin im Jahr 1937 das Gesetz über Bodenschutzgebiete. Faktisch sagt es den Farmern: *Wir, das Volk, stellen euch kostenlose technische Dienstleistungen zur Verfügung und leihen euch spezielle Maschinen, wenn ihr eigene Regeln der Landnutzung für euch aufstellt. Jeder Landkreis darf seine eigenen Regeln aufstellen, diese werden Gesetzeskraft haben.* Beinahe sämtliche Landkreise richteten es prompt ein, dass sie die angebotene Hilfe akzeptierten, aber nach einem Jahrzehnt der Anwendung *hat noch kein einziger Landkreis ein Gesetz zu Papier gebracht.* Es gab sichtlichen Fortschritt beim Streifenanbau, bei der Grünlanderneuerung und Kalkdüngung, nicht jedoch bei der Abzäunung von Waldland gegen Beweidung und beim Verzicht auf Pflug und Vieh an steilen Hängen. Kurzum, die Farmer haben sich jene Sanierungsmaßnahmen herausgepickt, die irgendwie profitabel waren, und jene ignoriert, von denen zwar die Gemeinschaft profitierte, nicht jedoch eindeutig die Farmer selbst.

Fragt man, warum keine Regeln aufgestellt wurden, erfährt man, dass die Gemeinschaft noch nicht bereit sei, sie zu unterstützen; dass Bildung den Regeln vorausgehen müsse. Allerdings erwähnt die momentane Bildungsbemühung keine solcher Verpflichtungen gegenüber dem Land, die jene überschreiten, die der Eigennutz vorschreibt. Unterm Strich haben wir mehr Bildung, aber weniger Boden, noch weniger gesunde Wälder und genauso viele Überschwemmungen wie im Jahre 1937.

Verwirrend an dieser Situation ist, dass man die Existenz von Verpflichtungen jenseits des Eigennutzes bei Unternehmungen der Landgemeinde wie Verbesserung von Straßen, Schulen, Kirchen und Baseball-Mannschaften als selbstverständlich voraussetzt. Nicht selbstverständlich ist und nicht einmal ernsthaft diskutiert wird dagegen deren Existenz bei der Verbesserung des ›Verhaltens‹ des aufs Land fallenden Regens oder bei der Erhaltung der Schönheit und Vielfalt des Farmlandes. Die Ethik der Landnutzung wird noch immer völlig von wirtschaftlichem Eigennutz regiert, so wie die Sozialethik vor einem Jahrhundert.

Fazit: Wir haben den Farmer gebeten, das zu tun, was er bequem zur Rettung seines Bodens tun kann, und genau das hat er getan und mehr nicht. Ein Farmer, der einen Abhang mit 75 Prozent Gefälle abholzt, seine Kühe auf die Lichtung treibt und das Regenwasser, Geröll und Erdreich im Gemeindebach entsorgt, gilt nach wie vor (wenn er ansonsten anständig ist) als respektables Mitglied der Gesellschaft. Kippt er Kalk auf die Felder und pflanzt seine Ackerfrüchte an den Feldrain, hat er nach wie vor ein Anrecht auf sämtliche Vorteile und Vergütungen des Bodenschutzes. Der Bodenschutz ist eine wundervolle Sozialmaschine, nur dass sie mit zwei Zylindern dahinkeucht, weil wir zu schüchtern sind und allzu viel Angst vor raschem Erfolg haben, als dass wir dem Farmer vom wahren Spektrum seiner Verpflichtungen erzählen. Verpflichtungen ohne Gewissen sind bedeutungslos, und das Problem, dem wir gegenüberstehen, lautet: Wie erweitert man das soziale Gewissen der Leute auf das Land?

Ein wesentlicher Wandel der Ethik wurde nie ohne innere Veränderung unserer intellektuellen Gewichtung, unserer Bindungen, Zuneigungen und Überzeugungen erreicht. Die Tatsache, dass Philosophie und Religion noch nichts vom Naturschutz gehört haben, beweist, dass er die Grundlagen unseres Verhaltens nach wie vor nicht berührt hat. In unserm Bemühen, den Naturschutz zu vereinfachen, haben wir ihn trivialisiert.

Ersatz für die Landethik

Wenn die Logik der Geschichte nach Brot hungert, wir jedoch Steine austeilen, dann kommen wir in Erklärungsnot, warum ein Stein dem Brot ähnelt. Ich beschreibe nun einige Steine, die eine Landethik ersetzen.

Eine der grundsätzlichen Schwächen eines Naturschutzsystems, das vollständig auf wirtschaftlichen Motiven beruht, ist der fehlende ökonomische Wert der meisten Mitglieder der Landgemeinschaft. Wildblumen und Singvögel zum Beispiel. Von den 22000 höheren Pflanzen- und Tierarten, die in Wisconsin heimisch sind, können wohl kaum mehr als fünf Prozent verkauft, verfüttert, gegessen oder einem anderen ökonomischen Nutzen zugeführt werden. Doch diese Geschöpfe sind Mitglieder der biotischen

Gemeinschaft; sollte deren Stabilität (wie ich glaube) von ihrer Intaktheit abhängen, dann haben sie ein Recht auf Fortbestand.

Ist eine dieser nichtprofitablen Arten bedroht, die uns gefällt, erfinden wir allerhand Vorwände, um ihr wirtschaftliche Bedeutung zu verleihen. Zu Beginn des Jahrhunderts dachte man, Singvögel würden aussterben. Ornithologen eilten mit ziemlich wackeligen Beweisen zu Hilfe, dass uns die Insekten auffräßen, wenn es den Vögeln nicht gelänge, sie unter Kontrolle zu halten. Der Beweis musste ein wirtschaftlicher sein, damit man ihn als stichhaltig gelten ließ.

Heute schmerzt es, von solchen Umschweifen zu lesen. Noch immer haben wir keine Landethik, zumindest sind wir aber einem Punkt nähergekommen: Wir gestehen den Vögeln den Fortbestand zu als ihr biotisches Recht, ungeachtet dessen, ob sie für uns einen wirtschaftlichen Nutzen haben oder nicht.

Eine vergleichbare Situation zeigt sich im Hinblick auf Raubsäuger, Greifvögel und fischfressende Vögel. Es gab eine Zeit, als Biologen den Beweis ein wenig überstrapazierten, dass diese Geschöpfe das Jagdwild gesund

erhalten, indem sie die Schwachen töten; dass sie die Nager für den Farmer unter Kontrolle halten oder dass sie nur ›wertlose‹ Arten erbeuten. Auch hier musste der Beweis wieder ein ökonomischer sein, damit man ihn als stichhaltig gelten ließ. Erst in den letzten Jahren hören wir das ernstzunehmende Argument, Raubtiere seien Mitglieder der Gemeinschaft, und kein Spezialinteresse habe das Recht, sie wegen eines echten oder eingebildeten Vorteils auszurotten. Leider befindet sich dieser aufgeklärte Standpunkt noch in der Gesprächsphase. Draußen geht die Ausrottung der Raubtiere indessen fröhlich weiter: man beachte die drohende Vernichtung des Timberwolfs auf Anordnung des Kongresses, der Naturschutzbehörden und vieler Landesparlamente.

Einige Baumarten wurden von wirtschaftlich denkenden Förstern ›rausgeschmissen‹, weil sie zu langsam wachsen oder einen zu niedrigen Verkaufswert auf dem Holzmarkt haben, zum Beispiel: Weiße Scheinzypresse, Tamaracklärche, Zypresse, Buche und Hemlocktanne. In Europa, wo das Forstwesen ökologisch fortschrittlicher ist, erkennt man die unprofitablen Baumarten als Mitglieder der heimischen Waldgemeinschaft an, die in vernünftigem Rahmen geschützt werden müssen. Darüber hinaus hat man festgestellt, dass einige Arten (etwa die Buche) eine wertvolle Funktion bei der Erzeugung der Bodenfruchtbarkeit haben. Die Wechselbeziehung zwischen dem Wald und den einzelnen Baumarten, dem Unterholz und den Tieren gilt als selbstverständlich.

Fehlender wirtschaftlicher Wert charakterisiert manchmal nicht nur Arten oder Gruppen, sondern auch ganze biotische Gemeinschaften: Marschen, Sümpfe, Dünen und ›Wüsten‹ beispielsweise. Unser Rezept besteht in solchen Fällen darin, ihren Schutz als Rückzugsorte, Denkmäler oder Parks an die Regierung zu relegieren. Problematisch ist, dass diese Gemeinschaften zumeist von wertvolleren Privatgrundstücken durchzogen sind; die Regierung kann solche verstreuten Parzellen unmöglich besitzen oder kontrollieren. Unterm Strich haben wir einige von ihnen auf weiten Gebieten der endgültigen Auslöschung überantwortet. Wären die Privateigentümer ökologisch gesinnt, wären sie stolz, die Verwalter solch beträchtlicher Landesteile zu sein, die ihren Farmen und Gemeinden Vielfalt und Schönheit hinzufügen.

In einigen Fällen hat sich der angenommene Profitverlust in diesen ›Öd‹ländern als falsch herausgestellt, allerdings erst nachdem die meisten erschöpft waren. Das gegenwärtige Gerangel um eine erneute Flutung der Bisamrattenmarschen ist ein Paradebeispiel.

Im amerikanischen Naturschutz gibt es die klare Tendenz, alle notwendigen Arbeiten, die die privaten Landbesitzer durchzuführen unterlassen, an die Regierung zu verweisen. Staatliches Eigentum, staatliche Durchführungen, Subventionen und Vorschriften sind im Forstwesen, im Nationalpark- und Wildnisschutz, in der Verwaltung von Weideland, Boden und Wassereinzugsgebieten, Fischerei und Zugvögeln heute weit verbreitet – und mehr wird kommen. Der zunehmende staatliche Naturschutz ist meistenteils angemessen und logisch, manchmal auch unvermeidlich. Dass ich hier keine Missbilligung durchblicken lasse, bringt der Umstand mit sich, dass ich fast zeit meines Lebens für die Regierung gearbeitet habe. Trotzdem stellt sich die Frage: Wie groß kann das Unterfangen letztlich werden? Wird die Steuerbemessung die tatsächlichen Verästelungen tragen? An welchem Punkt wird der staatliche Naturschutz, wie das Mastodon, von den eigenen Ausmaßen behindert? Die Antwort, falls es denn eine gibt, scheint in der Landethik zu liegen oder in einer anderen Macht, welche dem privaten Landbesitzer mehr Verpflichtungen überträgt.

Gewerbliche Landbesitzer und -nutzer, insbesondere die Holzindustrie und die Viehzüchter, neigen dazu, lange und lautstark über die Ausweitung staatlichen Eigentums und staatlicher Vorschriften zu lamentieren, doch zeigen sie sich (von bedeutenden Ausnahmen abgesehen) selten bereit, die einzig erkennbare Alternative zu entwickeln: eine freiwillige Umsetzung des Naturschutzes auf ihrem eigenen Grund und Boden.

Bittet man die privaten Landbesitzer, unprofitabel zum Wohle der Allgemeinheit zu handeln, willigen sie heute nur mit ausgestreckter Hand ein. Kostet sie ihr Handeln bares Geld, ist das recht und billig, kostet es jedoch nur Voraussicht, Offenheit oder Zeit, ist das zumindest diskutabel. Der überwältigende Anstieg der Subventionen für die Landnutzung muss größtenteils den regierungseigenen Behörden zur Naturschutzbildung zugeschrieben werden: dem Landverwaltungsamt, den Landwirtschaftsschulen und den landwirtschaftlichen Beratungsdiensten. Soweit ich es herausfinden kann, wird in keiner dieser Institutionen die ethische Verpflichtung gegenüber dem Land gelehrt.

Fazit: Ein Naturschutzsystem, das allein auf wirtschaftlichem Eigennutz beruht, ist heillos aus dem Gleichgewicht. Es neigt dazu, viele Elemente der Landgemeinschaft zu ignorieren – und somit letzten Endes zu vernichten –, die keinen kommerziellen Wert besitzen, aber (soweit uns bekannt ist) für deren gesundes Funktionieren wesentlich sind. Es unterstellt fälschlicherweise, dass die ökonomischen Teile des biotischen Uhrwerks ohne die unökonomischen funktionieren werden. Es neigt dazu, der Regierung viele Funktionen zu überantworten, die letztlich zu groß, zu komplex und zu breit gefächert sind, als dass eine Regierung sie ausüben könnte.

Die ethische Verpflichtung seitens der Privatbesitzer ist das einzig erkennbare Heilmittel in solchen Situationen.

Die Bodenpyramide

Eine Ethik zur Verbesserung und Steuerung der ökonomischen Beziehung zum Land setzt die Existenz eines geistiges Bildes vom Land als biotischer Mechanismus voraus. Ethisch können wir nur handeln, wenn wir in Beziehung zu etwas stehen, das wir sehen, fühlen, verstehen, lieben oder worauf wir vertrauen können.

Das Bild, das man im Allgemeinen bei der Erziehung zum Naturschutz gebraucht, ist das vom »Gleichgewicht der Natur«. Aus Gründen, die hier nicht im Einzelnen aufgelistet werden können, gelingt es dieser Sprachfigur nicht, exakt zu beschreiben, wie wenig wir über die Mechanismen des Landes wissen. Treffender ist das Bild, das man in der Ökologie verwendet: die biotische Pyramide. Zunächst werde ich die Pyramide als ein Symbol für das Land skizzieren, danach einige Schlussfolgerungen daraus in Begriffen der Landnutzung entwickeln.

Pflanzen nehmen die Energie der Sonne auf. Diese Energie fließt in einem »Biota« genannten Kreislauf, den eine Schichtpyramide abbilden kann. Die unterste Schicht ist der Boden. Auf dem Boden ruht eine Pflanzenschicht, auf den Pflanzen eine Insektenschicht, auf den Insekten eine Vogel-

und Nagerschicht, und so geht es durch diverse Tiergruppen zur obersten Schicht, die aus den größeren Fleischfressern besteht.

Die Arten einer Schicht ähneln einander nicht in ihrer Herkunft oder ihrem Aussehen, sondern vielmehr in ihrer Nahrung. Jede Schicht ist abhängig von den Schichten darunter hinsichtlich der Nahrung und oft auch anderer Belange; und umgekehrt liefert jede Schicht die Nahrung und anderes für die Schichten über ihr. Folgt man den Schichten aufwärts, verringert sich die Menge zahlenmäßig. Jeder Fleischfresser hat deshalb Hunderte seiner Beutetiere, die wiederum Tausende ihrer Beutetiere haben, Millionen Insekten, unzählige Pflanzen. Die Pyramidenform des Systems bildet die numerische Zunahme von der Spitze zur Basis ab. Der Mensch teilt sich eine Zwischenschicht mit den Bären, Waschbären und Eichhörnchen, die sowohl Fleisch als auch Pflanzen fressen.

Die Abhängigkeitsfolgen von Nahrung und anderen Diensten nennt man Nahrungsketten. So ist beispielsweise Boden-Eiche-Wild-Indianer eine Kette, die sich heute weitgehend zu Boden-Mais-Vieh-Farmer gewandelt hat. Jede Art, auch wir selbst, ist ein Glied in vielen Ketten. Die Weißwedel fressen hundert andere Pflanzen als die Eiche, die Kuh frisst hundert andere Pflanzen als den Mais. Damit sind beide die Glieder in hundert Ketten. Die Pyramide stellt ein Gewirr solcher Ketten dar, das derart komplex ist, dass es ungeordnet erscheint, doch die Stabilität des Systems beweist ihre höchst organisierte Struktur. Ihr Funktionieren hängt vom Zusammenwirken und der Konkurrenz der verschiedenen Teile ab.

Am Anfang war die Pyramide des Lebens flach und gedrungen, waren die Nahrungsketten kurz und einfach. Die Evolution hat Schicht um Schicht, Kettenglied um Kettenglied hinzugefügt. Der Mensch ist nur einer von tausend Zuwüchsen zur Höhe und Komplexität der Pyramide. Die Wissenschaft hat uns viele Zweifel und zumindest *eine* Gewissheit geschenkt: Die Evolution ist darauf gerichtet, die Biota zu verfeinern und zu differenzieren.

Das Land besteht demnach nicht bloß aus Boden; es ist ein Quell der Energie, die durch einen Kreislauf aus Böden, Pflanzen und Tieren strömt. Nahrungsketten sind die lebendigen Leitungen, in denen die Energie hinaufbefördert wird; Tod und Verfall führen sie wieder dem Boden zu. Es handelt sich um keinen geschlossenen Kreislauf; ein wenig Energie wird beim

Verfall verbraucht, ein wenig wird durch Absorption aus der Luft wieder zugeführt und ein wenig im Boden, im Torf, in den langlebigen Wäldern gespeichert; dennoch ist es ein ununterbrochener Kreislauf, der einem allmählich anwachsenden, in Umlauf gebrachten Kapital an Leben gleicht. Stets gibt es einen Bilanzverlust durch Auswaschung der Abhänge, doch ist dieser normalerweise gering und wird durch Gesteinszersetzung kompensiert. Die Energie ist im Ozean gelagert und wird im Laufe der geologischen Zeit zusammengetragen, um neues Land und neue Pyramiden entstehen zu lassen.

Das Tempo und die Art des Aufwärtsstroms der Energie hängen von der komplexen Struktur der Pflanzen- und Tiergemeinschaft genauso ab, wie der Aufwärtsstrom des Safts in einem Baum von dessen komplexer Zellorganisation abhängt. Wahrscheinlich fände ein normaler Kreislauf ohne diese Komplexität nicht statt. Mit ›Struktur‹ sind die charakteristische Anzahl und die charakteristischen Arten und Funktionsweisen der einzelnen Spezies gemeint. Diese Wechselbeziehung zwischen der komplexen Struktur des Landes und ihrer reibungslosen Funktion als Energieeinheit ist eine seiner grundlegenden Eigenschaften.

Tritt eine Veränderung in einem Bereich des Kreislaufs ein, müssen sich viele andere Bereiche daran anpassen. Eine Veränderung muss den Energiefluss nicht unbedingt hemmen oder umleiten; die Evolution ist eine lange Reihe von selbst verursachten Veränderungen mit dem Ziel, dass sich der Fließmechanismus entwickelt und der Kreislauf ausweitet. Allerdings gehen evolutionäre Veränderungen im Allgemeinen langsam und örtlich begrenzt vonstatten. Die Erfindung von Werkzeugen hat es dem Menschen ermöglicht, Veränderungen von beispielloser Gewalt, Schnelligkeit und Reichweite vorzunehmen.

Eine dieser Veränderungen geschieht in der Zusammensetzung der Flora und Fauna. Die größeren Raubtiere werden von der Pyramidenspitze abgeschnitten; zum ersten Mal in der Geschichte sind die Nahrungsketten kürzer statt länger. Domestizierte Arten aus anderen Landesteilen ersetzen die wilden, und die wilden ziehen in neue Habitate. In der weltweiten Vereinigung der Faunen und Floren nehmen manche Arten überhand als Ungeziefer und Krankheiten, andere werden ausgerottet. Solche Auswirkungen sind selten beabsichtigt oder vorhersehbar; sie verkörpern die nicht vorhergesagten und oft nicht zurückverfolgbaren Neuanpassungen der Struktur. Die Agrarwissenschaft ist größtenteils ein Wettrennen zwischen dem Auftauchen neuer Schädlinge und dem Einsatz neuer Techniken zu deren Kontrolle.

Eine weitere Veränderung betrifft den Energiefluss durch Pflanzen und Tiere und in den Boden zurück. Fruchtbarkeit ist die Fähigkeit des Bodens, Energie aufzunehmen, zu speichern und wieder abzugeben. Landwirtschaft kann durch Überbeanspruchung des Bodens oder eine allzu radikale Ersetzung der heimischen Arten durch domestizierte Arten im Überbau die Leitungen des Energieflusses stören oder den Speicher erschöpfen. Böden, deren Speicher oder verankernde organische Materie erschöpft sind, werden schneller fortgespült, als sie sich neu bilden können. Das nennt man Erosion.

Wasser ist, wie der Boden, ein Teil des Energiekreislaufs. Indem die Industrie das Wasser vergiftet oder mittels Dämmen behindert, schließt sie die Pflanzen und Tiere aus, die nötig sind, um den Energiekreislauf in Gang zu halten.

Das Transportwesen bringt eine weitere grundlegende Veränderung mit sich: Pflanzen und Tiere, die in der einen Region aufgewachsen sind, werden nun in einer anderen verzehrt und kehren dort in den Boden zurück. Das Transportwesen zapft die im Gestein und in der Luft gespeicherte Energie an und nutzt sie andernorts; so düngen wir etwa den Garten mit Stickstoff, den Guanovögel aus Meeresfischen auf der anderen Erdhalbkugel gewinnen. Auf diese Weise werden die ehemals lokal begrenzten, geschlossenen Kreisläufe auf einer weltumspannenden Skala vereinigt.

Die Veränderung der Pyramide für menschliche Ansprüche setzt gespeicherte Energien frei, was in der ersten Zeit oft eine trügerische Überfülle an sowohl wildem als auch zahmem pflanzlichen und tierischen Leben hervorbringt. Solche Ausschüttungen biotischen Kapitals vernebeln nur die Bestrafung für die Gewalt oder zögern sie hinaus.

* * *

Dieser grobe Abriss vom Land als Energiekreislauf enthält drei Grundgedanken:

(1) Land ist nicht bloß Boden.

(2) Heimische Pflanzen und Tiere erhielten den Energiekreislauf aufrecht; andere können dies oder können dies nicht.

(3) Von Menschen verursachte Veränderungen unterscheiden sich grundsätzlich von evolutionären Veränderungen und haben umfassendere Wirkungen als beabsichtigt oder vorhergesehen.

Diese Gedanken insgesamt werfen zwei wesentliche Fragen auf: Kann sich das Land selbst der neuen Ordnung anpassen? Können die angestrebten Veränderungen weniger gewaltsam realisiert werden?

Offenbar unterscheiden sich die Biota in ihrer Fähigkeit, gewaltsame Umwandlungen auszuhalten. Westeuropa zum Beispiel verfügt über eine ganz andere Pyramide, als sie noch Cäsar vorgefunden hat. Einige Großtiere sind ausgestorben; Sumpfwälder wurden zu Wiesen oder Ackerland; viele neue Pflanzen und Tiere wurden eingeführt, einige verwilderten als Schädlinge; die verbliebenen heimischen Arten veränderten sich stark hinsichtlich Ausbreitung und Häufigkeit. Doch der Boden ist noch immer vorhanden und mithilfe importierter Nährstoffe nach wie vor fruchtbar; die Gewässer fließen normal; die neue Struktur scheint zu funktionieren und zu überdauern. Es gibt keine sichtbare Unterbrechung oder Störung des Kreislaufs.

Westeuropa hat also resistente Biota. Ihre inneren Prozesse sind robust, flexibel und belastbar. Ungeachtet der gewaltsamen Veränderungen hat die Pyramide also bislang einige neue *modi vivendi* entwickelt, die ihre Bewohnbarkeit für den Menschen und die meisten heimischen Arten aufrechterhält.

Japan scheint ein weiteres Beispiel für radikalen Umbau ohne Desorganisation zu sein.

Die meisten anderen zivilisierten Regionen – und einige bislang kaum von der Zivilisation berührte – weisen verschiedene Stufen der Desorganisation auf, die von den ersten Symptomen bis zum fortgeschrittenen Verfall reichen. In Kleinasien und Nordafrika beeinträchtigen Klimaveränderungen, die entweder die Ursache oder die Auswirkung fortgeschrittenen Verfalls sind, eine genaue Diagnose. In den Vereinigten Staaten variiert der

Grad der Desorganisation von Gebiet zu Gebiet; am schlimmsten ist sie im Südwesten, in den Ozarks und in Teilen des Südens, am geringsten in Neuengland und im Nordwesten. Eine bessere Landnutzung könnte sie in den weniger fortgeschrittenen Regionen noch aufhalten. In Teilen Mexikos, Südamerikas, Südafrikas und Australiens ist ein gewaltsamer, beschleunigter Verfall im Gange, die weiteren Aussichten kann ich allerdings nicht einschätzen.

Diese fast weltweit sichtbaren Anzeichen der Desorganisation des Landes ähneln der Krankheit beim Tier, nur dass es nie in völliger Desorganisation oder mit dem Tod endet. Das Land erholt sich, jedoch auf einem reduzierten Komplexitätsniveau und mit geringerer Aufnahmefähigkeit für Menschen, Pflanzen und Tiere. Viele Biota, die momentan als ›Land der Möglichkeiten‹ betrachtet werden, leben *de facto* bereits von ausbeuterischer Landwirtschaft, d. h. sie haben ihre kontinuierliche Aufnahmefähigkeit längst überschritten. In diesem Sinne ist der größte Teil Südamerikas überbevölkert.

Wir bemühen uns, den Prozess des Verfalls in Dürregebieten durch Urbarmachung zu kompensieren, aber es ist nur allzu offensichtlich, dass die voraussichtliche Lebensdauer der Urbarmachungsprojekte oft sehr kurz ist. Bei uns im Westen halten die besten nicht einmal ein Jahrhundert.

Der gemeinsame Beweis von Geschichte und Ökologie scheint eine allgemeine Schlussfolgerung zu stützen: Je weniger gewaltsam die von Menschen verursachten Veränderungen, desto größer die Wahrscheinlichkeit einer erfolgreichen Anpassung innerhalb der Pyramide. Die Gewalt variiert ihrerseits mit der menschlichen Bevölkerungsdichte; eine hohe Bevölkerungsdichte erfordert einen gewaltsameren Wandel. In dieser Hinsicht hat Nordamerika bessere Chancen auf Dauerhaftigkeit als Europa, falls es gelingt, dessen Dichte zu beschränken.

Diese Schlussfolgerung widerspricht unserer gegenwärtigen Philosophie; weil ein winziger Anstieg der Dichte das menschliche Leben bereichert hat, geht sie davon aus, dass ein unendlicher Anstieg das Leben unendlich bereichert. Der Ökologie ist kein Dichteverhältnis bekannt, das für unendlich erweitere Beschränkungen gilt. Sämtliche Gewinne aus der Dichte sind dem Gesetz vom abnehmenden Ertragszuwachs unterworfen.

Wie auch immer die Gleichung von Mensch und Land lauten mag, es ist unwahrscheinlich, dass wir heute all ihre Terme kennen. Jüngste Entdeckungen bei der Ernährung mit Mineralstoffen und Vitaminen zeigen unerwartete Abhängigkeiten in dem aufwärts gerichteten Kreislauf: Unglaublich winzige Mengen gewisser Substanzen bestimmen den Wert der Böden für Pflanzen, den der Pflanzen für Tiere. Was ist mit dem abwärts gerichteten Kreislauf? Was ist mit den verschwindenden Arten, deren Schutz wir heute als einen ästhetischen Luxus betrachten? Sie haben geholfen, den Boden zu erzeugen – auf welche unerwarteten Weisen mögen sie für dessen Erhaltung wichtig sein? Professor Weaver schlägt vor, dass wir die Prärieblumen dazu verwenden, die schwindenden Böden der »Staubschüssel« wieder auszuflocken. Wer weiß, wozu Kraniche und Kondore, Otter und Grizzlys eines Tages genutzt werden können?

Gesunder Boden und die A-B-Kluft

Die Ethik des Landes spiegelt also die Existenz eines ökologischen Gewissens, und dieses wiederum spiegelt die Überzeugung, dass es eine individuelle Verantwortung für die Gesundheit des Landes gibt. Gesundheit ist die Fähigkeit des Landes zur Selbsterneuerung. Naturschutz ist unser Bemühen, diese Fähigkeit zu verstehen und zu erhalten.

Naturschützer sind berüchtigt für ihre Streitigkeiten. Oberflächlich betrachtet scheint dies zu noch größerer Verwirrung beizutragen, doch eine genauere Untersuchung zeigt nur eine einzige Ebene der Spaltung, wie sie in vielen Spezialgebieten üblich ist. In jedem dieser Gebiete betrachtet die eine Gruppe (A) das Land als Boden und seine Funktion als Rohstofferzeugung; die andere Gruppe (B) betrachtet das Land als Biota und ihre Funktion als etwas Umfassenderes. *Wie viel* umfassender, ist zugegebenermaßen derzeit noch unklar und konfus.

In meinem eigenen Fachgebiet, dem Forstwesen, ist die Gruppe A völlig zufrieden damit, Bäume wie Kohlköpfe zu züchten, wobei die Zellulose der Grundrohstoff des Waldes ist. Sie verspürt keinerlei Hemmung der Gewalt gegenüber; ihre Ideologie ist agronomisch. Die Gruppe B andererseits hält das Forstwesen für etwas, das sich fundamental von der Agronomie unterscheidet, weil es natürliche Arten einsetzt und eine natürliche Umgebung verwaltet statt eine künstliche zu erschaffen. Gruppe B bevorzugt prinzipiell die natürliche Reproduktion. Sie sorgt sich aus biotischen und aus ökonomischen Gründen um den Verlust solcher Arten wie der Kastanie und den drohenden Verlust der Weymouthskiefer. Sie sorgt sich auch um eine ganze Reihe zweitrangiger Waldfunktionen: Wildtiere, Erholung, Wasserscheiden, Wildnisareale. Meines Erachtens spürt die Gruppe B die Regungen eines ökologischen Gewissens.

Im Fachgebiet Wildtiere existiert eine ähnliche Spaltung. Für die Gruppe A sind Sport und Fleisch die Grundrohstoffe; der Produktionsmaßstab sind die Ziffern der Erbeutung von Fasanen und Forellen. Künstliche Vermehrung ist als ständiges und als temporäres Zufluchtsmittel akzeptabel – falls es die Stückkosten erlauben. Die Gruppe B andererseits sorgt sich um eine ganze Reihe von biotischen Nebensächlichkeiten: Welchen Preis zahlen die Raubtiere für die Produktion von Wildfleisch? Sollen wir weiterhin auf exotische Arten zurückgreifen? Auf welche Weise kann Bewirtschaftung den Artenschwund rückgängig machen, etwa beim Präriehuhn, das als Jagdwild bereits verloren ist? Auf welche Weise kann Bewirtschaftung die bedrohten seltenen Arten zurückbringen, etwa den Trompeterschwan oder den Schreikranich? Können die Prinzipien der Bewirtschaftung auf Wildblumen angewandt werden? Hier wird mir wiederum sehr deutlich, dass dieselbe A-B-Kluft wie im Forstwesen vorliegt.

Beim großen Fachgebiet der Landwirtschaft kann ich weniger kompetent mitreden, doch scheint es ähnliche Spaltungen zu geben. Die wissenschaftliche Landwirtschaft hatte sich tatkräftig entwickelt, bevor die Ökologie ins Leben trat, daher muss man ein langsameres Durchsickern ökologischer Konzepte erwarten. Zudem verändern die Farmer allein durch ihre Techniken die Biota radikaler als die Förster oder die Wildtier-Verwalter. Dennoch gibt es sehr viel Unbehagen in der Landwirtschaft, das offenbar zu einer neuen Sicht auf den »biotischen Anbau« beiträgt.

Das wohl Wichtigste ist der neuartige Beweis, dass der Nährwert von Farmerträgen nicht in Pfund oder Tonnen zu messen ist; dass die Produkte eines fruchtbaren Bodens qualitativ und quantitativ besser sind. Wir können die Pfunderträge ausgelaugter Böden erhöhen, indem wir importierten Dünger verteilen, aber wir können den Nährwert nicht zwangsläufig erhöhen. Die möglichen Auswirkungen dieser Vorstellung sind letzten Endes so unabsehbar, dass ich deren Erörterung fähigeren Autoren überlassen muss.

Das Unbehagen – es bezeichnet sich selbst als »organischer Anbau«, obwohl es einige Merkmale des Kults trägt – schlägt dennoch die Richtung biotischen Denkens ein, insbesondere durch sein Beharren auf der Bedeutung von Bodenflora und -fauna.

Die ökologischen Grundlagen der Landwirtschaft sind der Öffentlichkeit ebenso unzureichend bekannt wie den anderen Bereichen der Landnutzung. So erkennen zum Beispiel nur wenige gebildete Leute, dass die erstaunlichen Fortschritte der Technik in den letzten Jahrzehnten Verbesserungen an der Pumpe und nicht am Brunnen sind. Hektar für Hektar ist es ihnen kaum gelungen, den sinkenden Fruchtbarkeitsstand zu kompensieren.

Bei allen diesen Spaltungen wiederholen sich dieselben grundsätzlichen Paradoxien: der Mensch als Eroberer *versus* der Mensch als biotischer Mitbürger; die Wissenschaft als Schärferin seines Schwerts *versus* die Wissenschaft als Scheinwerfer in sein Universum; das Land als Sklave und Diener *versus* das Land als kollektiver Organismus. Robinsons Aufforderung an Tristan kann man an dieser Stelle ebenso auf den *Homo sapiens* als eine Spezies in der geologischen Zeit beziehen:

Ob du es willst oder nicht,
Du bist ein König, Tristan, denn du bist einer
Der wenigen von der Zeit Geprüften, welche die Welt,
Wenn sie tot sind, nicht als denselben Ort zurücklassen,
Der er gewesen ist. Achte auf das, was du verlässt.

Ausblick

Mir ist unbegreiflich, dass eine ethische Beziehung zum Land ohne Liebe, Respekt, Bewunderung für das Land und Hochachtung für seinen Wert auskommen kann. Unter ›Wert‹ verstehe ich natürlich etwas viel Umfassenderes als den bloßen ökonomischen Wert; ich verstehe den Wert im philosophischen Sinne.

Das vielleicht ernsthafteste Hindernis, das der Entwicklung einer Ethik des Landes droht, ist die Tatsache, dass unser Bildungs- und Wirtschaftssystem von einem intensiven Bewusstsein für das Land wegsteuert anstatt darauf zu. Der heutige moderne Mensch ist durch allerhand Mittelsmänner und unzähliges technisches Zubehör vom Land getrennt worden. Er hat keine lebendige Beziehung zu ihm; für ihn ist es der Raum zwischen den Städten, auf dem das Getreide wächst. Lässt man ihn einen Tag frei auf dem Land herumlaufen, langweilt er sich zu Tode, wenn der Ort nicht zufällig ein Golfplatz oder eine ›landschaftliche Kulisse‹ ist. Es würde ihm sehr gefallen, wenn man die Feldfrüchte durch Hydrokultur und nicht durch Ackerbau hervorbringen könnte. Synthetischer Ersatz für Holz, Leder, Wolle und andere natürliche Landwirtschaftsprodukte gefallen ihm mehr als die Originale. Mit einem Wort, er ist dem Land ›entwachsen‹.

Ein beinahe ebenso ernsthaftes Hindernis für eine Ethik des Landes stellt die Haltung der Farmer dar, für die das Land noch immer ein Kontrahent ist, ein Zuchtmeister, der sie als Sklaven hält. Theoretisch sollte die landwirtschaftliche Technisierung die Ketten des Farmers durchtrennen, doch ob sie es wirklich tut, ist umstritten.

Eine der vielen Voraussetzungen für ein ökologisches Verständnis des Landes ist die Einsicht in die Ökologie, und das ist keineswegs bedeutungsgleich mit ›Bildung‹; tatsächlich scheint ein Großteil der höheren Bildung ökologische Konzepte absichtlich zu meiden. Einsicht in die Ökologie muss nicht unbedingt aus Kursen mit ökologischen Bezeichnungen stammen; man kann sie ebenso gut Geografie, Botanik, Agrarwissenschaft, Geschichte oder Ökonomie nennen. So sollte es sein, dennoch ist eine ökologische Schulung selten, wie auch immer die Bezeichnung dafür lautet.

Der Fall der Landethik erschiene aussichtslos, gäbe es nicht eine Minderheit, die sich eindeutig gegen diese ›modernen‹ Trends auflehnt.

Die Blockade, die beseitigt werden muss, damit der Entwicklungsprozess für eine Landethik ausgelöst wird, ist schlicht diese: Hört auf, vernünftige Landnutzung allein als wirtschaftliche Aufgabe zu betrachten. Prüft jede Frage unter dem Aspekt, was ethisch und ästhetisch richtig und was wirtschaftlich ratsam ist. Etwas ist dann richtig, wenn es die Integrität, Stabilität und Schönheit der biotischen Gemeinschaft bewahrt. Es ist falsch, wenn es zu etwas anderem neigt.

Selbstverständlich hat die ökonomische Durchführbarkeit dessen, was für das Land getan oder nicht getan werden kann, einen begrenzten Spielraum. So war es immer und so wird es immer sein. Der Irrtum, den uns die ökonomischen Deterministen um den kollektiven Hals geknüpft haben und den wir nun abstreifen müssen, ist die Vorstellung, dass die Wirtschaft *jegliche* Landnutzung bestimmt. Das ist schlichtweg nicht wahr. Unzählige Handlungen und Haltungen, die wohl den Großteil aller Beziehungen zum Land einschließen, werden durch den Geschmack und die Vorlieben des Landnutzers bestimmt und nicht nur durch seinen Geldbeutel. Die meisten Beziehungen zum Land drehen sich eher um Investitionen von Zeit, Voraussicht, Können und Vertrauen als um Bargeldinvestitionen. Wie der Landnutzer denkt, so ist er auch.

Ich habe die Landethik bewusst als Produkt einer gesellschaftlichen Entwicklung dargestellt, weil bislang nichts ›geschrieben‹ wurde, das so wichtig ist wie eine solche Ethik. Nur der oberflächlichste Geschichtsstudent glaubt, dass Moses die Zehn Gebote ›geschrieben‹ habe; sie entwickelten sich in der Köpfen einer denkenden Gemeinschaft, und Moses schrieb eine vorläufige Zusammenfassung für ein ›Seminar‹. Ich sage »vorläufig«, weil die Evolution niemals aufhört.

Die Entwicklung einer Landethik ist ein ebenso intellektueller wie emotionaler Prozess. Der Naturschutz ist mit guten Absichten gepflastert, die sich als vergeblich oder sogar gefährlich herausstellen, weil sie bar jeden kritischen Verständnisses sowohl für das Land als auch für die ökonomische Landnutzung sind. Ich halte es für eine Plattitüde, dass sich die ethische Grenze in dem Maße vom Individuum zur Gemeinschaft ausweitet, in dem ihr intellektueller Gehalt zunimmt.

Die Vorgehensweise ist bei allen Ethiken dieselbe: gesellschaftliche Anerkennung für richtiges Handeln: gesellschaftliche Missbilligung für falsches Handeln.

Im Großen und Ganzen ist unser heutiges Problem eines der Haltungen und Hilfsmittel. Wir renovieren die Alhambra mit einem Löffelbagger und sind stolz auf unseren Fortschritt. Wir werden auf den Löffelbagger kaum verzichten, der schließlich allerhand Vorteile hat, doch wir brauchen behutsamere und objektivere Kriterien für seinen erfolgreichen Einsatz.

ANMERKUNGEN

S. 5 *Kuhschelle:* Die Kuhschelle oder Küchenschelle (von Kühchenschelle), lat. Pulsatilla, hat auf Englisch den wohlklingenderen Namen »pasque-flower«, wörtlich: Osterblume.

S. 5 *Speise von Gott:* vgl. Psalm 111,5: »Er gibt Speise denen, die ihn fürchten.«

S. 13 *Karren an einen Stern:* »Dies nun ist die Weisheit eines Mannes, dass er in jedem Augenblick seiner Arbeit seinen Karren an einen Stern spannt und sieht, wie die Götter selbst seine Pflicht erledigen.« (Ralph Waldo Emerson, »American Civilization«, April 1862)

S. 14 *microtinen Ökosystems:* das Ökosystem der Wühlmäuse (Microtinae bzw. Arvicolinae).

S. 14 *Freiheit von Mangel und Furcht:* zwei der »Four Freedoms«, die Franklin D. Roosevelt in seiner Rede zur Lage der Nation am 6. Januar 1941 vor dem Kongress erwähnt.

S. 19 *buchstäblicher Naturschutz:* ein Wortspiel, das sich u. a. auf das 1935 gegründete CCC (Civilian Conservation Corps) und den 1935 gegründeten SCS (Soil Conservation Service) bezieht.

S. 19 *Jahrzehnt Babbitts:* Sinclair Lewis veröffentlichte 1922 den Roman *Babbitt*, eine Satire auf die amerikanische Mittelschicht des Mittleren Westens, personifiziert durch den selbstgefälligen, materialistischen Protagonisten George F. Babbitt.

S. 19 *ein Holzschlag-Gesetz:* Durch das Forest Crop Law (FCL) von 1927 sollten Landbesitzer zu Aufforstungen ermuntert werden, indem ihnen ein Aufschub der Grundsteuer gewährt wurde; im Fall des Verzuges sollte das Land in Staatsbesitz übergehen. In Wisconsin wurde das erste Land für einen Nationalforst im Jahre 1928 aufgekauft; heute heißt dieses Gebiet Chequamegon-Nicolet National Forest.

S. 19 *ein großes Schutzgebiet im Tiefland des Oberen Mississippi:* der Northern Highland State Forest.

S. 20 *Gouverneur Phillip:* Emanuel Lorenz Philipp [!] (1861–1925) diente von 1915 bis 1921 als Gouverneur von Wisconsin, er kommentierte ein Gerichtsurteil, das 1915 einen Verfassungszusatz von 1910 außer Kraft setzte, mit den Worten: »Der Plan, dieses Land dort aufzuforsten, wo es abgeholzt wurde, ist bestenfalls ein mieses Geschäftsmodell und eine Belastung für die Steuerzahler dieses Staates.«

S. 20 *ein bedeutender Universitätspräsident:* Der Geologe Charles Richard Van Hise (1857–1918), Präsident der University of Wisconsin in Madison von 1903 bis 1918, veröffentlichte 1910 eines der wichtigsten Bücher über die Geschichte des Naturschutzes, *The Conservation of Natural Resources in the United States.*

S. 21 *der erste staatliche Förster:* E. M. Griffith wurde 1904 zum ersten staatlichen Förster ernannt.

S. 22 *Babcocks Milchtest:* ein von Stephen M. Babcock (1843–1931), Professor an der University of Wisconsin, entwickeltes Verfahren zur Ermittlung des Fettgehalts der Milch.

S. 22 *Gouverneur Heil:* Julius Peter Heil (1876–1949), von 1939 bis 1943 Gouverneur von Wisconsin, setzte sich sehr für die Milchproduktion des Landes ein und verabschiedete ein Gesetz, dem zufolge auf allen Autonummernschildern »America's Dairyland« stehen musste.

S. 22 *Dekan W. H. Henry:* William Arnon Henry (1850–1932) wirkte von 1880 bis 1907 als Professor für Botanik und Landwirtschaft an der University of Wisconsin.

S. 24 *Increase A. Lapham* (1811–1875), Gründer der Wisconsin Natural History Association (1848), Vorläuferin der Wisconsin Academy of Sciences, Arts, and Letters, zu deren Gründungsmitgliedern Lapham ebenfalls zählte; er veröffentlichte das erste Buch über die Geografie des Wisconsin Territory und erstellte eine Karte (1846), außerdem schrieb er zahlreiche Bände über die Geologie, Archäologie, Geschichte, Flora und Fauna Wisconsins und den »Report on the Disastrous Effects of the Destruction of Forest Trees« (1867).

S. 24 *John Muir* (1838–1914), der bedeutendste amerikanische Nature Writer, versuchte mindestens drei Mal, seinem Schwager die Fountain Lake Farm in Wisconsin, auf der er seine Jugend verbracht hatte, abzukaufen. Muir erinnert sich daran in seiner Rede »National Parks and Forest Reservation«, die er vor dem Sierra Club in San Francisco hielt. Heute ist die Farm ein Teil des John Muir Memorial Park im Marquette County.

S. 34 *Felsenblümchen:* Draba, ein Hungerblümchen aus der Familie der Kreuzblütengewächse.

S. 35 *Eichenlichtungen:* vgl. zu dem Begriff u. a. James Fenimore Coopers Roman *The Oak-Openings, or The Bee-Hunter* (1848).

S. 37 *Jonathan Carver* (1710–1780), amerikanischer Entdecker, der mit dem Auftrag, eine Wasserroute zum Pazifischen Ozean zu finden, in den Jahren 1766-67 Teile des heutigen Wisconsin, Minnesota und Iowa entlang des oberen Mississippi erkundete. In London schrieb er seine *Travels Through the Interior Parts of North America* (1778), aus denen Leopold hier zitiert.

S. 37 *Boyhood and Youth:* Bei *The Story of My Boyhood and Youth* handelt es sich um John Muirs Erinnerungen aus dem Jahr 1913, aus deren sechstem Kapitel (»The Ploughboy«) Leopold zitiert (die kleine Ergänzung erfolgt nach dem Original).

S. 41 *Schwanzfedern:* Leopold schreibt von »primary wing feathers«, also Schwungfedern bzw. Handschwingen, die geschilderte Beobachtung spricht jedoch dafür, dass es sich um Schwanzfedern handelt, die tatsächlich das meckernde Geräusch verursachen.

S. 56 *sauberer Landwirtschaft:* zum »clean-farming« kommentiert Leopold in »The Round River: A Parable of Conservation« (ca. 1941): »Was nun die Vielfalt betrifft: Von unserer einheimischen Fauna und Flora ist nur etwas geblieben, weil es die Landwirtschaft nicht geschafft hat, sie zu zerstören. Das heutige Ideal ist die saubere Landwirtschaft; saubere Landwirtschaft bedeutet eine Nahrungskette, die nur auf finanziellen Profit zielt und frei von allen unpassenden Gliedern ist, eine Art *Pax Germania* der agrarischen Welt. Vielfalt andererseits bedeutet eine Nahrungskette, die das Wilde und das Gezähmte in Einklang bringt im gemeinsamen Interesse von Stabilität, Produktivität und Schönheit. // Saubere Landwirtschaft ist selbstverständlich bestrebt, den Boden zu erneuern, aber sie verwendet zu diesem Zweck nur importierte Pflanzen, Tiere und Dünger. Sie erkennt keine Notwendigkeit für die heimische Flora und Fauna, die den Boden zuerst gebildet hat.«

S. 58 *Black Hawk* (1767–1838) war ein Anführer und Krieger der Sauk- und Fox-Indianer, der sich der Umsiedlung der Stämme auf die andere Mississippi-Seite widersetzte, was im Jahr 1832 zum Black-Hawk-Krieg führte. Mithilfe eines Reporters schrieb er die erste Autobiografie eines amerikanischen Ureinwohners (1833).

S. 66 *yawp:* ein Ausruf der wilden Freude, vgl. Walt Whitmans »I sound my barbaric yawp over the roofs of the world.« (»Ich schmettere mein barbarisches Gekreisch über die Dächer der Welt.«)

S. 93 *Detritusakten:* als Detritus werden in der Ökologie die noch nicht humifizierten, toten organischen Substanzen bezeichnet.

S. 103 *Bengt Berg* (1885–1967) war ein schwedischer Schriftsteller und Pionier der Tierfotografie, vgl. das zweite Kapitel von *Med tranorna till Africa* (1922), als *To Africa with the Migratory Birds* 1930 auf Englisch erschienen.

S. 104 *Fohlen:* in Ermangelung einer deutschen Entsprechung hier wörtlich nach dem englischen Original »colts«, d. h. ein älterer Jungvogel, der bereits flügge ist, aber noch im ersten Lebensjahr.

S. 104 *Rote Kackspritzer:* im Original »shitepoke«, womit natürlich nicht der Grünreiher (*Butorides virescens*) gemeint ist, sondern umgangssprachlich (shit + poke) auf die Tatsache angespielt wird, dass aufgescheuchte Vögel vorm Flug noch einmal ›Ballast‹ abwerfen.

S. 106 *CCC-Camps:* das Civilian Conservation Corps, zwischen 1933–42 eine Maßnahme der Regierung, das Problem der Arbeitslosigkeit unter jungen Männern zu bekämpfen, die v. a. beim Landschaftsbau eingesetzt wurden.

S. 107 *Frauenhilfstrupps:* die 1935 von Ira M. Ornburn gegründete American Federation of Women's Auxiliaries of Labor (AFWAL).

S. 114 *Mr. DuPonts Nylon oder Mr. Vannevar Bushs Bomben:* Wallace Carothers entwickelte für das 1802 gegründete Chemie-Unternehmen DuPont im Jahr 1935 die Polyamidfaser Nylon. Vannevar Bush (1890–1974), Ingenieur und Erfinder des Analogrechners, wurde 1941 zum Direktor des Office of Scientific Research and Development (O. S. R. D.) ernannt, das im Zweiten Weltkrieg u. a. das Manhattan Project zur Entwicklung der Atombombe beaufsichtigte.

S. 118 *Paul Bunyan:* sagenhafte Gestalt aus der amerikanischen Folklore, ein riesenhafter Holzfäller, der durch James MacGillivray (1873–1952) und William B. Laughead (1882–1958) populär wurde und dessen Ursprünge, nach Michael Edmonds, *Out of the Northwoods: The Many Lives of Paul Bunyan* (2007), in den Anekdoten der Holzfäller Wisconsins zu Beginn des 20. Jhs. zu suchen sind.

S. 119 *Rusk County:* ein Landkreis im Bundesstaat Texas.

S. 119 *eine genossenschaftliche REA:* Die Rural Electrification Administration, 1935 unterm New Deal gegründet, gab Darlehen an REAs, um die Versorgung ländlicher Bezirke mit Strom zu subventionieren.

S. 121 *George Rogers Clark* (1752–1818), amerikanischer Landvermesser und Offizier, Anführer der Bürgerwehr von Kentucky, später mit maßgeblichen Aktionen an der Illinois Campaign (1778/79) beteiligt, die während des Unabhängigkeitskriegs viele britische Posten unter die Kontrolle der Armee von Virginia brachte.

S. 121 *Bang'sche Krankheit:* eine nach dem dänischen Bakteriologen und Tierarzt Bernhard Laurits Frederik Bang (1848–1932) benannte fiebrige Infektionskrankheit, auch Brucellose genannt, weil sie von Bakterien der Gattung Brucella verursacht wird.

S. 135 *Thoreaus Ausspruch:* aus dem Essay »Walking«, zuerst im Juni 1862 in der *Atlantic Monthly* veröffentlicht, falsch von Leopold zitiert; im Original lautet die Stelle: »The West of which I speak is but another name for the Wild; and what I have been preparing to say is, that in Wildness is the preservation of the world.« (»Der Westen, von dem ich spreche, ist nur ein anderer Name für das Wilde; und was ich zu sagen mich angeschickt habe, ist dies: In der Wildnis liegt die Erhaltung der Welt.«)

S. 139 *Coronados:* Der Eroberer Francisco Vásquez de Coronado (1510–1554) suchte im Auftrag des Vizekönigs von Neuspanien die sieben goldenen Städte von Cibola, dabei nahm er einen Großteil des heutigen Südwestens der USA für Spanien in Besitz.

S. 140 *Ein Philosoph:* nämlich Immanuel Kant, u. a. in der *Kritik der reinen Vernunft* (1781).

S. 142 *Piñoneros:* ein piñonero, von span. piñón, Kiefernzapfen, ist jemand, der Pinienkerne erntet.

S. 143 *Hernando de Alarcón:* spanischer Entdecker des 16. Jahrhunderts, dessen genaue Lebensdaten im Dunklen liegen; er wurde von Antonio de Mendoza, dem Vizekönig Neuspaniens, beauftragt, die Baja California zu erkunden und die Expedition Coronados zu unterstützen; er fuhr den Colorado ein Stückweit stromaufwärts, wo es zu friedlichen Begegnungen mit den Indianern kam.

S. 144 *»Er führet mich zum frischen Wasser«:* im Englischen lautet die Stelle aus Psalm 23,2: »He leadeth me beside [oder: by] still waters«.

S. 146 *Kipling … in Amritsar:* Kipling pries den Holzrauch vor allem in »Some Aspects of Travel«, zuerst als Rede vor der Royal Geographical Society am 7. Februar 1914 gehalten, dann in *A Book of Words* (1928) gesammelt.

S. 147 *wilder Melonen:* hier gemeint die Cucurbita foetidissima.

S. 148 *Alexander Pattie:* so in der Erstausgabe, gemeint ist Sylvester Pattie, der beim Durchqueren der kalifornischen Wüste zusammenbrach, siehe den Bericht seines Sohns, des Pelzjägers James Ohio Pattie (1804 – ca. 1850), *The Personal Narrative of James O. Pattie of Kentucky* (1831).

S. 148 *cachinilla: Pluchea sericea,* engl. arrowweed, dt. Pfeilkraut oder Pfeilholz.

S. 149 *Man hatte uns gesagt, weit größere Boote …:* Nach dem Reisetagebuch »The Delta Colorado / being an account of a / VOYAGE OF DISCOVERY by / Carl & Aldo Leopold–Gentlemen-Adventurers […] / In the Hunter's Moon / A. D. 1922« stammt die

Information von einem gewissen Major Y. Gomez Yarrias aus San Luis.

S. 154 *Habicht … nach dem der Fluss benannt ist:* das spanische »gavilán« bedeutet allerdings Sperber.

S. 157 *Peter Kalm:* Der schwedische Naturforscher und Agrarökonom (1716–1779) wurde 1747 von der Königlich-schwedischen Akademie der Wissenschaften beauftragt, die nordamerikanischen Kolonien der Pflanzen und Pflanzensamen wegen (vor allem der Roten Maulbeere) zu bereisen. Sein Bericht erschien als *En Resa til Norra America* (Stockholm, 1753–1761).

S. 159 *Hinterhof:* wörtlich »back forty«, ein Begriff, der auf die Aufteilung des Landes beim Verkauf und der Besiedlung in Viertel zu jeweils 40-Acre-Parzellen zurückgeht und das vom Gehöft am entferntesten gelegene Viertel meint.

S. 162 *Schlacht von Hastings:* am 14. Oktober 1066 zwischen den französischen Normannen und den Angelsachsen in East Sussex, an der englischen Südküste.

S. 166 *Organismus:* Leopold spielt auf das *Tertium Organum* (1912) des russischen Philosophen P. D. Ouspensky (1878–1947) an, der die Theorie aufgestellt hatte, dass die gesamte Erde wie ein Organismus funktioniere. Vgl. auch Leopolds Bemerkungen in »Some Fundamentals of Conservation in the Southwest« (1923) über die »Unteilbarkeit der Erde«, die ein »Lebewesen« ist.

S. 166 *der Eisernen Ferse: The Iron Heel* ist ein dystopischer Roman von Jack London aus dem Jahr 1907, in dem eine Oligarchie sämtliche Monopole besitzt, die Mittelklasse in den Bankrott treibt und die Farmer unterdrückt.

S. 167 *krassen Individualismus:* Der Begriff des »rugged individualism« geht auf eine Rede von Herbert Hoover am 22. Oktober 1928 in New York zurück und meint das Ideal eines selbstbewussten, von äußeren Einflüssen unabhängigen Individuums.

S. 169 *Jefferson Davis:* Der amerikanische Politiker Jefferson Davis (1808–1889), einziger Präsident der Konföderierten Staaten von 1861 bis 1865, war von 1829 bis 1831 in dem 1829 errichteten Fort Winnebago stationiert und am Bau einer Armeestraße von Portage nach Fond du Lac, Wisconsin, beteiligt.

S. 177 *in den Tagen von Roosevelt sr.:* der Geschäftsmann und Philanthrop Theodore Roosevelt sr. (1831–1878), Vater von Präsident Theodore Roosevelt.

S. 178 *Die Trommeln am Mohawk: Drums Along the Mohawk* ist ein Western von John Ford aus dem Jahr 1939 mit Henry Fonda und Claudette Colbert in den Hauptrollen.

S. 178 *ihr Fleisch zu raffen von Gott:* frei nach Psalm 104,21: »die jungen Löwen, die da brüllen nach dem Raub und ihre Speise suchen von Gott«.

S. 180 *Wilderness Society:* eine von Aldo Leopold und anderen im Jahr 1935 gegründete Naturschutzorganisation, die sich vor allem um den Erhalt von Wildnisgebieten kümmerte. In »Why the Wilderness Society?« (1935) erklärt Leopold: »Die Wilderness Society ist, philosophisch betrachtet, ein Widerruf der biotischen Arroganz des *Homo americanus.* Sie ist einer der Kristallisationspunkte einer neuen Haltung – der intelligenten Demut gegenüber dem Platz des Menschen in der Natur.«

S. 184 *Daniel Boone:* amerikanischer Pionier und Jäger (1734–1820), der Kentucky und Tennessee erforschte und im Unabhängigkeitskrieg gegen die Indianer kämpfte (einige Ereignisse verarbeitete James Fenimore Cooper in *The Last of the Mohicans, A narrative of 1757,* 1826); bekannt für seine Waschbärenfellmütze, die er aber nur auf Darstellungen trug (statt des schwarzen Quäkerhuts).

S. 184 *»dunklen blutigen Bodens«:* die Indianer nannten Kentucky »the Dark and Bloody Grounds«.

S. 189 *Wiegenlied:* gemeint ist das seit dem 18. Jahrhundert bekannte englische Wiegenlied »Bye, baby Bunting« (die Bezeichnung »baby bunting« ist, nach dem OED, ein Kosewort für ein dickliches Kind, ein ›Pummelchen‹).

S. 191 *Polychoke:* der Aufsatz auf einer Flintenlaufmündung zur Verringerung der Schrotgarbendeckung.

S. 192 *Die Stimme von Bugle Ann: The Voice of Bugle Ann* lautet der Titel eines Films von Richard Thorpe aus dem Jahr 1936, der sich um den Konflikt zwischen Fuchsjägern und einem Schafzüchter, der Zäune errichtet hat, dreht.

S. 195 *Amateurforschung:* Neben Margaret Morse Nice (s. u.) erwähnt Leopold in »Natural History, the Forgotten Science« (1938) auch den mit ihm befreundeten Arlie William Schorger (1884–1972), dessen *The Passenger Pigeon, Its Natural History and Extinction* 1955 erschien: »Ich kenne einen Industriechemiker, der in seiner Freizeit die Geschichte der Wandertaube und ihres dramatischen Schwunds als Mitglied unserer Fauna rekonstruiert. Die Taube starb aus, bevor der Chemiker geboren wurde, doch er hat mehr Wissen über Tauben ausgegraben, als alle Zeitgenossen besessen haben. Wie das? Indem er jede Zeitung, die je in unserm Staat gedruckt wurde, und sämtliche zeitgenössischen Tagebücher, Briefe und Bücher gelesen hat. Ich schätze, dass er 100 000 Dokumente bei seiner Suche nach Taubenfakten gelesen hat.«

S. 195 *Margaret Morse Nice* (1883–1974) erhielt ihren M. A. in Biologie von der Clark University in Worcester, Massachusetts, im Jahre 1915, als eine von nur zwei Studentinnen. Sie veröffentlichte neben Hunderten von Artikeln und Tausenden von Rezensionen auch mehrere Bücher, u. a. *Birds of Oklahoma* (1924), *Studies in the Life History of the Song Sparrow* (1937) und *The Watcher at the Nest* (1939).

S. 195 *Charles L. Broley* (1879–1959), Amateurornithologe und Bankmanager im Ruhestand, soll zwischen 1938 und 1954 insgesamt 1213 Adler beringt und 40-50 Vorträge im Jahr gehalten haben. Er hat dazu beigetragen, dass man eine Verbindung zwischen dem Rückgang der Weißkopfseeadler-Population und dem Einsatz von DDT herstellen konnte.

S. 195 *Norman und Stuart Criddle:* Norman Criddle (1875–1933) arbeitete als Entomologie und illustrierte mehrere landwirtschaftliche und pflanzenkundliche Bücher; sein Bruder, der Farmer Stuart Criddle (1877–1971), war Gärtner und Wildhüter, im Jahr 1968 wurde ihm der Ehrendoktortitel verliehen.

S. 195 *Elliott S. Barker* (1886–1988) arbeitete u. a. als Jagdaufseher und Ranger für den Forest Service in New Mexico; nach einer Versetzung in den Carson National Forest 1912 diente er unter dem Forest Supervisor Aldo Leopold als Ranger. Er schrieb mehrere Bücher, u. a. *Beatty's Cabin* (1953) und *When the Dogs Bark ›Treed‹: A Year on the Trail of the Longtails* (1946), auf das sich Leopold bezieht.

S. 197 *Errington:* Paul Lester Errington (1902–1962), amerikanischer Zoologe, der 1932 bei Leopold promovierte, und über Populationsdynamiken forschte, v. a. am Beispiel von Bisamratten.

S. 199 *Cabeza de Vaca:* Der spanische Eroberer Álvar Núñez Cabeza de Vaca (ca. 1490 – ca. 1560) verbrachte die Jahre 1529-36 in der Gegend des heutigen Texas, zumeist bei wandernden Indianern unter oft sklavenähnlichen Bedingungen. Er beschrieb die Ereignisse und Erlebnisse in seinem unter dem Titel *Naufragios* (Schiffbrüche) bekannten Bericht (1538, veröffentlicht 1542).

S. 199 *Neunundvierziger:* die Teilnehmer des kalifornischen Goldrauschs von 1849.

S. 201 *grenzenlosen Wäldern, in denen der Oregon strömt:* in William Cullen Bryants Gedicht »Thanatopsis« ist allerdings die Rede von *endlosen* Wäldern: »in the continuous woods / Where rolls the Oregon«.

S. 201 *Wo namenlose Männer …:* Leopold zitiert etwas frei aus dem Gedicht »To the Man of the High North« aus den *Ballads of a Cheechako* (1909) von Robert W. Service (1874–1958), korrekt lauten die beiden Verse: »The nameless men who nameless rivers travel, / And in strange valleys greet strange deaths alone«.

S. 206 *J. E. Weaver:* John Ernest Weaver (1884–1966), amerikanischer Botaniker, Prärie-Spezialist und Professor für Pflanzenökologie.

S. 206 *Togrediak:* ein nicht nachweisbarer Name, offenbar handelt es sich um einen Irrtum Leopolds oder um einen Transkriptionsfehler des posthumen Herausgebers.

S. 208 *die Sierras mit James Capen Adams erklimmen:* James Capen Adams, auch bekannt als John ›Grizzly‹ Adams (1812–1860), war ein kalifornischer *mountain man* und Bärenzähmer.

S. 214 *Kenton:* Simon Kenton (1755–1836), Pionier und Soldat, mit Daniel Boone befreundet, dem er 1777 das Leben rettete.

S. 216 *Naturschutz ist der harmonische Zustand …:* in »A Survey of Conservation« (1938) führt Leopold weiter aus: »Naturschutz ist der harmonische Zustand zwischen Mensch und Land. // Mit Land sind alle Dinge auf, über oder in der Erde gemeint. // Die Harmonie mit dem Land gleicht der Harmonie mit einem Freund; du kannst nicht seine rechte Hand lieben und ihm die linke abhacken.«

S. 217 *das Gesetz über Bodenschutzgebiete:* Am 5. Juni 1935 empfahl der Sekretär des Agriculture's Committee on Soil Conservation eine Erosionskontrolle auf Privatland. Daraufhin wurde im Februar 1937 ein modellhaftes Soil Conservation District Law vorgestellt, das allen Gouverneuren zusammen mit einem Brief von Präsident Roosevelt überreicht wurde. Insgesamt zweiundzwanzig Staaten verabschiedeten das Gesetz noch im selben Jahr.

S. 217 *Streifenanbau* nennt man nicht als Monokulturen angelegte, bebaute und unbebaute Feldstreifen, die durch ihre Abfolge die Bodenerosion verhindern sollen.

S. 220 *die biotische Pyramide:* in »A Biotic View of Land« (1939) hat Leopold eine solche Bodenpyramide auch als Grafik skizziert.

S. 222 *In Europa, wo das Forstwesen ökologisch fortschrittlicher ist:* vgl. dazu »Naturschutz in Germany« (1936), geschrieben nach Leopolds Deutschlandbesuch im Vorjahr.

S. 227 *menschlichen Bevölkerungsdichte:* »In jedem Fall ist es undenkbar, dass wir unser Land stabilisieren ohne eine entsprechende Stabilisierung unserer Bevölkerungsdichte. Es ist offenkundig, dass viele der ›unterentwickelten‹ Regionen bereits überbevölkert sind.« (»The Land-Health Concept and Conservation«, 1946)

S. 228 *»Staubschüssel«:* Als »Dust Bowl« hat man während der Weltwirtschaftskrise jene Gebiete der USA und Kanadas bezeichnet, die von Staubstürmen heimgesucht wurden; die Ursache dafür lag in der Beseitigung des bis dahin die Erosion eindämmenden Präriegrases zugunsten der landwirtschaftlichen Nutzung der Ebenen.

S. 229 *neuen Sicht auf den »biotischen Anbau«:* »Der biotische Anbau (wenn ich einen solchen Begriff prägen darf) würde ganz bewusst die Energie in die höheren Schichten bringen, bevor er sie wieder an den Boden abgibt. Zu diesem Zweck würde er alle heimischen wilden Arten einsetzen, die nicht tatsächlich inkompatibel mit den zahmen Arten sind. Diese Arten schlössen nicht nur das Jagdwild ein, sondern die größtmögliche Vielfalt an Flora und Fauna.« (»A Biotic View of Land«)

S. 230 *Ob du es willst oder nicht ... :* ein Zitat aus dem Langgedicht »Tristram« (1927) von Edwin Arlington Robinson (1869–1935); allerdings hat Leopold das originale »time-sifted« (etwa: ›von der Zeit ausgesiebt‹) durch »time-tested« ersetzt.

S. 232 *Wir renovieren die Alhambra:* In dem Essay »The Conservation Ethic« (1933) ergänzt Leopold dieses Bild: »Wir erben die Erde, doch innerhalb der Grenzen von Boden und Pflanzenfolge *erneuern* wir die Erde auch – ohne Plan, ohne Wissen um ihre Eigenschaften und ohne Verständnis der immer derberen und machtvolleren Instrumente, die uns die Wissenschaft zur Verfügung gestellt hat. Wir renovieren die Alhambra mit einem Löffelbagger.«

Zwischen Wildnis und Kultur

Aldo Leopolds Hüttenleben und Naturschutz im Sand County

Am 12. Januar 1935 notierte Aldo Leopold, ohne die Tragweite zu erahnen, lakonisch ins Tagebuch: »Besuchte die Örtlichkeit mit Ed Ochsner und bat ihn, sie zu mieten.« Es war der Tag nach seinem 48. Geburtstag. Zusammen mit dem befreundeten Tierpräparator aus Prairie du Sac fuhr er durch die leicht verschneiten Baraboo Hills im Sauk County, einem südlichen Ausläufer von Wisconsins zentraler Sandebene. An einer Kurve nahe dem Wisconsin River bogen sie in eine Wagenspur, auf der früher die Planwagen aus Portrage in Richtung Westen unterwegs gewesen waren. Sie kamen an einem alten Weymouthskiefernbestand vorüber, doch als sie schließlich bei einem verlassenen Grundstück am Fluss anhielten, ließen sich von dort aus nur wenige Kiefern sehen. Stattdessen schossen Espen am Rand einer gefrorenen Marsch in die Höhe; eine hagere Ulmenreihe säumte eine Zufahrt. Das Farmhaus am Ende des Weges war niedergebrannt, es stand bloß noch das Steinfundament. Das einzige Gebäude auf dem Grundstück war ein kleiner, wetterfester Hühnerstall.

Leopold zeigte sich sofort begeistert, obwohl sich der Hühnermist eines ganzes Jahres darin häufte – dieser könne, sagte er später seiner Frau Estella, für den Garten nützlich sein. Fotos dokumentieren die auf dem Gelände etwas verloren wirkende Hütte, davor Leopold samt Familie und allerhand Werkzeugen. »The elums«, »Jagdschloss« und schließlich »the shack« (= die Hütte, Baracke) waren die Spitznamen, die man dem Anwesen gab. Schon im Februar wurde der Bau eines Kamins in Angriff genommen, im April folgte ein neues Dach. Leopold erwarb achtzig Morgen des umgebenden Landes (und Jahre danach noch einmal vierzig), vertrieben manchmal nur von den Moskitos, die im feuchten Flussufer wunderbar gediehen. Das war der Beginn der »Shack Journals« und die Inspiration für den ersten Teil von *A Sand County Almanach*, das Buch, das ihn posthum fast zu einer Kultfigur machte, nicht jedoch der Beginn seiner literarischen Arbeiten und Bemühungen um den Naturschutz.

Aldo Leopolds Großeltern väterlicher- und mütterlicherseits stammten aus Deutschland, er selbst wurde am 11. Januar 1887 in Burlington, Iowa, geboren. Das Haus der Familie auf dem Prospect Hill blickte auf den nahen Mississippi, der hier von einer wichtigen Eisenbahnstrecke überquert wurde. »Ich möchte Vögel studieren. Ich mag den Zaunkönig am liebsten von allen Vögeln. Im letzten Sommer hatten wir dreizehn Zaunkönignester in unserm Garten«, schrieb schon der Elfjährige in einem Aufsatz. Der Vater Carl war ein Naturliebhaber und leidenschaftlicher Jäger, der seine Söhne früh auf die Jagd mitnahm und ihnen den eigenen strengen Moralkodex beibrachte.

Um die Jahrhundertwende wurden die Flöße mit Kiefernstämmen auf dem Fluss schmaler und seltener. Carl Leopold, Besitzer einer florierenden Firma, die Holzschreibtische fertigte, war sich der desolaten Lage des Waldes durchaus bewusst. Er hatte nichts einzuwenden, als Aldo den Wunsch nach einem Studium der Forstwissenschaft bekundete, damals eine völlig neue Richtung, für die nur die Yale Forest School an der Yale University zuständig war. Der Naturschutz in den USA steckte zu dieser Zeit in den Kinderschuhen; die Rauch- und Aschewolken der Holzfäller bedeckten das ganze Land. Erst 1891 hatte der Kongress den Forest Reserve Act verabschiedet: Präsident Benjamin Harrison erklärte damit rund dreizehn Millionen Morgen Waldland als geschützt, und Präsident Grover Cleveland fügte dem weitere fünf Millionen Morgen hinzu. Doch als Aldo Leopold in den Jahren 1906–09 Forstwissenschaft studierte, belief sich das unter Aufsicht des Forest Service stehende Land dank Theodore Roosevelt längst auf rund 150 Millionen Morgen.

Allerdings spalteten sich die Naturschützer bereits damals in zwei Lager auf. Gifford Pinchot, Chef des National Forest Service, wollte den Wald wegen seines Nutzens für die Holzindustrie erhalten; John Muir dagegen wollte ihn um seiner selbst willen schützen. Leopold sollte zeitlebens versuchen, einen Mittelweg zwischen diesen beiden Positionen einzuschlagen. Natürlich war die staatliche Yale Forest School den Idealen Pinchots verpflichtet; doch der Naturforscher Leopold, der auch während seines Studiums jede Gelegenheit zu einer Wanderung in die Umgebung nutzte, tat alles, um größere Zusammenhänge zu erkennen.

Der erste Einsatz für den United States Forest Service führte Leopold in den im Vorjahr gegründeten Apache National Forest in Arizona, im Südosten der Blue River, im Norden die Basaltmasse des Escudilla. Zu seinen Aufgaben zählten zunächst die Inspektion der Sägemühlen und die Markierung des Holzschlags, später die Erkundung des Waldes in der Blue Range, d.h. konkret: die Inventur der Holzbestände zur weiteren Nutzung. Die eindrücklichen Begegnungen mit einer sterbenden Wölfin (»Wie ein Berg denken«) und einem Trapper namens Schinn, der den Grizzly Old Bigfoot fangen sollte (»Escudilla«), trugen sich in jenen Tagen zu.

Während des Dienstes im Carson National Forest in Colorado (1911–13) erkrankte Leopold an einer Nephritis, von der er sich nur langsam erholte. In der Zeit der Genesung nahm er die Wirkung der verschiedenen Elemente des Landes in den Blick, nicht zuletzt angeregt durch die Lektüre von William Temple Hornadays *Our Vanishing Wild Life* (1913). Leopold begann auch, über den Wildtierschutz in den Nationalwäldern nachzudenken. Auf Anraten des Arztes musste er jedoch auf eine Fortsetzung seiner Arbeit im Freien verzichten, sodass er nach einer Unterbrechung von mehr als sechzehn Monaten im Office of Grazing in Albuquerque begann, inzwischen stolzer Ehemann und Vater eines Sohnes.

Der Forest Service war damals bürokratisch und legislativ von anderen Naturschutzbehörden wie dem Bureau of Biological Survey getrennt. Wenn sich Leopold trotzdem um Wildtiere kümmerte, überschritt er damit seine Kompetenzen. Doch mit der Versetzung im Juni 1915 an den Grand Canyon, der Teil der Kaibab and Tusayan National Forests war, weitete sich Leopolds Aufgabenbereich, er beaufsichtigte die Freizeitmöglichkeiten, leitete die Öffentlichkeitsarbeit und koordinierte das im Entstehen begriffene Fisch- und Wildtierprogramm. Im Oktober erschien sein *Game and Fish Handbook*, ein Meilenstein für den Artenschutz, auch wenn der Erhalt z.B. von Raubtieren darin kaum erwähnt wird. Andernorts waren die Motive von durchaus weniger hehren Zielen bestimmt. Die Winchester Repeating Firearms Company zum Beispiel unterstützte Naturschutzverbände vor allem deshalb, weil ein Rückgang des Jagdtierbestands die Verkaufszahlen beeinträchtigt hätte.

Leopold verfügte zu diesem Zeitpunkt noch nicht über die Perspektive eines John Muir oder William Temple Hornaday, denen jedes Tier und jede Pflanze ungeachtet ihrer Nützlichkeit für den Menschen wertvoll erschienen. Er unterschied aber zwischen der *refuge*, dem Schutzort, an dem das Wild *für* die Jagd geschützt heranwachsen konnte, und der *sanctuary*, wo gefährdete Arten *vor* der Jagd geschützt waren. Naturschutz und Jagd ließen sich damals nach weitläufiger Meinung vereinbaren, auch wenn es selbstverständlich bereits andere, radikalere Stimmen gab. Im Englischen spricht Leopold meist vom »sportsman«, dem Jäger, der über einen ethischen Kodex verfügt und ihn anwendet, im Gegensatz zum gewöhnlichen »hunter«, der tötet, was ihm vor die Flinte gerät. Er erkannte den inhärenten Widerspruch zunächst nicht, sondern betrachtete den Jäger als einen Akteur im Drama des Lebens, der auf zivilisierte Weise an ihm teilnimmt.

Leopold verließ den Forest Service 1918 und arbeitete für die Handelskammer in Albuquerque, auch hier darum bemüht, eine Balance zwischen dem Erhalt der natürlichen Artenvielfalt und der wenig entwickelten Wissenschaft des Wildtier-Managements zu finden, was bei den Viehzüchtern der Umgebung auf Widerstand stieß. Im Jahr 1919 kehrte Leopold zum Forest Service zurück, diesmal in leitender Position. Die ersten Nationalparks waren gerade entstanden und mit ihnen der National Park Service (NPS), schon lag die Idee vom Schutz der *Wildnis* überall in der Luft. Zusammen mit dem Landschaftsarchitekten Arthur Carhart verfasste Leopold eines der ersten Statements über den Erhalt von Wildnisgebieten auf staatlichem Land.

Zahlreiche Inspektionstouren durch die Landschaften des Südwestens erweiterten sein vom ihm nach wie vor als unzureichend empfundenes Wissen über das Land. So viel stand jedenfalls fest: Die Jagd und das Studium der Natur waren die wichtigsten Aktivitäten einer gesunden Lebensführung. In einem Vortrag vor Studenten der University of New Mexico im Oktober 1920 zählte Leopold sechs Lebensnotwendigkeiten auf: Abenteuer, Arbeit,

Liebe, Nahrung, Luft und Sonnenlicht. Sie bedürften eines »unbetretenen Bodens«, sei er geografisch oder bloß metaphorisch gemeint. Die Beobachtung eines Rubintyranns am Blue River zeigt Leopold jedoch auch von seiner durchaus empfindsamen Seite (»Blue River«).

Mit dem Artikel »The Wilderness and Its Place in Forest Recreational Policy«, veröffentlicht im November 1921, sensibilisierte Leopold die Öffentlichkeit für den Schutz der Wildnis. Arthur Carhart verfolgte einen in erster Linie ästhetischen Standpunkt; Leopold betrachtete die Landschaft nun unter dem Aspekt der Erholung: »Unter ›Wildnis‹ verstehe ich einen durchgängigen Landstrich, der in seinem Naturzustand bewahrt wird, offen für geregeltes Jagen und Angeln, groß genug, um eine zweiwöchige Rucksackwanderung aufzunehmen, frei gehalten von Straßen, künstlich angelegten Pfaden, Hütten und anderem Menschenwerk.« Seit dem Paläolithikum stand der Mensch dem Unbekannten gegenüber, das jetzt mehr und mehr verschwinde. »Als Reaktion auf den Verlust des Abenteuers ins Unbekannte brechen jedes Jahr Hunderttausende zu kleinen Expeditionen auf, zu Fuß, mit dem Packesel, im Kanu, in die letzten kleinen Stückchen Wildnis, die Handel und ›Entwicklung‹ uns hier und dort mit Bedauern und für kurze Zeit gelassen haben.« (»The River of the Mother of God«, 1924)

Der Wandel der Landschaften lenkte Leopolds Interesse auf die Folgen der Erosion und führte ihn zu der Erkenntnis, dass die Bodenerosion nicht unabhängig u.a. von Klima, Geologie, Pflanzenökologie, Waldwirtschaft, Beweidung, Geschichte, Ökonomie und Brandschutz betrachtet werden dürfe. In seinem Artikel »Grass, Brush, Timber, and Fire in Southern Arizona« hat Leopold seine vorläufigen Kenntnisse zusammengefasst, ehe er im Juli 1924 die neue Position als stellvertretender Direktor des Forest Products Laboratory in Madison, Wisconsin, antrat. Gegründet 1910 vom Forest Service und der University of Wisconsin sollte diese Forschungsanstalt die Holzgewinnung und Holznutzung untersuchen. Leopolds Aufgabe als stellvertretender Direktor bestand darin, eine engere Zusammenarbeit der Nationalwälder des Bundesstaats zu fördern und die zum Teil erhebliche Holzverschwendung durch die Industrie zu verringern.

In Wisconsin war der Naturschützer Leopold am richtigen Ort. Die Besiedlung hatte das einstige Landschaftsbild – im Norden Waldland, Sümpfe und Marschen, im Süden Eichensavanne und Prärie – nachhaltig verändert. Nur wenige Überreste der ursprünglichen Prärie waren geblieben, der Süden wurde von der Agrarwirtschaft beherrscht, die Marschen waren trockengelegt, in Dürrejahren brannten weite Landstriche, die (Papier-)Industrie verschmutzte die Flüsse und hatte den Norden entwaldet. Im Januar 1922 gründeten Geschäftsleute und Akademiker die Izaak Walton League (IWL), die rasch landesweite Aufmerksamkeit auf sich zog; ihr schloss sich Leopold an, sodass er auch außerhalb seiner beruflichen Tätigkeit und neben seinen zahlreichen Artikeln zu verschiedenen Aspekten der Wildniserhaltung aktiv werden konnte.

Hatte Leopold den Naturschutz bislang vor allem mit dem Gedanken der Erholung argumentativ gestützt, so trat nun, nicht zuletzt dank der Gespräche mit dem Historiker Frederick Jackson Turner, einem unmittelbaren Nachbarn in der Van Hise Avenue, die geschichtliche Dimension hinzu. In dem Maße, in dem Leopolds theoretische Betrachtungen verfeinert und angepasst wurden, nahmen seine Umtriebigkeit und sein aktives Eintreten für den Naturschutz Mitte der 1920er Jahre ab; andere Verfechter wie der brillante – und hierzulande unbedingt noch zu entdeckende – Naturschriftsteller Sigurd Olsen oder Ernest Oberholtzer traten, inspiriert von Leopolds Ideen und Worten, auf den Plan. Das darf nicht darüber hinwegtäuschen, dass die Politik Leopolds Bemühungen immer wieder unterlief, er selbst wurde zunehmend desillusioniert über die Einflussmöglichkeiten, die ihm seine Arbeit bot.

Im Mai 1928 akzeptierte er deshalb ein Angebot des Arms and Ammunition Manufacturers' Institute, das eine von Leopold beaufsichtigte Bestandsaufnahme der Wildtierbedingungen finanzieren wollte. Seine Recherchen und Feldforschungen ergaben, dass u. a. intensivierte Landwirtschaft einen Schwund der vom Jagdwild benötigten Futter- und Deckpflanzen zur Folge hatte. Wie zuvor schon beschränkte sich Leopold nicht auf ein einsames Naturstudium, sondern suchte das Gespräch mit Farmern, Viehzüchtern und Wissenschaftlern, um die Landschaften besser kennenzulernen und die Leute von seinen Naturschutzideen zu überzeugen. Leopolds Bemühungen gipfelten im *Report on a Game Survey of the North Central States* vom Frühling 1931, ein bis dahin einzigartig faktenreiches Buch über den Zusammenhang von Wildtier und Habitat, das William T. Hornaday wegen des »exzessiven Tötens von Wild« dennoch nicht durchweg loben mochte.

Leopold erkannte, dass die Lösung der Probleme nicht allein in einer dauernden Vermehrung des Wildbestands lag. Mit seinem Buch *Game Management* (1932) stellte er die gesammelten Erkenntnisse in einen philosophischen Kontext, verfolgte aber nach wie vor den Nützlichkeitsgedanken und versuchte, die scheinbar unvereinbaren Richtungen der »wild-lifers« und der »gunpowder fraction« – zumindest theoretisch – miteinander zu versöhnen. Die revidierten Schlussabsätze von *Game Management* rücken die Idee einer gesellschaftlichen Verantwortung für das Land in den Mittelpunkt, wodurch ihrerseits die Gesellschaft profitieren könne.

Während seiner weiteren Anstellungen präzisierte Leopold die Überlegungen, die schließlich im *Sand County Alamanac* zusammengefasst wurden: zunächst im Sommer 1933 als Förster für das von Franklin D. Roosevelt im Zuge seines New-Deal-Programms gegründeten Civilian Conservation Corps (CCC), dem Leopold vorwarf, dass es ineffektiv vorgehe und schlecht organisiert sei; dann ab 1933 als Professor of Game Management an der University of Wisconsin, wo er, neben zahlreichen anderen Pflichten, Einführungskurse für junge Farmer gab, Seminare über Management in Theorie und Praxis hielt und das neue Arboretum leitete. Im Herbst 1933 fasste er gar den Plan, in den Sand Counties eine Fläche von einhunderttausend Morgen als »Naturschutzgebiet« zu gründen, das unter staatlicher Verwaltung vom CCC renaturiert werden sollte.

Das kam nicht zustande, aber immerhin gelang es der Universität, fünfhundert Morgen typischen Farmlands am südlichen Ufer des Lake Wingra zu erwerben – Weideland, beweideter Wald, beackerte Prärie, Marschen und Moore, einschließlich indianischer Hügelgräber. Dieses Arboretum sollte zeigen, wie Wisconsin vor der Besiedlung ausgesehen hatte, sehr zur Freude von Häuptling Albert Yellow Thunder, der bei der Einweihungszeremonie in vollem Ornat eine Rede hielt.

Leopolds Betätigungsfeld erweiterte sich ständig durch neue Aufgaben und Herausforderungen, sein geistiger Horizont schloss jetzt die lange ignorierten »herrlichen Raubtiere« ein, den biotischen Wert der Wildnis und die Beständigkeit des Lands als lebender Organismus. Auch seine Ansichten über die Jagd wurden strenger; dem Präsidenten der National Rifle Association schrieb er unverblümt auf einen Zeitschriftenartikel, der das Töten von Adlern als »die reinste aller Schießkünste« bezeichnete: »Ich hätte es lieber, dass mir die Vasen vom Kaminsims geschossen würden als die Adler aus meinem Alaska.« Im amerikanischen Naturschutz setzte sich allmählich das Wort »wildlife« durch und ersetzte das »game«. Leopold stand als Ökologe mit seinen neuen Forderungen nach einer verantwortungsvollen Landnutzung wieder an vorderster Front: »Jedes Programm, das effektiv sein soll, muss zuallererst auf einer veränderten Haltung der Nation gegenüber dem Land, seinem Leben und seinen Produkten basieren.«

Vom März 1936 an verbrachte Leopold mit seiner Familie jedes Wochenende in der Hütte, die renoviert und ausgebaut wurde. Sie war das Abbild einer von Thoreau inspirierten Einfachheit: ungestrichene Wände ohne Schmuck, verstärkt durch Treibholz aus dem Fluss, ein Dach aus Holzziegeln und Teerpappe, ein Lehmboden, ein Bett mit Strohmatratze auf einem Schneezaun, wenige Möbel, Werkzeuge und Bücher, schlichte Feuerstelle. Die Hütte bekam erst einen Holzboden und getünchte Wände, als sie Anfang 1939 von zwei randalierenden Halbstarken aus dem Ort beschädigt wurde. Sie war Leopolds Zuflucht und Entspannung vor der zunehmend anstrengenden Arbeit.

Überdies pflanzten sie zweitausend Kiefern und Dutzende anderer Sträucher, die jedoch während eines rekordverdächtig trockenen Frühlings fast sämtlich verdorrten, was die Leopolds jedoch nicht entmutigte, sodass sie immer neue Versuche unternahmen. In den nächsten zehn Jahren sollten sie mehr als dreißigtausend Bäume und Sträucher anpflanzen, außerdem zahlreiche Wildblumen und Farne. Vor der Hütte erstreckte sich damit eine ›experimentelle‹ Prärie, die neben den Kiefern auch einen natürlichen Wuchs von Birke, Espe, Kirsche und Hartriegel aufwies. (Literaturfreunde fühlen sich unwillkürlich an Robinson Jeffers' Aufforstung des Küstenstrichs von Carmel mit zweitausend Zypressen und Eukalyptusbäumen und an Jean Gionos Erzählung *L'homme qui plantait des arbres* erinnert.)

1939 war Leopold in mehr als einem Dutzend lokaler, nationaler und universitärer Organisationen tätig, außerdem Vorsitzender der Wildlife Society und Berater des Soil Conservation Service in den südlichen und westlichen Bundesstaaten. Die ruhigen Morgenstunden nutzte er zum Schreiben. Trotz seiner unbestrittenen Autorität und Reputation hatte er sein Büro noch immer im Kellergeschoss der Universität, was viel über die Bedeutung der Naturschutzabteilung innerhalb des Universitätsbetriebs verrät. Leopolds Studenten beschlossen dies zu ändern und transportierten sämtliches Inventar in einer Nacht-und-Nebel-Aktion zu einem freien Gebäude auf dem Campus. Dies blieb dann tatsächlich Leopolds Wirkungsstätte fortan; er selbst wurde im Sommer endlich zum Leiter seines Ein-Mann-Fachbereichs ernannt, dem Department of Wildlife Management im University of Wisconsin College of Agriculture.

Stets neugierig und dem Wissen der Kollegen aufgeschlossen, entwickelte Leopold seine Theorie von der Landnutzung stetig weiter. Hatte er 1935 die menschliche Gesellschaft noch als »Organismus, der das Land einschließt« bezeichnet, so war es nun das Land, das in seiner Gesamtheit die menschliche Gesellschaft einschloss. Auch die Wildnis, die noch 1921 einer Neugestaltung bedurfte, war nun wichtig als Indikator für die Wissenschaft der Land-Gesundheit.

Die Rolle des Einzelnen für den Naturschutz trat in den Kriegsjahren stärker in den Vordergrund, da Leopold die Wirksamkeit staatlicher Programme anzweifelte. Er hatte großes Vertrauen in die Demokratie als probatestes Mittel für Veränderungen. »Man könnte den Naturschutz ironisch definieren wie folgt: Naturschutz ist eine Reihe ökologischer Voraussagen von Laien, weil es die Ökologen selbst versäumt haben, irgendeine vorzutragen.« (»The Land-Health Concept«, 1946) Neben der Erziehung zur persönlichen Verantwortung schlägt Leopold auch den Boykott der Konsumenten als Maßnahme vor:

> *»Angenommen, in einer Gemeinschaft bestimmten die Schönheit und der Nutzen des Landes gemeinsam den gesellschaftlichen Status seines Eigentümers, dann würden wir sehen, wie rasch die wirtschaftlichen Hindernisse verschwinden, die jetzt den Naturschutz bedrängen. Ökonomische Gesetze mögen von Dauer sein, aber ihre Wirkung spiegelt wider, was die Leute wollen, was seinerseits widerspiegelt, was sie wissen und was sie sind. Die wirtschaftliche Situation ist in jedem*

Augenblick in gewissem Maße ebenso das Ergebnis wie die Ursache des derzeitigen Lebensstandards. Solche Standards ändern sich. Zum Beispiel lehnen viele solche Fabrikwaren ab, die durch Kinderarbeit oder andere antisoziale Prozesse hergestellt werden. Sie haben einiges über den Missbrauch der Maschinen erfahren und sind bereit, ihre Gewohnheit als Druckmittel für eine Verbesserung einzusetzen. Auch sozialer Druck wurde ausgeübt, um ökologische Prozesse zu verändern, die einfach genug sind, dass sie die Leute verstehen – man denke an den sehr wirkungsvollen Boykott von Vogelbälgern für Damenhutschmuck. Wir brauchen uns nur einen kleinen Fortschritt bei der ökologischen Bildung vorzustellen, um uns die Anwendung ähnlichen Drucks bei anderen Naturschutzproblemen auszumalen.

Zum Beispiel könnte der Holzfäller, der heute außerstande ist, Forstwirtschaft zu praktizieren, weil sich die Öffentlichkeit künstlichen Brettern zuwendet, dann in der Lage sein, von Menschen angebautes Holz zu verkaufen, ›um die Berge grün zu halten‹. Oder: Bestimmte Wolle wird erzeugt, indem öffentliches Gelände ausgeweidet wird; könnte die Konkurrenz, die ihre Schafe auf grünere Weiden treibt, ihr Produkt nicht so bezeichnen? Müssen wir für alle Zeiten die Ironie betrachten, dass unsere Kinder mit einem Papier ausgebildet werden, dessen Abfall die Flüsse verschmutzt, die sie ebenso dringend brauchen wie Bücher? Würden viele Leute nicht einen Extrapenny für ›sauberes‹ Zeitungspapier zahlen? Eines Tages macht sich die Regierung vielleicht daran zu schaffen, Bezeichnungen für rechtmäßig zu erklären, die die Naturschutzprodukte von den Industrieprodukten unterscheiden, anstatt zu versuchen, das Land für sie zu betreiben.«

Die Kriegsjahre verdüsterten auch den für seine Ausgeglichenheit bekannten Aldo Leopold. Verschiedene fachliche Kontroversen beschäftigten ihn. Benzinrationierungen verkürzten die Anzahl der Wochenenden in der Hütte. Die Wirkung der Natur auf das Individuum und seine ethische Verfasstheit – im Gegensatz zur »unpersönlichen Regierung« – gerieten dafür umso stärker in den philosophischen Fokus. In einer seiner Vorlesungen erklärt Leopold: »Die Ökologie versucht die Interaktionen zwischen Lebewesen und ihrer Umwelt zu verstehen. Jedes Lebewesen stellt eine Gleichung von Geben und Nehmen dar. Mensch oder Maus, Eiche oder Orchidee, wir nehmen den Lebensunterhalt von unserem Land und unseren Gefährten und geben im Gegenzug eine endlose Abfolge von Handlungen und Ideen, deren jede uns unsere Gefährten, unser Land und dessen Fähigkeit, uns weiteren Unterhalt zu liefern, verändert. Zuletzt geben wir uns selbst.« (»Ecology and Politics«)

Im November 1941 schlug ihm Harold Strauss, Lektor bei Knopf, einen Band mit persönlich gehaltenen Beobachtungen vor. Eine Reihe ökologischer Essays wollte Leopold ohnehin zusammenstellen, die Anfrage kam also zur rechten Zeit. Doch vieler Verpflichtungen wegen ging die Arbeit daran alles andere als zügig vonstatten. Im Sommer 1942 entstand nach einer Kanutour der Essay über den Flambeau, 1943 folgten mehrere lyrisch getönte Essays über die Hütte. Es war die letzte Jagdsaison mit seinem Hund Gus, den Leopold nach einer schweren, lähmenden Verletzung bei der Jagd erschießen musste. Im Juli 1944 schickte Leopold dreizehn Texte an Knopf, doch Clinton Simpson, der neue Lektor, war der Ansicht, sie ergäben noch keinen integralen Band.

Der Weltkrieg mit neuen technischen Möglichkeiten hatte Leopold nicht nur in seiner Abneigung gegenüber allen gewaltsamen Aneignungen bestärkt, sondern auch gegenüber einer Wissenschaft, die die von ihr entwickelte Technik falsch einsetzt. Bereits 1933 hatte er verkündet: »So weit ich es sehen kann, übertreffen alle neuen Ismen – Sozialismus, Kommunismus, Faschismus und vor allem die verblichene, aber nicht betrauerte Technokratie – sogar den Kapitalismus in ihrer Beschäftigung mit der einen Sache: der Verbreitung von noch mehr maschinell gefertigten Waren an noch mehr Leute. Sie gehen sämtlich von der Theorie aus, dass das gute Leben folgen wird, sobald wir alle warm halten und satt machen können und wir alle einen Ford und ein Radio besitzen. Ihre Programme unterscheiden sich nur darin, auf welche Weise man die Maschinen zu diesem Zweck mobilisiert. Obwohl sie sich gegenseitig verachten, gleichen sie sich hinsichtlich dieses Ziels wie Erbsen in einem Topf. Sie sind miteinander konkurrierende Apostel des einen und einzigen Glaubens: *Erlösung durch Maschinen.*« (»The Conservation Ethic«)

Nach dem Krieg hatte der Naturschutz in den Vereinigten Staaten jedoch nicht nur mit dem allzu großen Vertrauen in Maschinen zu kämpfen, es wurde auch zunehmend deutlich, dass er eine Angelegenheit von weltweitem Ausmaß war. Leopold wurde 1946 zum Vorsitzenden des neuen Committee on Foreign Relations der Wildlife Society gewählt. Die aktuellen Pflichten verzögerten abermals die kontinuierliche Arbeit an dem Buch, dem sein Verlag wegen der Unvereinbarkeit der Sujets noch immer skeptisch gegenüberstand. Im Sommer verschlimmerte sich eine äußerst schmerzhafte Trigeminusneuralgie, sodass Leopold nur mit Mühe unterrichten und an Konferenzen teilnehmen konnte und sich im folgenden Jahr einer Operation unterziehen musste, deren Nachwirkungen den allgemeinen Gesundheitszustand nachhaltig verschlechterten.

Mit sechzig Jahren stand Leopold auf dem Gipfel seines Ruhms. Die American Forestry Association und die Ecological Society of America ehrten ihn. Das Manuskript des Buchs schritt allmählich voran. Leopold hatte nun eine dreiteilige Struktur vorgesehen, zunächst die Essays über die Hütte in der Abfolge der Monate, betitelt »A Sauk County Almanac«, dann die »Sketches Here and There«, schließlich »The Upshot« mit den philosophischen Essays. Der Gesamttitel sollte lauten: »Great Possessions«. In einigen Fällen kompilierte Leopold vorhandenes Material zu einem neuen Zusammenhang; so besteht »Die Ethik des Landes« aus Teilen von »The Conservation Ethic«, »A Biotic View of the Land« und »The Ecological Conscience«. Im November 1946 lehnte Simpson das Manuskript dennoch ab, vor allem wegen »der philosophischen Reflexionen, die weniger frisch sind und die der Leser zuweilen ›albern‹ finden könnte«. Schließlich gelang es dem Sohn Luna Leopold, Oxford University Press zu überzeugen, die im April des Folgejahres eine Publikationszusage gab.

Am Vormittag des 21. April 1948 sah Leopold, vor der Hütte mit Werkzeugreparaturen beschäftigt, Rauch vom Grundstück seines Nachbarn, des Farmers Jim Ragan, aufsteigen. Trockenes Gras und Laub hatten sich entzündet. Eine der Feuerfronten, die die Scheune bedrohte, konnte aufgehalten werden, doch die andere wälzte sich hügelabwärts zur Marsch hinunter und auf Leopolds Kiefernpflanzungen zu. Zusammen mit zwölf weiteren Nachbarn eilte Leopold mit einer Pumpe zur Brandbekämpfung. Irgendwann ließ er die Pumpe fallen, legte sich auf den Rücken, sein Kopf auf einem Grasbüschel, und faltete die Hände über der Brust. Er hatte einen Herzanfall erlitten. Das Feuer zog leicht über ihn hinweg.

Die finale Revision des Buchs unterblieb. Freunde lasen das Manuskript gegen, plädierten dafür, es nicht zu verändern, trotz möglicher Unklarheiten an der einen oder anderen Stelle. Luna Leopold korrigierte die Interpunktion und Orthografie, strich einige veraltete Fakten, betitelte und verschob einige Essays und segnete den definitiven Buchtitel ab. Der *Sand County Almanac* erschien im Herbst 1949, von Kritikern und Naturkundlern hochgepriesen, beim Lesepublikum nur mittelmäßig erfolgreich. Das amerikanische Nature Writing erfreute sich jedoch im Laufe der Jahre zunehmender Beliebtheit, und Rachel Carsons *Silent Spring* von 1964 rüttelte die Öffentlichkeit auf. Die erweiterte Taschenbuchausgabe des *Sand County Almanac* (1966) war ein durchschlagender Verkaufserfolg; der Band gilt inzwischen als moderner Klassiker des Genres.

Die von den zeitgenössischen Lektoren bemängelte Ungleichheit der Texte erweist sich als eine der Stärken des Buchs. Der erste Teil erschließt mit seinen persönlichen Beobachtungen und Schilderungen kleiner Begebnisse in der Umgebung der Hütte den Wert der Natur, bereichert noch durch den metaphernreichen, beinahe lyrischen Prosastil. Leopold veranschaulicht, was existiert, was bedroht ist und wodurch es bedroht wird. Im zweiten Teil dehnt sich der Aufmerksamkeitsradius auf andere Teile der USA und Mexikos aus. Die abschließenden Essays untermauern diese Darstellungen philosophisch, indem sie nicht nur auf die ökologischen Grundlagen rekurrieren, sondern die Biota – also die lebenden Wesen der Ökosysteme (und damit den Naturschutz insgesamt) – in einen transzendentalen, allemal aber nicht religiös überformten und überhöhten Kontext stellen, der seinerseits strikte ethische Forderungen an den Schutz der Natur stellt. Aus dem ethischen Handeln für das Land erwächst zugleich eine ethische Bildung des Individuums.

»Kultur ist das Bewusstsein für die kollektiven Funktionen des Lands«, hat Leopold einmal geschrieben (»Land-Use and Democracy«, 1942). Leopolds geistige und naturwissenschaftliche Entwicklung hat stets aufs Neue die Schwerpunkte verschoben, konstant ist aber das Bemühen um eine Harmonisierung von Wildnis und Kultur geblieben. Was uns heute am meisten befremdet, muss vor diesem Hintergrund betrachtet werden: Die Jagdleidenschaft ist eine kulturelle Ausprägung auf jenem schmalen Grat, bei dem die beiden Zustände aufeinanderprallen. Die gesamte Familie Leopold besaß dieses Jagdfieber – Estella war fünf Jahre lang Frauenmeisterin von Wisconsin im Bogenschießen –, doch wer genau liest, erkennt Leopolds zunehmendes Mitleid mit der Kreatur: da wird schon einmal absichtlich danebengeschossen oder ein Fisch wieder ins Wasser befördert.

Das *Jahr im Sand County* ist eine geistige Reise in jenen seit jeher für innere Einkehr zuträglichen Wüsten – die hier aber von Leben strotzen. Naturschutz ist eine Haltung, die ethisches Handeln und Denken ebenso erfordert wie stiftet. Naturschutz ist vielleicht nicht die Harmonie aller Dinge – Leopold war zwar ein Idealist, aber auch ein Realist –, aber wohl die Balance zwischen Wildnis und Kultur, die beide auf ihre Weise stets bedroht sind. Zugleich ist das *Jahr im Sand County* eine Einladung, die kleinen Dinge direkt vor einem oder unter der Fußsohle zu beachten. Die vorliegende Ausgabe versammelt deshalb am Schluss des zweiten Teils unter dem Titel »Blue River und anderswo« einige zusätzliche Betrachtungen, die nicht in der Erstausgabe enthalten sind (allerdings nicht in solchem Umfang, wie sie Luna Leopold für eine erweiterte Edition zusammengestellt hatte). »Bumerangs« erschien im April 1918 in der *Pine Cone*, »Blue River« ist ein Manuskript vom 11. Juni 1922, »Das Arboretum und die Universität« wurde im Oktober 1934 in *Parks & Recreation* abgedruckt, »Wenn der Juni kommt« ist ein Manuskript vom 23. Dezember 1941, bei »Jefferson Davis' Kiefern« handelt es sich um einen Abschnitt aus »The Ecological Conscience«, veröffentlicht im Juni 1947 im *Bulletin of the Garden Club of America*, »Die Weißwedelschneise« ist ein Typoskript vom 29. Februar 1948.

Jürgen Brôcan

Dortmund im April 2019

Aldo Leopold, geboren 1887 im Südwesten der USA, arbeitete 1909–28 für den US Forest Service. Bereits 1923 formulierte er eine Ethik der Nachhaltigkeit. Auf sein Drängen hin wurde 1924 das erste nationale Wildnisgebiet des Landes gegründet. Von 1933 bis zu seinem Tod lehrte er an der University of Wisconsin. Als Direktor der Audubon Society setzte er sich zeitlebens für die Erhaltung von Wildtier- und Wildnisgebieten ein und gründete 1935 die Wilderness Society. Seine Forschungen mündeten in die Gründung des Grand Canyon Nationalparks und des National Wildlife Refuge Systems. Er starb 1948 in den USA. Für *A Sand County Almanac* wurde er 1977 posthum mit der John-Burroughs-Medaille ausgezeichnet.

Jürgen Brôcan, geboren 1965, ist Autor, Herausgeber, Kritiker und Übersetzer aus dem Englischen, Französischen und Altgriechischen. Er veröffentlichte zahlreiche Gedichtbände und Essays, für sein Werk erhielt er u. a. den Paul-Scheerbart-Preis und den Literaturpreis Ruhr.

NATURKUNDEN № 58
Erste Auflage Berlin 2019

NATURKUNDEN
herausgegeben von Judith Schalansky
erscheinen bei Matthes & Seitz Berlin
ermöglicht durch Jan Szlovak, Hamburg

Die Texte unter dem Titel *Blue River und anderswo* erschienen 1918–1948 in verschiedenen Zeitschriften. Genaue Angaben finden sich im Nachwort.

Das Frontispiz zeigt Aldo Leopold am Rio Gavilán in der nördlichen Sierra Madre 1936/1937.

EINBAND UND TYPOGRAFIE Pauline Altmann, Berlin
durchgesehen von Judith Schalansky
SCHRIFT Miller von Matthew Carter / Font Bureau und Geographica Hand
HERSTELLUNG Hermann Zanier, Berlin
PAPIER 90 g/qm Fly 05 spezialweiß, 1,2-faches Volumen
DRUCK UND BINDUNG Pustet, Regensburg
ISBN 978-3-95757-682-8

www.matthes-seitz-berlin.de